人工智能与机器人系列

人工智能

技术与经济的双重奇点

[美] 卡勒姆·蔡斯 著
Calum Chace
何明 张驰 罗玲 刘锦涛 译
邹明光 张杨 李笔锋 韩伟 徐鹏 审校

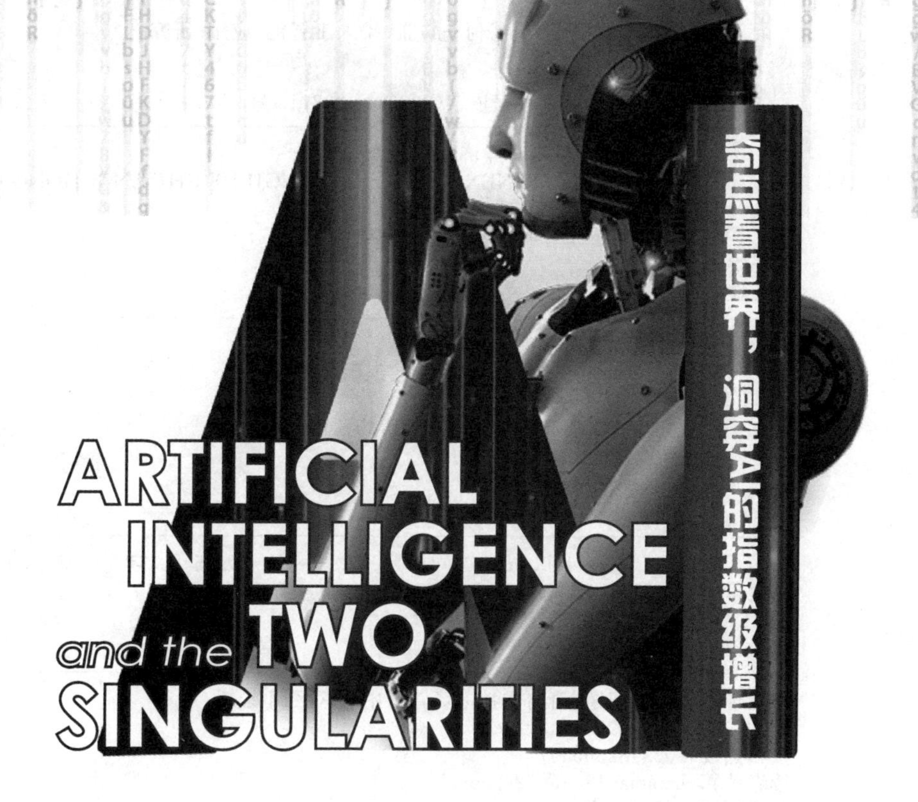

西安交通大学出版社
XI'AN JIAOTONG UNIVERSITY PRESS
国家一级出版社
全国百佳图书出版单位

Artificial Intelligence and the Two Singularities
Calum Chace
ISBN:978-0-8153-6853-3

陕西省版权局著作权合同登记号:图字25-2018-163号

图书在版编目(CIP)数据

人工智能:技术与经济的双重奇点/(美)卡勒姆·蔡斯(Calum Chace)著;何明等译.—西安:西安交通大学出版社,2021.11
(人工智能与机器人系列)
书名原文:Artificial Intelligence and the Two Singularities
ISBN 978-7-5693-1884-5

Ⅰ.①人… Ⅱ.①卡… ②何… Ⅲ.①人工智能-应用-研究
Ⅳ.①TP18

中国版本图书馆CIP数据核字(2020)第238718号

书　　名　人工智能:技术与经济的双重奇点
RENGONG ZHINENG:JISHU YU JINGJI DE SHUANGCHONG QIDIAN
著　　者　〔美〕卡勒姆·蔡斯
译　　者　何　明　张　驰　罗　玲　刘锦涛
责任编辑　李　颖
责任校对　雷萧屹

出版发行　西安交通大学出版社
(西安市兴庆南路1号　邮政编码710048)
网　　址　http://www.xjtupress.com
电　　话　(029)82668357　82667874(市场营销中心)
(029)82668315(总编办)
传　　真　(029)82668280
印　　刷　陕西明瑞印务有限公司

开　　本　720 mm×1000 mm　1/16　**印　　张**　20.75　**字　　数**　397千字
版次印次　2021年11月第1版　2021年11月第1次印刷
书　　号　ISBN 978-7-5693-1884-5
定　　价　102.00元

如发现印装质量问题,请与本社市场营销中心联系调换。
订购热线:(029)82665248
投稿热线:(029)82665397
读者信箱:banquan1809@126.com

前 言

最近的报纸上充斥着机器人偷走我们的工作，然后消灭我们人类的故事，就像终结者那样。造成这种问题的原因，一方面是因为我们的想象力被太多的科幻电影扭曲了；另一方面是因为人工智能（Artificial Intelligence，AI）已经跨过了一个门槛，现在它开始发挥作用，机器的能力正在超越人类的能力。

AI 科学诞生于 60 多年前美国达特茅斯学院的一次会议。在很长一段时间里，AI 没有实现突破；但在 21 世纪初，一种名为神经网络的传统 AI 方法重新焕发活力，并更名为深度学习。从那时起，AI 系统在图像识别（包括人脸识别）方面逐渐超过人类，在语音识别和自然语言处理方面也正在赶超人类。

几乎每天媒体都会报道新的服务推出、新的产品上市或是由 AI 驱动的新演示。其中一些是炒作，但大部分是真实的。人们在问自己，AI 的终点会在哪儿呢？令人惊讶的现实是，目前甚至还不能说 AI 革命已经开始了。

50 多年来，计算机一直遵循摩尔定律，根据该定律预测，计算机的处理能力每 18 个月就会增强一倍。学者们会说摩尔定律已经过时了，他们的观点有些中肯，但却无趣。目前仍然是每隔 18 个月左右，电脑的能力就会增强一倍。重复翻倍是一种指数级的增长，而指数增长拥有惊人的力量。如果你正常走 30 步，你步行的距离为 30 米左右；如果你以指数方式走 30 步，你就能到达月球。

更准确地说，你迈出第 29 步时能到达月球，而迈出第 30 步时就能回到原地。指数增长过程中的每一步都等于前面所有步骤之和。这意味着，在开始阶段你必然是高效的。然而，无论之前的一切看起来多么有意思，与即将到来的未来相比都是微不足道的。人类倾向于忘记或忽视指数增长的影响，这存在一定的风险。当我们思考人类与 AI 的未来时，须牢记这一点。

本书指出，在 21 世纪的发展进程中，AI 能力的指数增长可能会带来两个“奇点”，这是一个从数学和物理学领域借鉴的术语，指的是在某一点上，极端的条件使得正常规则被打破。

第一个是经济奇点，机器让许多人失业，一个新的经济体系需要建立。第二个是技术奇点，我们创造了一台拥有成人所有认知能力的机器，它很快就会变成超级智能，而人类则屈居成为地球上第二聪明的物种。

目前，这些想法对我们许多人来说似乎都是幻想，但人们有很充分的理由期待它们的发生。而且许多权威人士都认为这有可能发生。如果这一切真的变为现实，将带来严峻的挑战，我们需要未雨绸缪。我们应该博览群书、集思广益，讨论它们可能引发的后果。这决定了我们未来的福祉。

对 AI 的担忧还有很多其他原因，包括隐私、透明度、安全性、偏见、不平等、孤立、寡头垄断、杀手机器人和算法独裁。但这些问题都不会使人类的文明倒退，更不能彻底毁灭人类。但如果我们愚蠢而且不幸的话，经济和技术上的奇点倒是可以做到这一切。

好消息是，现在有数家机构致力于应对技术奇点带来的挑战。但目前人数太少，需要更多的资金，可能需要几十年的时间来取得成功。

然而，还没有看到任何机构致力于引导我们安全地度过经济奇点。这是一个严重的缺陷：根据经济奇点建立相应的机构，已经迫在眉睫。

我相信，人类能够应对这两大奇点带来的挑战。如果我们这样做了，那么 AI 应该会成为对人类最有益的工具，我们的未来也会精彩纷呈，超乎想象。经济奇点可能会从根本上带来富裕，社会将没有贫富差距，人们都可以投身于自己喜爱的事情。技术奇点可以解决人类目前面临的主要问题（同时也可能产生一些有趣的新问题），让人类几乎无所不能。

让我们将这一切变为现实吧！

作者简介

卡勒姆·蔡斯(Calum Chace)是一位畅销书作家，著有以人工智能为主题的小说和非虚构类书籍、文章。他经常发表关于人工智能和相关技术的演讲，并开设了专题博客。在成为全职作家和演说家之前，他在商界摸爬滚打，相继做了30年的营销人员、战略顾问和首席执行官。多年以前，他在牛津大学学习哲学，在那里，他发现他儿时读的科幻小说都可以看成是披着奇装异服的哲学。

目　录

第二部分 技术奇点

第三部分 经济奇点

第一部分

人工智能

60 年后，一夜成名

1.1 定义

P. 3[①]

1.1.1 智能

人工智能(artificial intelligence,AI)可以定义为由机器或软件展示的智能。这个定义确实够简单，但问题是智能又是什么呢？

像大多数用来描述大脑活动的词汇一样，智能很难界定，而且其中有许多相

① 边码为英文原书页码，供索引使用。——编者注

互对立的定义。大多数定义都包含了这样一个概念,即获取信息并借此来达成目标的能力。最近最流行的定义之一来自德国学者马库斯·赫特(Marcus Hutter)和沙恩·莱格(Shane Legg)。莱格是一家名为 DeepMind 的公司的联P.4合创始人,本书在下文将会提及。据他们所述,"智能衡量的是一个执行者在各种环境中完成目标的综合能力。"[1]

除了难以定义,智能也难以评估。一个智能生物体可能想要获得的信息有多种类型,而其可能想要实现的目标也有多种类型。

美国心理学家霍华德·加德纳(Howard Gardner)将智能分为九种:语言智能、逻辑数学智能、音乐智能、空间智能、身体智能、人际智能、内省智能、存在智能和模仿自然的智能[2]。只要罗列出上述几种智能,我们的目的就达到了,不需要每一种都去深究。加德纳没有为这些分类提供实验证据,故而受到批评,但教师和思想家们认为这些分类非常有用。

当然,我们都知道人类拥有不同类型的智能。有些人擅长获取枯燥的事实性知识,例如国王和王后的出生日期,但却不擅长利用这些知识来实现目标,例如结交新朋友。另一些人努力从书本或课堂上学习,也能很快地理解别人的需求,因此变得非常受欢迎。

当我们想到智能的时候,很多相关的概念会涌入脑海之中,如推理、记忆、理解、学习和计划。

当然,智能是人类的显著特征:它使人有别于其他动物,也使人比它们更强大。事实上,我们比其他动物强大得多。从基因上看,人和黑猩猩几乎是一样的,就每千克体重而言,人的大脑并不比它们的重多少。但是由于大脑结构的不同而产生的结果是:世界上有 70 亿人,而黑猩猩只有几十万只[3]。黑猩猩对自己的命运没有发言权,这完全取决于人类的决定和行动。而它们没有意识到这一事实,反倒是一件幸事。

人类的智能使我们可以彼此交流,分享信息和想法,制定和执行行动计划,还赋予我们开发工具和技术的能力。一个手无寸铁的人可能会被猛犸象或狮子咬死,但是一群人同心协力,或者有一个人携带步枪,就能非常有效地扭转局势。

1.1.2 机器

对 AI 的最初定义的后半部分规定,智能必须由机器或软件来展示。我们所谈论的机器通常是一台计算机,尽管它可以是人类创造的任何设备,或者是由P.5外星物种创造的。如今的计算机使用的处理器是由硅制成的,但在未来,也可能使用石墨烯等其他材料。

"Computer"是一个古老的词,比"电子机器"的发明早了好几个世纪。起初,它的意思是负责计算的人。20 世纪初的公司雇用数千名职员在漫长而乏味的日子里所做的工作，今天的袖珍计算器可以在瞬间完成。

软件是一组指令，控制电子信号如何在机器内运作。智能是否存在于机器或软件中这一问题，就好比它是否存在于你大脑的神经元中，或者是否存在于它们传输和接收的电化学信号中。所幸，我们在此不需要回答这个问题。

1.1.3 弱人工智能和强人工智能

我们需要区分两种截然不同的人工智能：弱人工智能(artificial narrow intelligence，ANI)和强人工智能(artificial general intelligence，AGI[4])，它们也被分别称为狭义人工智能和广义人工智能或通用人工智能。

最简单的区分方法是，AGI是一种AI系统，它可以执行人类所能执行的任何认知功能。长期以来，我们一直使用计算机，其计算能力比任何人都要强大；而计算机下棋，也比最优秀的人类象棋大师下得好。但若想在每一项智力活动上都战胜人类，计算机还有很长的路要走。

我们的通用智能和机器的窄域智能的区别之一是，人类可以从一项活动中学到有用的经验，并将其应用于其他活动。学习如何玩蛇梯棋(一种棋盘游戏)，可以让你更容易学会玩卢多(另一种棋盘游戏)。而一台学习蛇梯棋的机器，必须忘记蛇梯棋才能学会玩卢多。这被称为“灾难性遗忘”，而这正是AI研究人员试图攻克的难题[5]。

ANI和AGI之间的另一个重要区别在于目标设置。ANI按照人的指令行事，而AGI将会有自己的意志，会反思其目标，并决定是否进行调整。

1.1.4 智能与意识

智能是处理信息和解决问题的能力，而意识是主观经验的体现，两者有天壤之别。我们高度重视智能，因为它是人类力量的源泉，但我们认为意识更为重要。 P.6
大多数人喜欢猎杀和食用动物，因为我们认为动物的意识水平没有人类的高。

我们没有理由假设人类已经接近其可能达到的巅峰智能水平，而且很有可能的是，我们最终会创造出在各方面都比人类更智能的机器。这些机器是否会有意识，尚不知晓，更不用说它们是否会比我们更有意识——如果这是一个有意义的问题的话。有些人(包括我本人在内)认为，AGI可能会有自我认知，并且是有意识的，但这只是一种直觉，而不是一个可以论证的命题。

1.1.5 术语

有些人不喜欢“AI”这个术语。他们指出，汽车不叫作“人造马”，飞机也不叫作“人造鸟”，他们更喜欢使用“机器智能”或“认知计算”等术语。这引起了我的共鸣，尽管至少就目前而言，“人工智能”，或者简写为“AI”，已得到最广泛的人群的理解。本书将“机器智能”和“AI”这两个术语作为同义词使用,有时“机器”这一术语也包含 AI 系统。

1.2 AI 研究简史

1.2.1 经久不息的神话

由人工来智能造物的故事至少可以追溯到古希腊。赫菲斯托斯(Hephaestus)(罗马神话中的火神)是奥林匹斯山的铁匠:除了创造了第一个女人潘多拉(Pandora),他还创造了栩栩如生的金属机器人。

P. 7

说到近代,科幻小说始于 19 世纪早期玛丽·雪莱(Mary Shelley)的《科学怪人》(*Frankenstein*)。20 世纪初,卡雷尔·卡佩克(Karel Capek)的戏剧《罗萨姆的万能机器人》(*Rossum's Universal Robots*,*RUR*)引入了起义的想法,机器人在这场起义中消灭了创造它们的人类。

1.2.2 艾伦·图灵

杰出的英国数学家和密码破译家艾伦·图灵(Alan Turing)经常被誉为计算机科学和 AI 之父。他最著名的成就是于二战期间在布莱切利庄园的密码破译中心破译了德国海军的密码。他使用称为“bombes”的复杂机器,消除了大量的错误代码解,从而得到正确的解。据估算,他的工作使战争进程缩短了两年的时间。

在战争爆发之前的 1936 年,图灵已经设计了一个理论装置,叫作图灵机。它由一根无限长、被分成若干正方形的磁带组成,每个正方形上都有一个符号。根据指令表的指示运作,阅读器来回移动磁带,一次读取一个正方形和一个符号。图灵和他的博士生导师阿隆佐·彻奇(Alonzo Church)一起提出了彻奇-图灵论题(Church-Turing thesis)，认为图灵机可以模拟任何计算机算法的逻辑。

"Algorithm"(算法)一词来自 9 世纪波斯数学家阿尔·赫瓦利兹米(Al-Khwarizmi)[6]的名字。算法指的是一套供人或计算机遵循使用的规则或指令。它与程序不同，程序给计算机下达精确的、逐步的指令，以处理非常具体的情况，例如打开电子表格或计算一列数字的和，而算法可以应用于大范围的数据输入。机器学习算法使用初始数据集来建立内部模型，并将之用于预测。同时，它使用额外的数据来检验这些预测，并根据结果来改进模型。有些打游戏的 AI 之所以能在自己的领域里成为顶尖高手，是因为它们要与自己的不同版本进行数百万场博弈，并从结局中吸取教训。

图灵还因发明了一种名为图灵测试(Turing Test)的人工意识测试装置而闻名。在这个测试中，机器如果能让人类评审小组无法判定它不具有意识，便可证明它是有意识的。从本质上说，这是我们人类对彼此的测试。 P.8

1.2.3　计算的诞生

早在图灵出生之前，维多利亚时代的学者和发明家查尔斯·巴贝奇(Charles Babbage)就为图灵机完成了首次设计。尽管巴贝奇本人并未造出他自己所设计的装置，但是人们已经根据他的设计制造出了能运行的装置。他的"差分引擎"(设计于 1822 年)将执行基本的数学功能，而"分析引擎"(设计从未完成)将执行通用计算。之前记录在穿孔卡上输出的计算结果被这个装置接收作为输入。巴贝奇的合作者埃达·洛夫莱斯(Ada Lovelace)被誉为世界上第一个计算机程序员，这要归功于她为分析引擎设计的一些算法。

第一台电子数字计算机叫作"巨像"(Colossus)，由布莱切利庄园的密码员发明(尽管不是图灵)。但是，第一台完全的通用计算机是 ENIAC(电子数字积分计算机)，它是在费城摩尔电气工程学院发明的，于 1946 年问世。和许多技术进步一样，它是由军方资助的，其最初的用途之一是进行氢弹的可行性研究。在研究 ENIAC 的替代机 EDVAC(电子离散变量自动计算机)时，博学多才的数学家约翰·冯诺依曼(John von Neumann)写了一篇论文来描述一种计算机架构，这种架构仍是当今绝大多数计算机的基础。

1.2.4　达特茅斯会议

计算机的出现，加上图灵等人提出的一系列关于思维的想法，导致了"一种猜想，即智能的每一个……特性，原则上都能被准确描述，并以此为基础制造一台机器来模拟它"。这个猜想于 1956 年夏，在新罕布什尔州达特茅斯学院(Dartmouth College)举办的一场为期一个月的会议中被提出。而这场会议很快被视为 AI 科学的奠基之举。组织者包括约翰·麦卡锡(John McCarthy)、马文·明斯基(Marvin Minsky)、克劳德·香农(Claude Shannon)和纳撒尼尔·罗切斯特(Nathaniel Rochester)，他们都持续为AI领域做出了巨大贡献。

P. 9

在达特茅斯会议结束后的几年里，AI取得了一些令人瞩目的进展，而在此期间提出的一些有关其潜力的断言更加令人瞩目。人们发明了可以解决高中数学问题的机器，而一个名为“伊丽莎”(Eliza)的程序成为了世界上第一个聊天机器人，偶尔会让用户误以为它是有意识的。

这些乃至许多其他成就之所以成为可能，部分归因于军事研究机构所提供的巨资，尤其是国防高级研究计划局(DARPA，最初名为ARPA)。DARPA组建于1958年，艾森豪威尔(Eisenhower)总统对苏联成功发射第一颗绕地球轨道运行的人造卫星“斯普特尼克”号的震惊反应，也是组建该计划局的一部分原因。

在这一时期，新兴AI研究领域的乐观情绪可从其领军人物的一些惊人言论中窥见一斑。赫伯特·西蒙(Herbert Simon)在1965年说：“机器将在20年内完成人类能做的任何工作。”[7] 马文·明斯基(Marvin Minksy)在两年后说道：“在一代人之内……创造‘人工智能’的问题将基本得到解决。”[8] 这些都是过于乐观的说法，事后看来，就像是狂妄自大。然而，事后诸葛亮总是简单，苛责AI先驱者们低估了重建大脑的难度，这是不公平的。

1.2.5 感知器与传统AI

1957年，弗兰克·罗森布拉特(Frank Rosenblatt)发明了一种简单的人脑神经元模型，这是最大程度激发人类希望的算法之一。它在被称为感知器的机器上的实例化，成为了第一个人工神经网络(artificial neural network，ANN)。1969年，AI的两位创始人马文·明斯基和西摩·帕珀特(Seymour Papert)出版了一本书，打破了这种乐观情绪。他们出版的《感知器》(*Perceptrons*)一书可以被理解成提供了数学证据，证明ANN有严重的局限性。多年后，研究表明，更复杂的神经网络可以克服这些限制。但在当时，这种批评是毁灭性的。

因此，在接下来的十年里，研究重点在于一种被称为“符号AI”的方法。在这种方法中，研究人员试图将人类的思维简化为对符号的操纵，例如语言和数学，而这些符号是计算机可以理解的。这被称为传统AI，或者GOFAI(good old-fashioned AI)。

1.2.6 AI的兴衰

P. 10

很明显，AI实现其目标的时间要比最初预期的长得多。自20世纪60年代末开始，资助机构中就有不满的声音，这些不满在1973年由数学家詹姆斯·莱特希尔(James Lighthill)为英国科学研究委员会撰写的一份报告中得以具体化。莱特希尔在报告中指出的一个特殊问题是“组合问题”，即当变量数量增加时，涉及两个或三个变量的简单问题就会被放大，而且可能难以解决。因此，简单的 AI 应用程序在实验室环境中看起来很先进，但在实际中却毫无用处。

从 1974 年到 1980 年左右，AI 研究人员很难获得资金，这段相对不活跃的时期被称为 AI 的第一个“冬天”。20 世纪 80 年代，随着专家系统和日本第五代计算机计划的出现，AI 又出现了一次繁荣。专家系统仅限于使用庞大的数据库，解决单个专业领域(例如诉讼)中的特定问题。虽然他们避免了日常生活的混乱，但也没有解决需要灌输大量常识的难题。

日本宣布，其第五代计划是在计算机的第一代(真空管)、第二代(晶体管)、第三代(集成电路)和第四代(微处理器)的基础上提出的。此举旨在为日本当时正在快速增长的计算机行业形成强大的影响力，同时也为了消除当时的普遍看法，即日本企业只是简单地复制西方设计的产品。第五代计划的一个显著特点是采用了大规模并行处理——使用大量处理器并行执行协调计算。不可避免的是，西方国家的反应是恢复其对大型 AI 项目的资助。1983 年，英国启动了总额 3.5 亿英镑的 Alvey 项目；第二年，DARPA 设立了战略计算机计划(Strategic Computer Initiative)。

老一辈科学家们开始担心另一个泡沫正在形成。20 世纪 80 年代末，当资金再次枯竭时，恰好证实了他们的担忧。原因(还是)在于低估了正在处理的任务的难度，而且台式计算机和我们现在所说的服务器在速度和功率上超过了大型机，使得非常昂贵的老式机器变得无用武之地。经济学家们对繁荣与萧条的现象已司空见惯，著名的例子有 1637 年的荷兰郁金香危机(也许有些夸张[9])和 1720 年的南海泡沫事件。自工业革命以来，这已经成为技术引进的一个特征，运河、铁路和电信行业均是如此，20 世纪 90 年代末的互联网泡沫时期也不例外。

AI 的第二个“冬天”在 20 世纪 90 年代初“解冻”，自那以后，AI 研究得到了越来越多的资金支持。有些人担心，目前对于 AI 进展的兴奋(关注)只是最新的泡沫阶段，其特点是炒作和危言耸听。在不久之后将迎来另一次破坏性毁灭，届时成千上万的 AI 研究人员将发现自己失业了，有前途的项目也将被叫停，而重要的知识和见解也将不复存在。 P. 11

然而，AI 研究人员这次是有理由变得更加乐观的。AI 已经跨过了一个门槛，并成为主流，原因很简单，那就是它的确有用。它驱动的服务给人们的生活带来了巨大的改变，也让企业赚了很多钱：现在，AI 的一次小小改进可以为引入改进的企业带来数百万美元的收入。AI 之所以会存活下来，是因为它本质上是一种创收工具。这种局面的出现要部分归功于大数据。

1.2.7 大数据

大数据是 21 世纪初头十年商界的热门话题。与几年前相比，企业和其他机构(尤其是政府)掌握的数据要多得多,要想弄清楚如何处理这些数据(如果有的话),需要相当大的精力和创见性。

“大数据”这个词汇是由美国硅图公司(Silicon Graphics,一家计算机公司)的约翰·马希(John Mashey)在20世纪90年代中期提出的,用来描述非常大且不断增长的数据集,而这些数据集可以让人们对各种现象形成独特的见解[10]。

全球每年生成和获取的数据,都要比过去几千年人类所积累的数据总和还要多得多。据说,90%的现存数据都是在最近两年内产生的[11]。全球各地的照相机、话筒和各种传感器的数量正在迅速增加,它们的质量也在迅速提高。无论何时使用社交媒体、智能手机和信用卡,我们都会留下数字足迹。

除了生成更多的数据,我们还在迅速提升存储和分析数据的能力。将大数据转化为信息,进而转化为理解和洞见,这是算法的工作——换言之,是AI的工作。

2013年,牛津大学教授维克托·迈尔-舍恩伯格(Viktor Mayer-Schönberger)和《经济学家》(*The Economist*)杂志新闻记者肯尼思·库克耶(Kenneth Cukier)共同出版了一本名为《大数据时代》(*Big Data*:*A Revolution That Will Transform How We live*,*Work*,*and Think*)的书,对大数据进行了一些有益的探索。总体而言,这本书持乐观态度,提供了一系列案例研究,探讨企业和政府如何从海量数据中寻找关联,使其能够了解和影响客户和公民的行为。航空公司可以在每一天的航班起飞前,制定出针对单个座位的最佳定价政策。P. 12 好莱坞电影公司可以避免制作一些后期可能会损失数百万美元的电影,但或许这也可能扼杀了原创的热门电影的诞生。

大数据也有一些令人意想不到但颇有趣味的负面效应。事实证明,如果你想理解、预测和影响大部分人的行为,拥有更多的数据往往胜过拥有更好的数据。此外,如果你找到一种可靠的相关性,那么两种现象之间是否存在因果关系通常并不重要。我们都知道,相关性常被误认为是因果关系,因此相关部门制定了许多无效或适得其反的政策。但如果相关性持续了足够长的时间,它可能会为决策者提供有用的早期预警信号。

大数据也带来了一些负面影响。众所周知,美国国家安全局(NSA)和英国政府通信总部(GCHQ)等政府机构收集和存储了大量个人信息。他们声称,这仅仅是为了防止恐怖袭击,但是他们可信吗?对于他们正在收集什么信息,以及为什么要收集这些信息,他们却一直不太愿意透露。如果这些数据落入不够严谨的机构手中,将会发生什么呢?

事实上,我们需要担心的可能不是NSA和GCHQ。据报道,它们无法像谷歌和其他科技巨头一样,向机器学习专家提供同等的薪水、生活保障或名誉,而这对于某些国家的安全机构来说却不是什么大问题[12]。

但对隐私的诸多担忧，本身就可能导致不好的后果。库克耶认为，倘若使用电话记录来跟踪和分析西非各地的人口流动，2014—2015 年爆发的埃博拉疫情应当可以更快地得到控制，许多生命可以得到拯救。幸运的是，埃博拉并没有像许多人担心的那样演变成流行病。库克耶建议在流行病疫情发生之前，应紧急调整我们在隐私保护方面的优先级[13]。

大数据本身就是一个重要的现象，但它之所以具有特殊的意义，是因为它帮助 AI 在经过 60 年探索之后一夜成名。

1.2.8　机器学习：AI 的大爆炸

最近几年，AI 领域经历了一场悄无声息的革命。这场革命被称为机器学习，而一个名为“深度学习”的子领域，经证实可以解决以前被认为是很难解决、在未来很多年都不太可能解决的问题。

传统上，统计学家从一个假设开始，然后寻找数据来支持或反驳它。相比之下，机器学习从大量的数据开始，然后寻找匹配的模式。如前所述，现在随着智能手机、传感器和跟踪设备的大量涌现，正在生成海量的数据。 P. 13

转折点出现在 2012 年，由杰夫·欣顿（Geoff Hinton）领导的多伦多研究人员赢得了名为“ImageNet”的 AI 图像识别比赛[14]。欣顿是一名英国研究人员，目前在谷歌和多伦多大学工作，他是推动深度学习崛起成为当今最强大的 AI 技术背后最重要的人物。他在多伦多的主要同事有杨立昆（Yann LeCun）（目前在脸书工作）和约书亚·本吉奥（Yoshu Bengio），后者是蒙特利尔大学教授，现在与微软保持密切的合作。

2012 年的成就，是始于 1986 年这一漫长过程后的顶峰。那时欣顿意识到，一个叫作“反向传播”的过程可以训练神经网络，以提高其效率。反向传播回溯神经网络中的各个步骤，以识别在初始处理输入数据时所犯的错误。顾名思义，这个错误会沿着神经网络反向传播。直到 26 年后，才有足够的数据和计算能力，使反向传播真正发挥作用[15]。

1.2.9　机器学习的类型

机器学习（machine learning，ML）可以分为有监督、无监督和强化学习三类。在有监督的机器学习中，计算机获取了预先标记的数据输入，并被要求制定出与之相关的规则。在无监督学习中，机器没有指令的限制，必须识别输入和输出以及与之相关的规则。在强化学习中，系统从环境中获得反馈，例如，玩视频游戏。

机器学习研究人员使用了各种各样的算法。佩德罗·多明戈斯（Pedro Domingos）在 2015 年出版的《终极算法》（*The Master Algorithm*）一书中，将研究人员分为五大学派:象征主义符号论派、进化论派、贝叶斯派、类比派和连接派。前面介绍过象征主义符号论派是GOFAI的承办供应商。

进化论派从一个问题的一系列潜在解决方案着手,通过引入一些小的随机变化,并从多项解决方案中去除那些最低效的,从而产生第二代解决方案——类似于达尔文所描述的突变和自然选择的过程。从20世纪60年代开始,进化论派的典型代表是约翰·霍兰(John Holland),直到2015年他去世为止。进化计算可以十分高效,但却被批评者诟病为算法迂回、速度缓慢。

P. 14

贝叶斯派运用了维多利亚时代英国数学大师托马斯·贝叶斯(Thomas Bayes)提出的一个定理。贝叶斯网络对不确定的情况作出假设,并在新的证据提出时,根据数学规则更新其对每个假设的信任程度。这一系统生成一个带有箭头的流程图,这些箭头链接了许多方框,每个方框都包含一个变量或一个事件。它依据其他变量的情况赋予每一个事件发生的概率。譬如,变量可能是一个人错过了最后一趟火车,在露天过夜,染上肺炎,最后不幸死亡。系统通过运行模型中的大量数据,以检测各个链接和概率的准确性,最终(希望如此)得到一个可靠的预测模型。

多明戈斯认为类比派(Analogisers)是最缺乏凝聚力的群体。他们所依赖的观察结果法认为,一种新的现象,其行为极有可能与先前所观察到的、最为相似的现象保持一致。如果你是一名医生,正在问诊一位新病人,你会记下她/他的症状,然后翻看自己的档案,直到找到与之症状最相似的病人的记录。你拥有的数据越多,你的类比就越准确。

1.2.10 深度学习

最后并非是不重要的。连接派是深度学习的拥护者,而深度学习是迄今为止最成功的机器学习形式。

正如我们所闻,深度学习是对AI早期方法(即人工神经网络)的重新命名。深度学习算法采用多处理层结构,每个处理层从前一层获取数据并将输出传递到下一层。输出的性质可能会随着输入的性质而变化,输入不一定是二进制形式(仅有开或关),而是可以加权。处理层的数量也会变化,任何超过10层的内容都被认为是深度学习。2015年12月,微软的一个团队赢得了ImageNet的竞赛,其系统有152个处理层[16]。

杨立昆描述了深度学习的一个典型应用。模式识别系统就像一个黑匣子,一端有摄像头,顶部有绿灯和红灯,前端有一大堆旋钮。学习算法试图调整旋钮,这样一来:当狗在摄像机前出现时,红灯就会亮;当汽车在摄像机前出现时,绿灯就会亮。你给机器展示一条狗。如果红灯亮了,不要做任何事情。如果光线较暗,转动旋钮,让光线亮一点。如果绿灯亮了,转动旋钮使它变暗。然后展

P. 15

示一辆车，调整旋钮，让红灯变暗，绿灯变亮。如果你展示很多汽车和狗，每次你都稍微调整一下旋钮，那么最终机器每次都会得到正确的答案。

现在，想象一个有 5 亿个旋钮、1000 个灯泡和 1000 万张图像来对其进行训练的匣子。这就是典型的深度学习系统。

深度学习研究人员根据他们要解决的问题的性质，使用不同的算法。图像识别通常需要卷积网络。在卷积网络中，每一层的神经元只连接到下一层的神经元簇群。语音识别在更多的时候使用循环网络，这种网络中的每一层的连接可以返回到上一层。

在第 2 章“技术现状——弱人工智能”中，本书将着眼于 AI 研究的主要参与者，并梳理其迄今为止取得的成就。

注释

1. http://arxiv.org/pdf/0712.3329v1.pdf.
2. http://skyview.vansd.org/lschmidt/Projects/The%20Nine%20Types%20of%20Intelligence.htm.
3. http://www.savethechimps.org/about-us/chimp-facts/.
4. The term AGI has been popularised by AI researcher Ben Goertzel, although he gives credit for its invention to Shane Legg and others: http://wp.goertzel.org/who-coined-the-term-agi/.
5. https://singularityhub.com/2017/03/29/google-chases-general-intelligence-with-new-ai-that-has-a-memory/?utm_content=buffer958e8&utm_medium=social&utm_source=twitter-hub&utm_campaign=buffer.
6. http://www.etymonline.com/index.php?term=algorithm.
7. *The Shape of Automation for Men and Management* by Herbert Simon, 1965.
8. *Computation: Finite and Infinite Machines* by Marvin Minsky, 1967.
9. https://www.smithsonianmag.com/history/there-never-was-real-tulip-fever-180964915/.
10. https://setandbma.wordpress.com/2013/02/04/who-coined-the-term-big-data/.

P. 16

11. http://www.iflscience.com/technology/how-much-data-does-the-world-generate-every-minute/.
12. https://en.wikipedia.org/wiki/People%27s_Liberation_Army#Third_Department.
13. https://www.youtube.com/watch?v=G_HgfrD5tDQ.
14. http://www.wired.com/2016/01/microsoft-neural-net-shows-deep-learning-can-get-way-deeper/.
15. https://www.technologyreview.com/s/608911/is-ai-riding-a-one-trick-pony/.
16. http://www.wired.com/2016/01/microsoft-neural-net-shows-deep-learning-can-get-way-deeper/.

技术现状——弱人工智能

P. 17

2.1 人工智能无处不在

人工智能(AI)无处不在。发达经济体中的人们每天都会和AI系统多次交互,然而却意识不到它们的存在。如果它们突然消失,人们也许会在意,但是它们的无处不在已经使其变得稀松平常,就像空气一样。

2.1.1 智能手机

最明显的例子是智能手机。或许它是你晚上睡觉前最后触摸到的无生命物P. 18体,也是你早上醒来后第一个触摸到的东西。它的处理能力强过1969年美国国家航空航天局(NASA)把尼尔·阿姆斯特朗(Neil Armstrong)送到月球时所使用的计算机。

事实上,微处理器的发展速度意味着观测早已不是什么新鲜事:一台现代的烤面包机的处理能力甚至都比阿波罗导航计算机强得多[1]。经过计算,今天的苹果手机如果能在1957年制造出来的话,那就会耗费相当于今天全球GDP的1.5倍,占用100层高、3000米长和宽的大楼,使用全球目前总发电量的30倍的电能[2]!

智能手机使用AI算法来提供智能文本和语音识别,并且这些功能每个月都在迭代增强。手机上下载的许多应用程序也采用AI以使其能够为我们所用,而且手机及应用程序会请求分布式运行("在云端")的AI系统提供最强大的功能。随着手机处理能力不断增强,手机网络带宽不断改善,云存储变得更好更便宜,并且我们更加自如地分享足够多的个人数据以便AI更好地"理解"手机使用者,手机里的AI也随着手机的更新换代变得越来越强。

在发达经济体中,许多人每天要进行若干次互联网搜索:在撰写本书时,谷歌平均每秒执行40000次检索[3]。大多数检索是在AI的帮助下执行的。

2.1.2 物流与推荐

当你访问一个超市或购物商店,你想要的产品在货架上这个事实主要归因于AI。超市和它们的供应商持续获取海量的数据源,并使用算法进行数据分析,预测何时何地我们想要一起购买何种商品。多亏了这些算法,零售供应链的效率大幅提高。

其他像亚马逊和网飞一样面向消费者的公司以AI作为其杀手锏,通过对历史数据进行算法分析向消费者推荐其可能会感兴趣的产品和影片。当然,这和有数十年历史的直销的原理是一样的。现在,可用数据和分析数据的工具都得到了极大的改进,所以住在高层公寓的人们不会再收到关于割草机的垃圾邮件。

P. 19

金融市场对AI的使用极为广泛。高频交易是在计算机之间以人类无法企及的速度并且人类更是无法参与的方式进行的。它在21世纪早期迅速发展,尽管有报道称它从2008年信贷危机开始时占全美股票交易的约2/3回落至2012年的约占50%[4]。人们仍然不清楚它对于金融市场的影响。2010年美股遭遇"闪电暴跌",道琼斯指数在几分钟内损失几乎10%市值。起初,这次暴跌被归咎于高频交易,但后来有报道称AI事实上减缓了股指的下跌。这次崩盘促使纽约证券交易所引进了"熔断机制",即当股票价格出现可疑的骤然波动时就暂停其交易。一些权威人士预测的金融末日尚未到来,而且尽管这一系统毫无疑问还会面临冲击,但大多数市场参与者仍期望新的AI工具得到持续开发,并被一直位于经济中最具动力的行业吸纳。

医院使用AI来分配床位和其他资源。工厂使用由AI控制的机器人来进行自动化生产,使人们可以远离最危险的岗位。电信公司、发电厂以及其他公共设施用AI管理其资源中的负载。

虽然你可能没有看见过AI,但它却存在于你所看到的每个地方。世界上最大、最赚钱的公司正越来越多地将其作为生存之本、发展之源。

2.2 科技巨头

P.20 AI科学正飞速发展,几乎每个月都会宣告重大进展。庞大的资源正被用于实现这些进展。AI的很多前沿研究在大学里开展,但也有不少新成果诞生于美国西海岸的科技巨头企业内。其中的英特尔、微软、谷歌和亚马逊四家企业都是世界研发(research and development,R&D)投入排名前十的公司,在2015年的预算总和为420亿美元[5]。这等于英国全部的研发费用,包括公共和私人部门在内[6]。IBM、苹果和脸书也不甘落后,它们也在迅速地增加研发投入。

2.2.1 谷歌和DeepMind

谷歌是一家AI公司,由拉里·佩奇(Larry Page)和谢尔盖·布林(Sergey Brin)于1998年创立。该公司的大部分利润(利润相当惊人!)是通过为读者和观众量身定制广告的智能算法赚取的,而且它正忙于在其所能管理的尽可能多的产业中寻找更多新方法,以开发其在AI领域中处于世界领先水平的专业技术。这一巨大服务器集群由用于驱动企业多种服务的AI分布式计算平台组成,它经常被称为谷歌大脑(Google Brain)。

谷歌有时会在进军一个新行业时使用自己培养的人才,比如著名的无人驾驶车辆和有望把大数据应用于医疗保健上的Calico项目。其他情况下谷歌会收购一些拥有其自身所不具备的专业技能的企业，或通过"人才并购"方案来得到其关键人才。2010 年，谷歌并购其他企业的速度达到了一周一家，而到 2014 年底它已经收购了 170 家企业。谷歌通过收购的方式经营的重要产业包括智能手机（安卓和摩托罗拉）、IP 语音电话（Grand Central 和 Phonetic Arts）、智能家庭管理（Nest Labs，Dropcam 和 Revolv）、机器人技术（仅 2013 年就收购 8 家机器人公司）、出版业（reCAPTCHA 和 eBook Technologies）、银行业（TxVia）、音乐（Songza）和无人机（Titan Aerospace）。

谷歌的雄心战略令人震惊，而且它为潜在收购目标所设的门槛很高：它们必须通过"牙刷测试"，这意味着它们的服务对于大多数人而言，每天都会有一两次的潜在使用频次。

谷歌也会收购一些其 AI 方面的专业技能尚未应用于某特定产业的企业，或者通过"人才并购"获取其人才。最有名的案例是谷歌于 2014 年 1 月花费 5 亿多美元收购了 DeepMind 这家成立 2 年且仅有 75 名雇员的企业。该企业开发的 AI 系统要比人更擅长于玩电子游戏。在收购时，DeepMind 不仅没有盈利，也没有收入。正如我们之后会看到，它持续为这个领域做出了惊人的贡献。

P. 21

当年晚些时候，谷歌再次用 8 位数的薪金聘请了 7 位学者。这 7 位学者已经成立了两家总部在英国的新兴 AI 企业，深蓝实验室（Dark Blue Labs）和视觉工厂（Vision Factory）。在此之前，谷歌于 2013 年 3 月已经聘用了定居在多伦多的一位机器学习（machine learning，ML）先驱——杰夫·欣顿（Geoff Hinton）。

2012 年 12 月，谷歌聘用了颇具争议的未来学家雷·库兹韦尔（Ray Kurzweil）作为工程主管。库兹韦尔（本书后续会介绍他的情况）预言通用人工智能（artificial general intelligence，AGI）会在 2029 年到来，并产生积极的影响。

2015 年，谷歌改组，成立了一家名为 Alphabet 的控股公司。虽然搜索引擎的广告业务是谷歌到目前为止最大的收入来源，但创始人的大多数时间都花费在了更新的业务上。大多数人仍把整个公司称为谷歌，这也是我在此遵循的习惯。

2.2.2　邪恶的垄断者还是迫不及待的未来学家？

2015 年，谷歌将非官方口号从"不作恶"改成了"做正确的事"。

许多人对此冷嘲热讽，认为谷歌只不过是试着给自己的贪婪披上慈善的外衣。他们谴责谷歌侵犯用户隐私，逃避交税，还与某些国家和地区的政府审查机构串通一气。

虽然没有内部消息作为依据，但我的直觉认为谷歌的创始者们对未来有着诚挚的热情：他们认为对人类来说，未来会比现在更好，而且他们迫不及待地想看到这一天的到来。

长久以来,慈善事业对美国商业精英来说是一种动力,相比对于其他大多数国家的同行来说是更充足的动力。即使是 20 世纪早期从铁路、商品和电力中赚取巨额财富的“敛财大亨”,也会用他们的钱成立大型慈善机构。苏格兰裔美籍铁路巨头安德鲁·卡内基(Andrew Carnegie)是其中最成功的大亨之一。早年,他拼命追求财富,然后在他人生中的后 1/3 时间里把他的财富捐献一空。在他去世之前,他捐助过 3000 多个市图书馆,还为一些大学和很多的其他机构提供基金。他最有名的格言是“在巨富中死去是一种耻辱”[7]。

比尔·盖茨(Bill Gates)和马克·扎克伯格(Mark Zuckerberg)等其他人似乎也在走同样的道路,但并非一帆风顺。早期的实业家们认为自己是在创造财富,并为现代经济打下基础。信息革命的先驱们似乎想要通过加速技术创新的进程来改变对人类的意义。

P. 22

对谷歌来说,这项事业的一部分包括创造一种人工大脑——通用人工智能。2002 年 5 月,拉里·佩奇曾说:“谷歌只有在它的搜索引擎完全 AI 化时才算完成使命。你们知道那意味着什么吗? 那才是 AI。”[8]

2.2.3 美国的其他 AI 巨头

脸书、苹果、微软、亚马逊和 IBM 正在 AI 竞争中努力追赶谷歌,从而将 AI 发展得越来越好。

在收购 DeepMind 公司的竞争中,脸书败给了谷歌,但在 2013 年 12 月,它聘用了杰夫·欣顿的同事、深度学习的最前沿研究者杨立昆(Yann LeCun)。脸书随后宣布成立脸书 AI 研究所(Facebook AI Research, FAIR),并任命杨立昆负责运营。FAIR 迅速成为世界上最受推崇的 AI 实验室之一,主要负责图像识别系统的重大发展。据公司应用机器学习团队(Applied Machine Learning Group, AML)的工程主管华金·坎德拉(Joaquin Candela)称,“今天的脸书离不开 AI。你可能没有意识到,当你每次使用脸书、Instagram 或信使(Messenger)服务时,确实是 AI 正在驱动你的体验。”[9]

对很多人来说,当今 AI 的化身是苹果的数字个人助理 Siri。它首先出现并被预装在了 2011 年 10 月推出的 iPhone 4S 上。它的名字是斯堪的纳维亚语中的名字 Sigrid 的缩写,是“胜利”和“美丽”的意思。2011 年 4 月,苹果通过收购开发 Siri 的企业得到了这款软件,而 Siri 原本是美国国防部高级研究计划署(Defence Advanced Research Projects Agency,DARPA)其中一个分部赞助的项目。谷歌一年后通过发布 Google Voice Search 作为回应,并在之后把它更名为 Google Now。随后,微软推出了 Cortana,亚马逊也推出了 Alexa。

2016 年 5 月,Siri 的原创者们公布了 AI 助手 Viv(在拉丁语中的意思是“生活”)[10]。他们的公司 Six Five Labs 在 5 个月后被韩国巨头公司三星收购,并被用在了三星手机上。

人们普遍认为苹果公司声名狼藉的保密文化阻碍了其追赶 AI 行业领先者的步伐。ML 研究者经常会在学术上投入时间，而且他们想要发表并分享其研究结果。苹果在 2016 年 12 月时改变了这个规则。2017 年 7 月，它甚至开设了一个 ML 博客[11]。在撰写本书时(2017 年中期)，苹果的数字助手技术跟竞争对手相比被认为存在明显劣势，但苹果是目前世界上市值最高的公司，在追赶对手方面拥有投资所需的庞大资金储备。

P. 23

微软一直以来采用快速跟进策略，而非成为一名前沿创新者。在 21 世纪，微软似乎落后于其他新兴的科技巨头，而且有时候也被认为跟不上时代了。当萨蒂亚・纳德拉(Satya Nadella)在 2014 年 2 月成为微软 CEO 时，他付出了艰辛的努力来改变这种局面。当年 7 月，作为对谷歌大脑的回应，微软公布了 Adam 项目，在微软的 Azure 云计算资源上运行。

2016 年到 2017 年间，微软执行了一项面向人工智能的公共政策。2016 年 9 月，纳德拉宣布成立一个由 5000 名员工组成的新业务部门——微软 AI 与研究事业部，他说："我们正把 AI 注入到我们能投放的一切中去。"[12]仅仅一年后，微软就宣布这个团队已经扩展到 8000 人[13]。2017 年 7 月，微软宣布成立由 100 多名 AI 研究人员组成的微软 AI 研究实验室，致力于通用 AI 研发，其目标显然是挑战谷歌和 DeepMind 等企业的领先地位[14]。

2013 年 1 月，亚马逊收购了波兰的语音识别和语音合成技术供应商 Ivona。这项技术被用在了亚马逊多项产品中，包括 Kindle 及其投资失败的手机。2014 年 11 月，公司推出一款配有 Alexa 数字助手的智能音箱 Echo。该数字助手能帮助用户选择音乐、电台和制定清单，并且提供天气和其他实时信息。尽管亚马逊还没有曝出产品的销售数据，但 Alexa 是一款非常成功的产品，保守估计在 2016 年售出了 500 万台[15]。观察家们惊讶于 AI 行业的复杂多变，因为 2017 年 7 月苹果推出竞争产品 HomePad 智能音箱，但其竞争力是基于声音质量而非其数字助手的能力。

亚马逊创始人杰夫・贝索斯(Jeff Bezos)在 2016 年给股东的信中特别提到："我们利用 ML 做的很多事情都发生在表面之下。ML 驱动着我们的算法进行需求预测、产品搜索排名、产品和交易推荐、商品配置、欺诈检测、翻译等，对我们的核心业务的改进是悄无声息但却富有意义的。"以公司首位 CEO 名字命名的 IBM Watson 是一个问题回答系统。该系统接收以自然语言描述的问题，然后通过运用知识表征和自动推理同样以自然语言给出答案。为了赢得 Jeopardy 智力竞赛，它从 2005 年到 2010 年间不断发展完善，并在 2011 年 1 月如愿以偿，其表现赢得了满堂彩。Watson 的架构由不同系统和功能集合而成，包括了一些使用 ML 技术的系统和功能[16]。

P. 24

从那以后,IBM 就不断扩大 Watson 这个品牌的应用范围,尤其是在医疗领域。2016 年 4 月公司宣布,认知计算业务已经占到了公司 810 亿美元年度营收的 1/3 以上,也是公司发展成长的主要焦点[17]。2010 年来 IBM 已经在这项业务上投资了 150 亿美元。Watson 已经宣布和众多大公司达成合作伙伴关系,但 IBM 不得不防止自己遭受批评:对咨询辅助的依赖极为严重[18],并且更重视品牌化而非真正的尖端 AI 实力[19]。

2.2.4 中国的 AI 巨头

中国有三大 AI 巨头,它们的英文首字母缩写合称为 BAT,包括百度(Baidu)、阿里巴巴(Alibaba)和腾讯(Tencent)。

百度是中国领先的搜索引擎,2014 年占据着 56%的市场份额[20]。百度由李彦宏和徐勇于 2000 年创立,比谷歌晚了两年。2014 年 5 月,百度聘请谷歌大脑创始人之一的吴恩达带领其设立在硅谷的新 AI 实验室,并声称 5 年将投入 3 亿美元的预算,百度在 AI 领域的野心引起了人们的注意。吴恩达曾是谷歌大脑团队发展的领军人物,随后他协助建立了斯坦福的在线教育企业 Coursera。在接下来的两年里,百度在其提升 AI 实力上花费约 15 亿美元,建立了拥有 1200 名研究员的团队。2017 年初,吴恩达再次从百度离职。

百度至少从 2015 年开始就对无人驾驶车辆技术投入巨资。它和 Nvidia(一家芯片制造商,后面我们会多次听到这个名字)建立了合作伙伴关系,还和其他包括微软在内的 50 家科技公司结成名为"阿波罗"的联盟。百度已经在 2020 年推出了完全自主化的无人车[21]。2030 年前使中国成为全球 AI 技术的主导力量是中国政府推动的一项进程,百度会在这一进程中扮演关键角色[22]。

1999 年,马云创立了阿里巴巴。该企业在 2016 年超越沃尔玛成为世界上最大的零售商。它的网上销售额超过了沃尔玛、亚马逊和 eBay 的总和。2017 年,它超过腾讯成为亚洲最大的公司,市值达 3900 亿美元[23]。2015 年,它的云计算服务阿里云(与亚马逊网络服务相似)发布了一款名为 DT PAI 的人工智能平台,而后在 2017 年,阿里巴巴发布了一款名为天猫精灵的音箱。该音箱配备了数字助手。2017 年 10 月,该公司宣布 3 年内投入超过 150 亿美元用于研究包括 AI 和量子计算在内的新兴技术[24]。

P. 25

腾讯成立于 1998 年,它最重要的业务是社交媒体和游戏。它的即时通信应用程序微信除了拥有与脸书的 Messenger 和 WhatsApp 相同数量的用户以外,还拥有一套更丰富的功能,包括非常流行的支付服务。半数用户一天花费超过 90 分钟的时间在这款应用上。2016 年,腾讯在公司总部所在城市深圳成立了一家 AI 实验室。该实验室拥有 50 名 AI 研究员和 200 名工程师。2017 年,它公布了在西雅图的另一家 AI 实验室。该实验室由从微软挖过来的高级 AI 研究员余东负责。

发展AI技术对于中国政府和中国企业来说都是当务之急。阿尔法狗(AlphaGo)在2016年的胜利对韩国和中国都产生了巨大影响。众所周知,围棋起源于中国,至今在中国仍十分受欢迎。这被形容为中国的"斯普特尼克时刻"。1957年,苏联卫星的成功发射引燃了太空竞赛,并刺激美国启动阿波罗登月计划,并促使美国国防部高级研究计划署加大对包括AI在内的技术投资。

中国已经成为AI发展的主导力量。2016年,白宫的一份报道称,在每年已经发表的AI学术论文数量上,美国已经被中国赶超[25]。2017年7月,中国国务院发布《新一代人工智能发展规划》,要求到2020年,中国的人工智能总体技术和应用与世界先进水平同步;到2025年人工智能基础理论实现重大突破;并到2030年人工智能理论、技术与应用总体达到世界领先水平[26]。

上海是这一发展规划重点聚焦的地方之一。徐汇区黄浦江沿岸有100万平方米的土地专门划拨给AI公司。龙耀路上200米高的AI塔已经完工,将成为跨国AI公司的驻地和相关展览的举办地[27]。

2.2.5 欧洲的AI巨头

欧洲没有AI巨头。总部设在伦敦的DeepMind公司也许是世界上深度学习研究员的最大聚集地,并且在过去几年中通过AI取得了令人瞩目的成就,但它现在属于谷歌。

正如我们将在第14章"挑战"中所看到的,这也许会成为一个问题。 P.26

其他经济强国这方面同样落后。印度在2017年8月成立了一个拟定政策的特别小组,以促进AI发展以及AI在政府和其他地方的应用[28]。

2.2.6 开源AI软件

谷歌、脸书和其他科技巨头作为先驱正在开拓机器学习(ML)的用途,但过去一段时间它们几乎是仅有的几个拥有专业技术、计算资源和数据来进行开拓的机构。

2015年9月,谷歌宣布一项重大战略调整。在已经建立了基于专有算法和硬件而使搜索结果优于其他搜索引擎的高利润网上广告业务之后,谷歌开源其当前最好的AI软件——名为TensorFlow的ML软件库[29]。该软件起初只允许在单机上运行,所以即使资源非常充足的机构也无法复制谷歌独享的功能。2016年4月,这项限制被解除了[30]。

2015年10月,脸书宣布它会跟随谷歌的脚步,开源公司最新AI算法的服务器Big Bur的设计[31]。然后在2016年5月,谷歌开源了一款被戏称为Parsey McParseFace的自然语言处理程序及其关联的软件工具SyntaxNet。谷歌宣称在 Parsey 所适用的语句类型中,其正确率达到了 94%,几乎和人类语言学家 95%的正确率不相上下[32]。

开源给这些科技巨头带来诸多优势。一是在 AI 社区里建立了良好的声誉。二是学院里和其他地方的研究员将会学习这些系统,能够并且倾向于和谷歌、脸书紧密共事——事实上是被它们雇用了。同时,拥有更多聪明人使用它们的系统进行工作意味着它们能得到更多关于系统改善和调试的建议。

2.2.7 机器学习的延伸

2015 年是"机器人大恐慌"上演的一年。之前的一年,"三位智者"斯蒂芬·霍金(Stephen Hawking)、埃隆·马斯克(Elon Musk)和比尔·盖茨(Bill Gates)发表的声明警示新闻工作者,强人工智能会在可预见的未来出现,随后超智能也将接踵而至。媒体的反应是发布了许多终结者的图片,这些图片可能是一种误导,但足以吸引眼球。喘息片刻后,商业领袖们认为 AI 是一项行之有效的技术,他们开始想知道 AI 如何能为自己的企业所用。确实,他们开始思考 AI 能为其产业做些什么,同时是否构成威胁。

P. 27

可口可乐公司代表了世界上众多大公司的做法。2010 年左右,该公司意识到了其生成的关于用户大数据的潜在价值。在最近几年,他们已经开始试验机器学习的应用。最近有报道称,可口可乐正致力于研究将虚拟助手安装在其自动售货机上的方法[33]。

今天,对 AI 的新认识和复杂 ML 工具的可利用性使得人们渴望了解 ML 是什么,以及应该将其如何用于商业和其他机构之上。一些小型的会议行业(比如 AI-Europe[34])和咨询企业(比如 Satalia[35]、Rainbird[36] 和 Crowdflower[37])如雨后春笋般出现,有时会更改其所提供的咨询以满足需求。在撰写本书时(2017 年秋天),商业读者最感兴趣的应用就是聊天机器人和机器人流程自动化。

大多数先前列举的科技巨头向消费者而非企业出售他们的产品和服务。虽然微软的大部分盈利来自企业客户,但最主要的还是来自相同的软件包。IBM 则不一样,它通过为企业定制服务获得大部分利润,包括咨询服务——它在 2002 年收购了普华永道的咨询部门。正如先前讨论的,IBM 正极力推广它的 Watson 旗下 AI 驱动的服务。

普华永道和其他像安永、毕马威等基于审计的咨询公司,以及其他像埃森哲等并非基于审计的咨询公司,同样也在投入大笔资金,以提高自身帮助客户在其机构内部署 AI 的能力。

对 AI 的强烈兴趣也产生了一个欣欣向荣的新兴企业生态环境。2017 年中期,调查公司 Venture Scanner 正在追踪 13 个领域 70 个国家的 1888 家 AI 企业,这些企业的资金总额达到了 190 亿美元[38]。但这一行业仍处于初期阶段。

一份统计表明，2015 年间，在基于 AI 的公司中有超过 300 份风险投资协议，但其中 80%低于 500 万美元，而且其中 75%是在美国[39]。

P.28

2.3　AI 的现在和未来

2.3.1　游戏和测试：国际象棋

国际象棋被认为是一个人所能追求的最具挑战性的智力活动之一。（虽然我的棋下得很差，但我仍然这么认为。）过去，人们常认为对于机器来说可能需要花费上百年时间才能熟练掌握国际象棋这门技能。当然那是很久以前的想法，我们现在比以前明智多了，因为在 1997 年的时候，IBM 公司发明的深蓝计算机在一场有争议但具有决定性的比赛中击败了世界第一的国际象棋大师加里·卡斯帕罗夫（Garry Kasparov）。现在，人们根本不是智能手机上的象棋程序的对手。

2.3.2　危险边缘

IBM 的下一个值得炫耀的 AI 成就诞生于 2011 年。一个叫 Watson 的计算系统在智力问答节目“危险边缘”中击败了最好的人类选手。在节目中，参赛者根据答案的内容去反推问题。Watson 使用 100 多种运算法则并通过不同的方式求解。具体地，先分析自然语言，辨别来源，然后找到并生成假设，再找到其依据并进行打分，最后汇总各个假设并进行排序。Watson 可获取 2 亿页的数据，包括了维基百科的所有内容，但是在节目过程中它并没有联网。挑战的难度是由答案决定的。比如，“泡沫馅饼浇头发表的冗长乏味的演讲”这一答案的目标问题（这个问题 Watson 回答对了）是“什么是蛋白甜饼的高谈阔论？”比赛结束以后,输掉比赛的其中一位选手肯·詹宁斯(Ken Jennings)有句著名的调侃,“算我一个,欢迎我们的新机器人霸主的到来。”[40]

P. 29

本书第1章“60年后,一夜成名”中写道,在过了60年之后,我们注意到智能并不仅仅是一个简单的、单一的技能或者是进程。Watson是一个拥有许多不同技术的合成品(有些人也说它是组装机)这一事实本质上并不能表明它和人类不同,而且永远比不上人类的智力。从各方面说它都远远没有达到或是超越人类水平的强人工智能AGI。它是没有意识的,甚至不知道自己赢了“危险边缘”智力竞赛,但是它或许可被证明是指引我们迈向AGI的早期步骤。

2.3.3 围棋

在2016年1月,一个由谷歌旗下DeepMind公司开发出来的叫作AlphaGo的AI机器人在围棋比赛中击败了欧洲围棋冠军樊麾。这被誉为AI向前迈进的一大步:国际象棋中AI可以预见到35步以后的下法,而在围棋中它能够预见到第250步[41]。AlphaGo将一系列技术结合在一起:它首先学习人类对弈的近3000万种走法,然后通过多次和自己下棋的方式来加强学习,并不断进步。最终,在现实比赛中,它采取蒙特卡洛算法来寻找最佳的走法。

在2016年3月,AlphaGo与世界上最顶尖的围棋选手之一韩国棋手李世石九段对弈。李世石比赛之前很自信,认为计算机要击败他还需要再过几年。大部分计算机科学家也是这样认为的。然而他最终令人震惊地以1∶4的比分输掉了系列赛,而观察家们对AlphaGo有时候非正统的下法印象深刻。AlphaGo的成就是计算机科学的又一个里程碑,也许同样是人类历史中一个重要的里程碑,人类认识到某件重要的事情正在发生——特别是在东南亚,因为围棋在这里比在西方更为流行。据报道有1亿人观看了比赛。

AlphaGo的最后一场与人类的比赛发生在一年后,对战世界排名第一的中国棋手柯洁。AlphaGo以3∶0获胜。之后,DeepMind公司宣布AlphaGo将不再参加围棋比赛,其团队转而研究其他项目。

2.3.4 电子竞技

在2017年8月,埃隆·马斯克在AI领域刚起步的Open AI开发出了在Dota 2电竞赛事中击败人类职业玩家的AI系统。虽然说这不是最困难的比

P. 30

赛,但是埃隆·马斯克还是认为这比国际象棋和围棋这类传统的棋盘游戏复杂多了[42]。

2.3.5 自动驾驶车辆

另外一个能够标志性地展示AI实力的里程碑事件发生在2004年。DAR-

PA 公司悬赏 100 万美元，寻找能够制造出在加利福尼亚的莫哈韦沙漠行驶 150 英里(约 241.40 千米)的无人驾驶车辆的团队。最终表现最好的是一辆经过改装的叫作“沙暴”的悍马汽车，它在行驶 7 英里(约 11.26 千米)后撞上了一块大石头[43]。13 年以后，谷歌的自动驾驶车辆已经安全地行驶了 300 万英里(约 482.80 万千米)，而且从未因为自身原因造成交通事故。虽然有几次它们确实是被人类司机追尾了，但这是因为它们严格遵守交通法规，而我们人类不太习惯别的司机这样开车。2016 年的情人节那天，一辆谷歌公司的汽车撞上了一辆公交车，但是导致那次事故的原因仍然不甚清晰[44]。

经过刚开始的怀疑后，世界上的汽车制造商现在都在力争掌握制造自动驾驶车辆的技术。我们会在本书的第三部分中更加详细地探讨这一领域。

2.3.6　搜索

我们莫名其妙地憧憬未来，而且我们常常会对现在失望，因为它并不是我们年轻时预言中的未来的样子。2015 年是 1985 年拍摄的电影《回到未来》(*Back to the Future*)上映 30 周年，同时也是主角在故事结尾处所到达的时空。PayPal 的创立者彼得・蒂尔(Peter Thiel)在总结了大部分评论后感叹道：“我们曾被承诺会有会飞的汽车，但实际上我们得到的只是 140 个字符(即推特)。”

我们并没有得到悬浮滑板，但是我们得到了一些更有意义的东西。在 20 世纪末期，脑力劳动者每天要花费数小时的时间去寻找信息。而在今天，从谷歌 1998 年成立至今 20 余年的时间里，我们已经接近无所不知了。只需要一到两个按键，你就可以获得人类现在所拥有的很多知识。对我们的祖先来说，这肯定比会飞的汽车更令人震惊。

(有些人对谷歌搜索引擎佩服得五体投地，以至于他们建立了一个谷歌教堂，提供了 9 个证据来证明谷歌就是上帝。这 9 个证据包括：它是无所不在的，它是无所不知的，它可能是不朽的，以及它会回应人们的祷告等。固然，在撰写本书的时候，在他们的集会地点，即互联网社区网站 Reddit 上的某一页，只有 427 位注册信徒或“读者”[46]。)

P. 31

会飞的汽车看起来离我们并不是太遥远。还是在撰写本书的时候，6 个重要项目在几年内都将启动。其中最有可能实现的将是优步，该公司计划使用由多个电动机驱动的垂直起飞车辆在城市之间运送乘客。它们会在高大建筑物的屋顶起降，在指定高度的指定通道内飞行[47]。

早期，谷歌搜索是通过使用称为爬虫或蜘蛛的代理软件检索大量的网页来实现的。这些网页通过叫作 PageRank 的算法进行检索。PageRank 根据每个网页所链接到的其他网页的数量对其进行评分。这种算法虽然巧妙，但它本身并不算是 AI 的例子。随着时间的推移，谷歌搜索毫无疑问将会由 AI 驱动。

2013年8月,谷歌通过引入蜂鸟算法对其搜索功能进行重大更新。这一算法使得搜索功能用恰当的方式应答以自然语言表达的问题,比如“到澳大利亚最快的路线是哪一条?”[48]它将自然语言处理的AI技术与庞大的信息资源相结合(包括谷歌自己的知识图谱,当然也包括维基百科)来分析搜索查询的前后关系,以使查询的结果更加贴切。PageRank的算法并不是被抛弃了,而是成为约200种提供答案的技术中的一种。就像IBM的Watson一样,这也是AI系统如何将众多方法聚集在一起的例子。

2015年10月,谷歌证实它已经在其搜索服务中增加了一种ML的新技术,叫作RankBrain。该技术现在是谷歌搜索服务中第三重要的因素[49]。刚开始的时候,它被应用于处理占总搜索的15%的新词的搜索,并将这些语言转换成计算机可以直接分析的称作向量的数学对象。微软也同样将ML技术应用于它的必应搜索引擎中。

2016年2月,谷歌宣布其搜索部门的领导层人员发生了重大变化:阿米特·辛格勒(Amit Singhal)被约翰·贾南德里亚(John Giannandrea)取代[50]。虽然辛格勒见证了ML技术的推出,但是他对将ML技术应用于搜索存在偏见,因为该技术通常不可能知道机器是怎么得出结论的。贾南德里亚则没有这样的顾虑:在他先前的职位上,他监管谷歌包括深度学习在内的整个AI研究活动。这一职位继承可能和AI在接管一切的过程中如何接管互联网的方式有异曲同工之处。

P. 32

通过更多地使用AI,谷歌希望获得的好处之一是在与亚马逊竞争中拥有额外的武器。谷歌在搜索领域的竞争对手并不是微软的必应,当然也不是雅虎。现在39%的网上购物来自亚马逊,而只有11%来自谷歌[51]。提高这一比例是谷歌作为搜索巨头的一个主要目标。我们之前看到,随着像IBM和微软这样看似无敌的巨人的相对衰落,竞争在技术行业内是多么的激烈和迅速。这是推动AI如此势不可当地快速前进的动力之一。

2.3.7 图像和语音识别

深度学习以比我们任何人预期都要快的方式加快了图像识别、面部识别、自然语音识别和机器翻译的速度。2012年,谷歌通过使用一个由16000个处理器组成的系统来观察YouTube中的1000万个视频,在没有任何提示的情况下能辨识出某类特殊的物体——我们把它们叫作猫[52]。两年以后,微软的研究人员宣布他们的Adam系统能够区分两种不同种类的柯基犬[53](伊丽莎白女王非常喜欢柯基犬是出了名的,所以Adam系统的功能在英国的某些社交圈子里肯定是无价的)。

2015年2月,微软宣布在由ImageNet制定的世界顶级图像识别竞赛的测试中，其AI系统能够比人类更好地识别图像[54]。过了几天，谷歌又宣布它能够做得更为出色[55]。不容忽视的是，脸书在2015年11月发布了令人印象深刻的演示视频[56]。

2016年1月，百度展出了一个叫作小明(DuLight)的系统。该系统能用相机拍摄你面前的物体，随后将图像发送到你的手机应用程序上，以识别该物体并告诉你它是什么。它的一个应用就是帮助盲人知道他们在“看”什么[57]。你也可以在iTunes上免费下载一个叫作Aipoly的类似应用[58]。

我们人类非常善于识别彼此的面孔。纵观历史，区分帮助你的己方人员和试图杀死你的敌方人员是非常重要的。2014年3月，脸书推出的叫作DeepFace的AI系统拥有识别人脸的能力。该系统在基于名人照片数据库“自然环境下的标签人脸”(Labelled Faces in the Wild,LFW)的测试中达到了97%的准确率[59]。一年以后他们宣称，即使是没有看向镜头的人脸，DeepFace在识别它们时也能达到83%的准确率。谷歌对Google Plus社交网站上的用户也提供了同样的功能[60]。 P.33

在不久的将来，手机上的语音识别系统就会有比人类更出色的表现[61]。2017年8月，微软宣布其语音转录系统的文字错误率已降至5.1%，与人类水平相当。虽然在嘈杂的环境下或是在遇到它之前没有听过的口音时，它处理问题的能力会下降，但它在这些方面也正在逐渐取得进步[62]。

与翻译服务相结合时，语音识别将十分重要。微软旗下的Skype于2014年3月推出实时机器翻译，它虽然并不完美，但它时刻在进步。微软首席执行官萨蒂亚·纳德拉(Satya Nadella)揭示了一个他称之为迁移学习的奇妙发现：“如果你教它英语，它就学习英语；你教它普通话，它就学习普通话，而且同时它的英语也变得更好了。坦率地说，我们所有人都不知道为什么。”[63]

一些公司建议该走出明显符合逻辑的一步了，即生产能够识别佩戴者的讲话、能经过翻译之后将其传递给听众的耳机。同样明显而且符合逻辑的是这些设备将被命名为Babel Fish，命名的出处是道格拉斯·亚当斯(Douglas Adams)在他的《银河系漫游指南》(*Hitchhiker's Guide to the Galaxy Series*)系列小说中所描述的“宇宙中最奇怪的东西”。当该系列小说在1978年首次在英国广播公司BBC电台播出时，如果你告诉听众真实的版本将会在40年后出现，基本上没有人会相信。但是现在这已经成为了现实[64]。虽然目前速度很慢，会延迟几秒钟，而且容易出错，但是这些缺陷无疑将在几年内被消除。

最终，机器现在可以在唇读上击败人类。因此，电影《2001太空漫游》(2001:*A Space Odyssey*)中，HAL在宇航员讨论它的明显故障时窃听这些宇航员对话的场景，是另一个已经走出科幻小说而成为现实的场景[65]。

2.3.8 学习和创新

我们再也不能说机器不会学习,也不能说机器不会发明。2013 年 11 月,DeepMind 公司演示了一个 AI 系统,该系统使用无监督深度学习来教自己玩旧式 Atari 电子游戏,比如 Breakout 和 Pong[66]。这些是以前的 AI 系统觉得困难的游戏,因为它们涉及手眼协调。

P.34

这个系统没有被告知怎样很好地玩游戏,甚至没有被告知游戏的规则和目的:仅仅是当它玩得好的时候得到奖励,而当它玩得不好的时候没有奖励。就像作家凯文·凯利(Kevin Kelly)注意到的那样,"他们没有教它如何玩电子游戏,而是教它如何学习玩游戏。这是一个意义深远的区别"。[67]

虽然该系统在首次尝试玩任何游戏时都表现不佳,但是在 24 小时左右不断的试错之后,它就能够掌握游戏的评分规则,最后比最优秀的人类玩家玩得更好。

DeepMind 系统显示出真正的综合学习能力。据报道,谷歌在看到该系统的演示以后,以 4 亿美元的价格收购了 DeepMind 公司。

2.3.9 创造力

在过去的这几年,一些企业开始用 AI 创造音乐。其中一家企业的首席执行官在 2017 年 8 月评论道:"在几年前,AI 还无法为任何人创作出足够好的音乐。如今在一些使用案例中它已经足够好了。它并不需要比 Adele 或者 Ed Sheeran 更好。其目标并不是'它比谁更好',而是'它会不会对人们有用'。"[68]

机器除了创作音乐以外也创作视觉形象。2015 年 6 月,谷歌发布了由图像识别神经网络 Deep Dream 制作的图片。由于这些图片超现实的致幻特性,它们抓住了公众的想象力。网络被用来寻找特定特征(比如说一只眼睛,或者说一只狗的头),并修改图片以凸显该特征。围绕反馈回路的重复迭代所创建的图像有些时候会美得让人难以忘怀,而有的时候仅仅是让人过目不忘[69]。

另外一个创造性系统叫作生成式对抗网络(generative adversarial networks,GANs)。它是在 2014 年由谷歌研究人员伊恩·古德费洛(Ian Goodfellow)提出的。该系统包含两个神经网络,一个能生成候选图像,另一个的作用是基于之前的数据库来区分和判别图像的种类。通过这种竞争的方式,系统能够产生人类都无法辨别真伪的逼真图像[70]。

2015 年 11 月,麻省理工学院的一个 AI 研究团队发表了一篇文章,内容是关于一个能够比人类更好地预测图像可记忆性的模型。这个叫作 MemNet 的模型已经检查了 60000 幅图像的数据库,并以 1000 种不同的方式对它们进行了分类。它能够识别为什么某些图像比其他图像更令人难忘。

显然，这些模型没有意识，也没有想象力。它们不会被其所处理的图像影响，因为它们没有情感。根据你对艺术的定义，它们有可能会也有可能不会进行艺术创造。我认为艺术是通过利用技巧所传达的一些关于人类状况的深刻或至少是有趣的内容。不可否认，这个定义排除了很多我们能够在博物馆和美术馆看到的东西，不过我们中的许多人还是不会有异议的。如果使用该定义的话，机器并不能创造艺术，因为它们并没有人类的经验。 P. 35

但是从某种角度来说，在创造性行为背后的有意识的经历（或者缺乏有意识的经历）并不重要。机器能以对我们重要的方式分析、处理甚至创建文本、声音和图像，而且有时它们可以比我们做得更好。

2.3.10 自然语言处理

机器学习(ML)技术能够让机器用普通语言来解析句子。该技术先把句子拆分成最基本的组成部分，随后对它们进行处理以达到特定的结果，再用人们容易理解的形式输出。这就是自然语言处理(natural language processing，NLP)。还记得垃圾邮件吗？在 20 世纪末，有人说它使互联网瘫痪了。但是现在除非你查看垃圾邮箱，否则你几乎看不到它了。它被 ML 和 NLP 给驯服了。

同样的事情也发生在用户原创内容(user-generated content，UGC)上。我们喜欢阅读新闻网站上的评论，其中很多评论是无趣的，不过也有很多是既聪明又有趣的。毕竟，如果人群都是愚蠢的话，那么众包(crowdsourcing)就没有任何意义了。但是其中一些需要经过语法上的“干洗”处理才能更加有用，而且好的东西也需要浮出水面。这件事越来越多地由 ML 以及在金字塔上离顶端科技巨头较远的公司完成。大大小小的公司都在使用 ML“计算”出每次碰到顾客和目标时应该提供什么样的信息[71]。

一些 UGC 需要的不仅仅是语法上的处理，有一些内容也需要被删除。在撰写本书的时候，每 1 分钟都会有 4 小时的视频上传到谷歌旗下的 YouTube 服务器。如此一来，他们需要雇用的审查员人数将不计其数。幸运的是，谷歌的 AI 系统可以发挥作用。虽然这些工具并不完美，也不能适合所有设置，但是通过首次使用 ML 所删除的暴力极端视频的数量比之前增加了 1 倍以上。在很多情况下，谷歌的系统在标记需要删除的视频时已经证明比人类更准确[72]。

2.3.11 力所不及的科学

P. 36

在某著名的卡通片中有这样一个场景：一个小房间里有一个男人在书写便条并将其贴在他身后的墙上。每张便条都展示了计算机无法执行的智能任务。而在地板上，有越来越多的废弃便条，上面展示的是目前计算机能够比人类完成得更好的任务。地上的便条包括“数学计算”“下国际象棋”“识别人脸”“以巴赫的风格创作音乐”和“打乒乓球”。墙上的便条不仅包括现在计算机无法完成的任务,如“演示常识”,还有一些计算机现在已经可以完成的任务,比如“驾驶车辆”和“讲话的实时翻译”等。

卡通片里的男人表情紧张:他对计算机在越来越多的任务中比人类表现得更好而感到不安。当然,可能会有一天,便条会停止从墙上转移到地上,也许计算机永远都不会演示常识,也许它们永远不会报告自己有意识,也许它们永远不会决定修改自己的目标。但鉴于它们迄今为止的惊人进展,以及“无法创造出强大的 AI”这一先验观点所体现的缺陷(我们将在后面的章节中再讨论),在 AI 上下太大的赌注也是不明智的。

很难预测机器人什么时候能做什么和不能做什么。事实证明,对计算机进行编程来做我们认为非常困难的事情相对容易,比如高级算术,但是很难教它们一些我们认为容易做的事情,比如系鞋带。这一现象被以 AI 先驱汉斯·莫拉维克(Hans Moravec)的名字命名为莫拉维克悖论[73]。

我们倾向于忘记 AI 已经取得了多大的进步。尽管苹果和安卓手机被叫作“智能手机”,但我们不倾向于把它们叫作 AI 的实例。我们也不倾向于将大型超市的物流系统视为 AI 的例子。事实上,当我们每次取得突破的时候,AI 都会被重新定义。计算机科学家拉里·特斯勒(Larry Tesler)指出,这意味着 AI 被定义为“一切尚未完成的事物”。这一观点被称为特斯勒定理,或是 AI 效应。

多年来,人们都认为计算机无法在国际象棋上击败人类。当这样的事情最终发生时,它也仅仅被蔑视为是单纯依靠计算蛮力,而非凭借合理的思考的结果。美国语言学家诺姆·乔姆斯基(Noam Chomsky)教授声称,计算机程序在国际象棋中击败人类跟推土机在举重中赢得奥运金牌一样无趣。可能这句话是他在卡斯帕罗夫(Kasparov)被击败之前说的,如果真是这样,那他真是非常与众不同。

P. 37

据我们所知,计算机是没有自我意识的。它们不能理性地思考自己的目标并进行调整,也不会对实现目标的前景感到兴奋。比如,在下国际象棋的时候,我们相信它们实际上并不理解自己在做什么。

从这个意义上来说,AI 系统所做的“仅仅是计算”这样的说法也是合理的。但同样,很多人脑能够做的也“仅仅是计算”,而且人脑已经让人类取得了一些令人惊叹的成就。虽然人类想在知识树的顶端保留一些自己的空间不无道理,但是把 AI 所取得的成就蔑视为非智能的,以及像有些人总结的那样,说 AI 研究的早期,即 20 世纪 50 年代和 60 年代,没有取得任何进展,这显然是荒谬的。

ML 是有效的,而且在短短几年内取得了显著的成就。但事实上,它基本上还没有开始。在下一章,即第 3 章中,我们将看看是什么推动了它的进步。

注释

1. http://www.computerweekly.com/feature/Apollo-11-The-computers-that-put-man-on-the-moon.
2. http://www.bradford-delong.com/2017/09/do-they-really-say-technological-progress-is-slowing-down.html.
3. http://www.internetlivestats.com/google-search-statistics/.
4. http://en.wikipedia.org/wiki/High-frequency_trading.
5. http://www.strategyand.pwc.com/global/home/what-we-think/innovation1000/top-innovators-spenders#/tab-2015.
6. 2013 data: http://www.ons.gov.uk/ons/rel/rdit1/gross-domestic-expenditure-on-research-and-development/2013/stb-gerd-2013.html.
7. http://streamhistory.com/die-rich-die-disgraced-andrew-carnegies-philosophy-of-wealth/
8. *The Big Switch* by Nicholas Carr (p. 212).
9. https://www.wired.com/2017/02/inside-facebooks-ai-machine/
10. http://www.theguardian.com/technology/2016/jan/31/viv-artificial-intelligence-wants-to-run-your-life-siri-personal-assistants.
11. https://techcrunch.com/2017/07/19/apple-launches-machine-learning-research-site/.
12. https://techcrunch.com/2016/09/29/microsoft-forms-new-ai-research-group-led-by-harry-shum/.
13. https://www.geekwire.com/2017/one-year-later-microsoft-ai-research-grows-8k-people-massive-bet-artificial-intelligence/.
14. https://techcrunch.com/2017/07/12/microsoft-creates-an-ai-research-lab-to-challenge-google-and-deepmind/.
15. http://uk.businessinsider.com/amazon-echo-sales-figures-stats-chart-2016-12.

P. 38

16. http://www.aaai.org/Magazine/Watson/watson.php.
17. http://www.latimes.com/business/technology/la-fi-cutting-edge-ibm-20160422-story.html.
18. https://www.top500.org/news/financial-analyst-takes-critical-look-at-ibm-watson/.
19. http://www.cnbc.com/2017/05/08/ibms-watson-is-a-joke-says-social-capital-ceo-palihapitiya.html.
20. https://seekingalpha.com/article/2463495-china-search-engine-market-share-august-2014.
21. http://www.nasdaq.com/article/an-indepth-look-at-baidus-bidu-artificial-intelligence-aspirations-cm821145.
22. http://english.gov.cn/policies/latest_releases/2017/07/20/content_281475742458322.htm.
23. https://topchronicle.com/alibaba-group-holding-limited-baba-has-a-market-value-of-388-89-billion/.

24. https://www.technologyreview.com/s/609099/alibaba-aims-to-master-the-laws-of-ai-and-put-virtual-helpers-everywhere/?utm_campaign=add_this&utm_source=twitter&utm_medium=post.
25. https://www.washingtonpost.com/news/the-switch/wp/2016/10/13/china-has-now-eclipsed-us-in-ai-research/?utm_term=.d4f9eb1c9353.这篇文章是付费内容。另外一个免费资源是:https://futurism.com/china-has-overtaken-the-u-s-in-ai-research/.
26. http://thediplomat.com/2017/07/chinas-artificial-intelligence-revolution/.
27. http://www.shanghaidaily.com/metro/society/Shanghai-will-be-at-the-heart-of-Chinas-artificial-intelligence/shdaily.shtml.
28. http://www.business-standard.com/article/economy-policy/task-force-seeks-public-opinion-on-artificial-intelligence-117092300823_1.html.
29. http://www.wired.com/2015/11/google-open-sources-its-artificial-intelligence-engine/.
30. https://www.theguardian.com/technology/2016/apr/13/google-updates-tensorflow-open-source-artificial-intelligence.
31. http://www.wired.com/2015/12/facebook-open-source-ai-big-sur/.
32. Parsey McParseFace 是一艘研究船的戏称,这艘船在2016年4月英国政府进行的一次民意测验中得票很高。http://www.wsj.com/articles/googles-open-source-parsey-mcparseface-helps-machines-understand-english-1463088180.
33. https://www.forbes.com/sites/bernardmarr/2017/09/18/the-amazing-ways-coca-cola-uses-artificial-intelligence-ai-and-big-data-to-drive-success/#7f7bc55078d2.
34. https://ai-europe.com/ (Disclaimer: I chair this conference.).
35. https://www.satalia.com/.
36. http://rainbird.ai/.
37. https://www.crowdflower.com/.
38. http://insights.venturescanner.com/category/artificial-intelligence-2/.
P. 39
39. http://techcrunch.com/2015/12/25/investing-in-artificial-intelligence/.
40. https://www.youtube.com/watch?v=Skfw282fJak.
41. http://futureoflife.org/2016/01/27/are-humans-dethroned-in-go-ai-experts-weigh-in/.
42. https://www.theverge.com/2017/8/11/16137388/dota-2-dendi-open-ai-elon-musk.
43. http://www.popsci.com/scitech/article/2004-06/darpa-grand-challenge-2004darpas-debacle-desert.
44. https://www.theguardian.com/technology/2016/mar/09/google-self-driving-car-crash-video-accident-bus.
45. http://www.thechurchofgoogle.org/Scripture/Proof_Google_Is_God.html.
46. https://www.reddit.com/r/churchofgoogle/.
47. https://www.theguardian.com/technology/2017/sep/10/are-flying-cars-ready-for-takeoff.
48. 如果你身处英格兰,答案将是飞跃亚洲。
49. http://searchengineland.com/faq-all-about-the-new-google-rankbrain-algorithm-234440?utm_campaign=socialflow&utm_source=facebook&utm_medium=social.

50. http://www.wired.com/2016/02/ai-is-changing-the-technology-behind-google-searches/.
51. http://www.thedrum.com/opinion/2016/02/08/why-artificial-intelligence-key-google-s-battle-amazon.
52. http://www.wired.com/2012/06/google-x-neural-network/.
53. 他们是潘布鲁克柯基犬和卡迪根威尔士柯基犬。http://research.microsoft. com/en-us/news/features/dnnvision-071414.aspx.
54. http://image-net.org/challenges/LSVRC/2015/index#news.
55. http://www.eetimes.com/document.asp?doc_id=1325712.
56. https://youtu.be/U_Wgc1JOsBk?t=33.
57. http://www.wired.com/2016/01/2015-was-the-year-ai-finally-entered-the-everyday-world/.
58. 在撰写本书时(2016 年 4 月),尽管 Aipoly 让人惊艳,但并不完美。
59. http://news.sciencemag.org/social-sciences/2015/02/facebook-will-soon-be-able-id-you-any-photo.
60. http://www.computerworld.com/article/2941415/data-privacy/is-facial-recognition-a-threat-on-facebook-and-google.html.
61. http://www.bloomberg.com/news/2014-12-23/speech-recognition-better-than-a-human-s-exists-you-just-can-t-use-it-yet.html.
62. http://www.businessinsider.fr/uk/microsofts-speech-recognition-5-1-error-rate-human-level-accuracy-2017-8/.
63. http://www.forbes.com/sites/parmyolson/2014/05/28/microsoft-unveils-near-real-time-language-translation-for-skype/.
64. https://www.theguardian.com/technology/2017/oct/05/google-pixel-buds-babel-fish-translation-in-ear-ai-wireless-language.
65. http://www.zdnet.com/article/lip-reading-bots-in-the-wild/.
66. https://youtu.be/V1eYniJ0Rnk?t=1.
67. http://edge.org/response-detail/26780.
68. https://www.theguardian.com/technology/2017/aug/06/artificial-intelligence-and-will-we-be-slaves-to-the-algorithm.　P. 40
69. https://www.theguardian.com/technology/2015/jun/18/google-image-recognition-neural-network-androids-dream-electric-sheep.
70. https://www.youtube.com/watch?v=deyOX6Mt_As.
71. http://techcrunch.com/2016/03/19/how-real-businesses-are-using-machine-learning/.
72. https://www.theguardian.com/technology/2017/aug/01/google-says-ai-better-than-humans-at-scrubbing-extremist-youtube-content?utm_source=esp&utm_medium=Email&utm_campaign=GU+Today+main+NEW+H+categories&utm_term=237572&subid=17535328&CMP=EMCNEWEML6619I2.
73. 莫拉维克(Moravec)在其 1988 年出版的著作《心灵之子》(*Mind Children*)中谈到了这一现象。一个可能的解释是,我们在童年时期培养的感觉、动作技能和空间意识是数百万年进化的结果。几千年来,我们一直在进行理性思考。尽管实际或许并不难,但因为我们尚未对此进行优化,所以这似乎很难。

AI 的指数级增长

P. 41

3.1 指数级现象

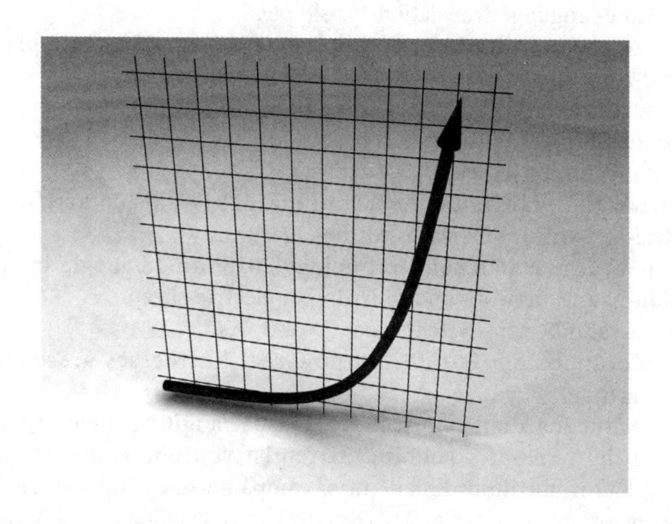

3.1.1 指数级增长的作用

若把人工智能(AI)比作一辆汽车,算法是发动机控制系统,大数据是燃料,计算能力则是发动机。发动机能力若以指数级增长,汽车性能便会增强。如果不能意识到指数级增长所带来的惊人影响,我们将无法理解未来几年面临的变革。

P. 42

设想你站起来向前走 30 步，你将会在约 30 米远的地方停留。若每下一步步长按“指数”增加一倍，则第一步是 1 米，第二步是 2 米，第三步是 4 米，第四步是 8 米，依此类推。

你认为你会在 30 步内走出多远？答案是：抵达月球。事实上，更准确地说，在第 29 步你会到达月球，而第 30 步的距离足够让你回到出发点。

这个例子不仅说明了指数级增长的威力，还说明它具有欺骗性和后显性。

再举一个例子。设想你在一个密封且防水的英式或美式足球场上。此刻，裁判在球场中间滴了 1 滴水。1 分钟后，她在同样位置滴了 2 滴，再过 1 分钟，4 滴，依此类推。你认为用水填满体育场需要多长时间？答案是 49 分钟。令人惊讶并且不安的是，45 分钟后，后排座位的人还在低头看着被水填充 7% 的体育场，彼此预感将会发生一件重要的事。而 4 分钟后他们将被水淹没[1]。

指数级增长后期显现的事实有助于解释另一个现象，即科学家罗伊·阿马拉(Roy Amara)发现的阿马拉定律。这表明人们倾向于高估一项技术带来的短期影响，而低估其带来的长期影响[2]。

3.1.2 拐点

人们经常谈论指数曲线的“拐点”，拐点的左侧曲线增长缓慢，右侧曲线增长迅速。这是一个误解。对于 10 个或 100 个相同周期，并具有同样增长速度的指数曲线相比较时，会发现它们看起来几乎相同。换句话说，曲线上的任一点都是处于真正增长的初期阶段：过去总是看起来很平缓，而未来总是看起来在急剧上升。

作家约翰·兰彻斯特(John Lanchester)提到 1996 年美国政府使用了一台新的超级计算机来模拟核爆。这个超级计算机被称为 Red，是第一台每秒处理超过 1 万亿次浮点运算的机器。截至 2000 年底，它一直是世界上计算速度最快的超级计算机。然而，在 2006 年，小学生手中的索尼 PS3 游戏机都与这一级别的处理器能力相当[3]。这就是摩尔定律的实际例子。

P. 43

3.2 摩尔定律

1965 年，戈登·摩尔(Gordon Moore)在 Fairchild 半导体公司工作。他发表了一篇关于芯片上的晶体管数量每年会成倍递增的文章，并预测这种现象将会持续十年。与他同时代的人认为这个猜想非常大胆。1975 年，他将每年调整为每两年，而在不久之后，加州理工学院教授卡弗·米德(Carver Mead)提出了“摩尔定律”这个术语。1968 年，摩尔与他人合作创立了英特尔公司，与此同时，英特尔执行官戴维·豪斯(David House)发现晶体管的性能也在提高。后来，摩

尔定律通常被定义为每过 18 个月,价值 1000 美元计算机的处理能力将会翻倍。

摩尔定律不是一种法则,而是一种能够自我证实的猜想——半导体行业目标和规划指南,尤其是对英特尔公司而言。到 2015 年 4 月,摩尔定律发现已 50 周年。虽然摩尔定律在人类生活中具有重大意义,但是 50 周年的活动却没有引起多少人的关注。

指数曲线通常不会持续很长时间:它们变化的幅度太大了。在大多数情况下,快速增长的现象一开始比较缓慢,一旦把速度提高到指数级,经过一段时间后,尾部会形成一个 S 形曲线。然而,指数级现象可以包含很多阶段,事实上,我们每个人也都是其中之一。人体由大约 27 万亿个细胞组成,这些细胞是由裂变或分裂产生的——即一种指数级增长,通过 46 次裂变即可形成所有细胞。相比之下,摩尔定律在其存在的 50 年中已经有过 33 次裂变。

P. 44

摩尔定律还需要 20 年时间才能达到人体所需的细胞裂变次数。到那时,如果定律依旧成立,未来一台普通台式计算机可拥有等同于现在谷歌公司计算处理能力的总和。当每个青少年在自己的卧室里都拥有谷歌公司的计算能力时,想象一下我们可以干些什么,再试着想象一下到那时谷歌公司又会拥有怎样的计算能力!

许多其他技术也都在以指数级速度发展,包括内存容量、LED(遵循海兹定律[4])、传感器(每个感应点的成本呈指数级下降[5])以及数码相机的像素等[6]。

3.2.1 对摩尔定律的质疑

2015 年,英特尔似乎并不确定自己的芯片开发是否继续满足摩尔定律。这一点非常重要,因为自 1991 年以来英特尔(Intel 全称是 Integrated Electronic)一直是全球最大的芯片制造商,同时也是全球第三大研发公司(继大众汽车和三星之后)。它引领了芯片的小型化。

2015年2月,英特尔发布了他们未来几年的芯片计划,并且保持了摩尔定律的指数级增长[7]。第一批基于新的10纳米制造工艺的芯片将于2016年末至2017年初发布,之后英特尔预计将从硅工业转向Ⅲ-Ⅴ半导体,如铟、镓、砷化物[8]。(10纳米是芯片上两个重复单元之间的最近距离。)

但在2015年7月,英特尔首席执行官布赖恩·柯扎尼奇(Brian Krzanich)表示,公司需要更长的时间去缩小晶体管规模,他说:"按目前的节奏,我们需要接近2年半而不是2年的时间。"在撰写本书时,该公司最小的晶体管是14纳米的Skylake型号,下一个尺寸将是10纳米的Cannonlake型号,预计在2017年末推出,延期6个月①。

自2007年以来,英特尔一直以"tick-tock"模式追求其芯片的发展。"tick"表示制造工艺的改进,其芯片尺寸从45纳米到32纳米,再到22纳米,甚至到14纳米。"tock"表示架构的改进。一位学者将柯扎尼奇宣布的新节奏描述为从"tick-tock"到"tic-tac-toe",其中tic代表流程,tac代表体系结构,toe代表优化和效率[9]。 P.45

然而,已在英特尔工作37年的处理器技术团队高级研究员马克·波尔(Mark Bohr)认为,从长远来看,摩尔定律仍然适用。他正在研究5纳米级别的技术[10]。2017年1月,柯扎尼奇发布了一款装有Canonlake芯片的笔记本电脑。他说:"在我的职业生涯中,我曾听过的摩尔定律不再适用的次数比我遇到的其他任何事情都多。我今天在这里正式向你们展示并且告诉你们,摩尔定律一直适用,而且具有生机。"[11]

这里提供一些背景知识,人的一根头发厚度约为10万纳米,相当于英特尔下一代晶体管的一万倍。硅原子直径在0.2纳米左右,所以5纳米的结构大约为25个原子宽。

英特尔是全球最大的芯片制造商,但它不是唯一的制造商。2015年7月,超前于英特尔的计划时间,IBM宣布其拥有一个7纳米的芯片原型,其中某些组件使用了硅锗材料[12]。但是批量生产与原型制造有很大的不同,而且IBM没有在两年内大规模生产的计划,但IBM的宣布尤为重要,预示着从深紫外线(DUV)向极紫外线(EUV)光刻的成功转型。与DUV相比,EUV能够在更短的波长下工作。

3.2.2 新架构

摩尔定律曾经历过根本性的转变。直到2004年,计算机芯片时钟频率的提高在很大程度上促进了性能的改善[13]。另一方面,芯片过热会导致降频,对此,

---

① 事实上,英特尔第一批大规模采用10纳米制程的第10代Core-i处理器于2019年上市。——编者注

芯片制造商采用多处理器或“内核”以保持计算机的性能。现代智能手机可能多达八个处理器,这意味着工作进程被分解成可并行操作的几部分。

虽然芯片制造商成功延长了芯片的寿命,但现有架构最终将达到其极限。为此,研究人员正致力于研究延长极限或可取代现有架构的技术。

英特尔基于其在中央处理器上的优势,可以执行多种计算,但计算并不一定是最优的。视频游戏的需求推动了图像处理单元(GPU)的发展和改进。GPU非常擅长处理大量数据并重复执行相同的操作。事实证明,机器学习(ML)受益于它们的特定能力。CPU 和 GPU 通常是串联部署的。

P. 46

Nvidia 是生产 GPU 的龙头,其市值在 2015 年到 2017 年之间上涨了 10 倍,超过 1000 亿美元,这得益于其芯片价值已经得到了手机和游戏机制造商的认可。在 2015 至 2016 年间,为赶超 Nvidia,英特尔在两家公司 Altera 和 Nervana 上花费了 170 亿美元。

谷歌的 TPU,全称张量处理单元(Tensor Processing Unit),比 GPU 在某些方面更专业。TPU 专门针对 ML 应用而设计,以低于 GPU 和 CPU 的精度获得了更高的运行速度[14]。

另一种正在开发的新架构是 3D 芯片。并排放置芯片会造成芯片之间的信号延迟及堵塞,这是由于较多信号试图使用相同的路径。如果将芯片重叠放置,这些问题可以得到缓解,但会产生新的问题。硅芯片是在 982.2℃的温度下制造的,所以,如果你尝试在一个芯片上方再制造一个芯片,下面的芯片将被烧毁。如果分开制造芯片,将其中一个芯片放置在另一个上面,则必须通过成千上万条微型导线将它们连接起来。

2015 年 12 月,斯坦福大学的研究人员发布了一种称为纳米工程计算系统技术(N3XT)的堆叠芯片新方法。他们声称这比传统芯片配置效率高 1000 倍[15]。然而,他们并没有对 N3XT 芯片何时可以批量生产作出预测。

另一种方法是将存储芯片与传统上独立的处理芯片结合起来,以减少两者之间的通信量。此外,麻省理工学院(MIT)的研究团队致力于设计专门用于实现神经网络的芯片,并于 2016 年 2 月宣布推出 Eyeriss 芯片[16]。

2016 年 3 月,IBM TJ Watson 研究中心的科学家宣布,他们证实集成 CPU 和内存于同一芯片的“电阻处理单元”可提高 ML 算法的处理速度高达 30000 倍[17]。

加州理工学院的教授卡弗·米德是微电子工业的先驱。在 20 世纪 80 年代后期,他提出了基于大脑结构的计算机的概念,称之为神经形态计算。虽然这在当时是无法实现的,但现在已经成为现实。2014 年,IBM 生产了一款名为 TrueNorth 的芯片,该芯片大约由一百万颗硅“神经元”组成,每颗神经元具有 256 个“突触”。IBM 称该芯片不仅性能强大,而且极为节能。

P. 47

作为全球最大的芯片制造商，英特尔还致力于神经拟态计算系统的研究，并于 2017 年 9 月推出 Loihi 型号芯片，它被称为世界上第一款拥有独立学习能力的神经拟态芯片：通过来自周围环境的反馈模拟人脑运行。除了非常节能外，这款芯片有望成为深度学习系统的有效平台。Loihi 芯片于 2018 年初与主要的 AI 研究实验室见面[18]。

3.2.3 面向量子计算

量子计算与核聚变一样，都是距离实际应用有 20 年之遥的技术之一，但经验丰富的研究人员认为这个时代即将到来。量子计算的基本思想是，传统的计算机只能使用开或关的二进制比特位，但量子比特(qubits)能够一次执行多种不同的计算，即能够同时开启和关闭——称之为叠加态。

谷歌在 2013 年从加拿大的 D-Wave 公司购买了一台量子计算机，但它并不能满足大家的需求。直到 2015 年 12 月，在"精心设计的概念验证问题"中，谷歌的工程总监哈特穆特·尼文(Hartmut Neven)宣布其操作的 D-Wave 计算机的速度比传统台式电脑快 1 亿倍。D-Wave 所谓的"量子退火计算机"是否是真正的量子计算机仍然存在争议，但无论如何，通用量子计算机仍在开发中。

虽然保持量子比特稳定非常困难，但谷歌、IBM 和微软都认为他们已经接近"量子优越性"，量子计算机比传统计算机更强大——至少对于某些类型的计算而言。通常认为实现量子优越性需具备 50 个量子比特。目前，IBM 能够为研究人员提供具备 16 个量子比特的基本量子计算机。

2016 年 11 月，微软聘请了四位顶级的量子计算研究人员，他们的负责人声称"我们已经准备好从研究转向工程应用"。次年 9 月，微软宣布投资数百万美元，与哥本哈根大学合作建立自己的量子研究团队[19-20]。

P.48

在 2017 年中期，谷歌宣称正在测试一台具备 20 个量子比特的设备，并预计到年底将会有具备 49 个量子比特的原型机问世[21]。但这被俄罗斯和美国哈佛大学的科学家团队狠狠地打脸，他们在 8 月宣布成功测试了具备 51 个量子比特的设备[22]。

3.3 对摩尔定律的再思考

摩尔定律是一种已成为目标产生器的观察结果，而不是对世界基本属性的描述。在过去，为了保证它的有效运作涉及了许多巧妙而不可预测的过程。迄今为止，商业需求和纯粹的人类创造力已经完全把它加以运用，并且可以通过很多途径表现出来。

根据戈登·摩尔(Gordon Moore)和大卫·豪斯(David House)在 20 世纪

60 年代后期提出的具体定义,摩尔定律很久以前就不复存在了——这是一些人乐于指出的一个事实,尽管他们很少解释他们所提及的到底是众多解释中的哪一个——摩尔的最初解释,修改后的解释,大卫·豪斯作出的解释,或者是其他的定义。

正如英特尔高级微处理器研究负责人谢哈尔·博尔卡尔(Shekhar Borkar)所观察到的,从消费者的角度来看,“摩尔定律只是说明用户价值每两年翻一倍”。有很多方法和激励措施也可以保持这种增长[23]。也许那些宣扬摩尔定律已经死亡的人应该为还在使用它的其他人重新命名,尽管它可能不会流行起来。

P. 49 看起来,研究者决定维持技术的前进步伐,并认为随着摩尔定律的发展,计算机处理能力将持续快速提高。

3.3.1 具有常识的机器人

2015 年 12 月,微软首席演讲科学家黄学东指出,过去 20 年来,语音识别技术一直以每年 20%的速度提高。他预测到 2021 年,电脑在理解人类语言方面的表现会和人类一样好。杰夫·欣顿(Geoff Hinton)走得更远——他的团队赢得了 2012 年具有里程碑意义的 ImageNet 竞赛。2015 年 5 月,他表示他期待机器能够在十年内具备常识[24]。

常识可以解释为客观世界的一个心理模型,可以预测在特定动作后会发生什么。帝国理工学院的默里·沙纳汉(Murray Shanahan)教授举了一个将舞台上的椅子扔向观众的例子:人们能理解观众举起手保护自己的举动,不过还是可能会造成一些伤害,必然也有一些不满。而没有常识的机器并不知道会发生什么。

脸书已经宣布决定要实现欣顿的预言。为此,它在 2013 年从应用机器学习团队的 100 人中抽调 50 名研究人员成立了一个名为脸书 AI 研究中心(Facebook AI Research，FAIR）的基础研究部门[25]。

许多其他研究人员正沿着相同的方向研究。麻省理工学院的约什·特南鲍姆（Josh Tenenbaum）教授所在团队在 2015 年展示了一个人工智能程序，与大多数 ML 系统需要数百万个数据样本不同，这款程序能够仅基于一个示例就可以识别手写文字[26]。2017 年，他将这一程序应用于一家名为 iSee 的波士顿汽车自动驾驶公司[27]。

因此在十年内，机器在人脸识别和其他图像识别方面会比人类做得更优秀，更好地理解和响应人类语言，甚至可能具有一般常人思维。而且它们将会保持越来越快、越来越便宜的发展趋势。这一现象将在未来数年内对我们的生活产生巨大的影响，但令人惊讶的是，它目前并没有从决策者和顾问那里获得太多的关注。例如，近几年在欧洲或美国举行的所有选举它都没有表现出太大作用。

3.3.2　AI 的指数级发展为何被忽视

P. 50

我们关心的大多数事情都是线性变化的。比如，豹子追逐我们以及猎物躲过我们，每次都只有一步；季节一天一天地变化。我们很难适应以指数速度变化的事物。即使当我们被迫面对时，我们也经常选择忽略它。这里有六个可能的原因来解释，为什么许多人对 AI 的显著进步不屑一顾，认为它并不重要。

1. 在上一章中，我们介绍了特斯勒定理，其中 AI 被定义为“一切尚未完成的事物”。如果将 AI 的所有成就分配到其他领域，那么很容易因为它发展得不是特别快而被忽视。

2. 自摩尔定律被提出的 50 年间，一直有关于它消亡的预测。我们没有必要为几乎结束的现象而担忧。

3. 在上一章中曾提及，我们对我们曾经猜想的未来充满了怀念。至今也没有悬浮滑板、飞行汽车或个人喷气背包，但我们往往离所有梦想实现就只差一步（我们很快也会拥有飞行汽车）。未来会发生的事情同样也很精彩，但相比于已经拥有的，我们更倾向于关注还没有得到的。

4. 新发明的早期形态往往让人失望。如果你处在第一部手机出现的时代，一般会记住它们砖头一样的尺寸和小手提箱般的重量。那时，它们被嘲笑为社会名流的昂贵玩具。现在发达国家的每个人几乎都有智能手机。Siri 和谷歌眼镜的推出也遭到了类似的嘲讽，但与主流观点相反，重点是它们并不是失败的产品。它们只是将改变我们生活的技术向前推进的第一次尝试。我们忘记了经常重复的教训：技术的改进对我们的生产力和效率的贡献将是巨大的。

5. 事实上，这些技术只是简单地遵循产品生命周期的标准曲线。在新产品最初推出时，被营销人员称之为“创新者”的小群体因为其新颖和前途光明而加入它。他们可以看到它的潜力，并进行一些早期的炒作。“早期使用者”中的一

P. 51

些人在尝试后声明它与最初目标不相符——他们是对的。反对意见开始渗入，一股冷嘲热讽的态度磨灭了人们对产品的所有兴趣。在接下来的几个月或几年中，技术逐渐提高，并最终达到适合使用的标准。在技术营销界中这被称为跨越鸿沟，当然许多技术并没有成功，是因为它们从未找到它们的关键应用。

跨越鸿沟的技术被早期的创造者和大多数人所接受，随后被稍微落后的人接受，最后被剩下的人接受。但是，在大多数人加入时，这种炒作已经成为古老历史，人们已经理所当然地接受了它们对生活的改善。炒作周期已经成为历史。

6. 享乐适应代表着大多数人拥有相当稳定的快乐程度（享乐等级），当我们生活中的某些重要因素发生变化时——无论好坏，我们都会迅速调整并回到之前的水平。当我们期待预期的事件时，我们经常相信它会永久改变我们的生活，并且在这之后我们会一直感到更开心或者失望。当事件真的发生时，我们很快习惯了新的现实，并且前景看起来很精彩的事情也变得平淡无奇。“哇”迅速变成“嗯”。

7. 当得知 AI 有了新突破可能会让人略感不安。我们潜意识认为我们可能正在创造自己的竞争对手，当然还有终结者的形象，这种恐吓，我们已经自娱自乐了 30 年。在很深的层面上，也许我们很多人并不想承认 AI 的指数级发展速率。

在第 4 章“未来的 AI”中，我们将试图搁置这种潜在的恐惧，并探讨 AI 在未来几年会给我们带来什么。

注释

1. 我很感谢拉赛尔・巴克利（Russell Buckley）告诉我这些事情的缘由。
2. http://www.pcmag.com/encyclopedia/term/37701/amara-s-law.
3. http://www.lrb.co.uk/v37/n05/john-lanchester/the-robots-are-coming.

P. 52

4. 海兹定律指出，每单位发射的有用光成本呈指数级下降。
5. http://computationalimagination.com/article_cpo_decreasing.php.
6. http://www.nytimes.com/2006/06/07/technology/circuits/07essay.html.
7. http://arstechnica.com/gadgets/2015/02/intel-forges-ahead to-10nm-will-move-away-from-silicon-at-7nm/.
8. “Ⅲ-Ⅴ”是指材料在元素周期表上所属的族。由这些半导体制成的晶体管消耗功率应更少，并且开关速度也应快上许多。
9. http://www.extremetech.com/extreme/225353-intel-formally-kills-its-tick tock-approach-to-processor-development.
10. http://www.nextplatform.com/2015/11/26/intel-supercomputer powers-moores-law-life-support/.
11. http://fortune.com/2017/01/05/intel-ces-2017-moore-law/.
12. http://www.theguardian.com/technology/2015/jul/09/moores-law-new chips-ibm-7nm.

13. 时钟速度，也被称作时钟速率或处理器速度，是芯片（中央处理器）每秒运行的周期数。每个芯片内部都有一个微小的石英晶体，它以特定的频率振动或振荡。为了执行芯片收到的指令，它需要振荡固定的次数或运行固定次数的周期。一个周期就是一个赫兹，而芯片如今以千兆赫兹的速度运行，因此每秒就要运行数十亿个周期。随着芯片设计的其他方面出现差异，时钟速度不再是衡量芯片有效性能的可靠指标。
14. https://techcrunch.com/2017/05/17/google-announces-second-generation-of-tensor-processing-unit-chips/.
15. http://www.popularmechanics.com/technology/a18493/stanford-3d-computer-chip-improves-performance/.
16. http://gadgets.ndtv.com/science/news/mit-builds-low-power-artificial-intelligence-chip-for-smartphones-799803
17. http://www.engadget.com/2016/03/28/ibm-resistive-processing-deep-learning/.
18. https://newsroom.intel.com/editorials/intels-new-self-learning-chip-promises-accelerate-artificial-intelligence/.
19. http://www.zdnet.com/article/microsofts-next-big-bet-clue-its-just-hired-four-top-quantum-computing-scientists/#ftag=CAD-00-10aag7e.
20. http://www.zdnet.com/google-amp/article/microsoft-just-upped-its-multi-million-bet-on-quantum-computing/.
21. http://uk.businessinsider.com/google-quantum-computing-chip-ibm-2017-6?r=US&IR=T.
22. https://www.sciencealert.com/google-s-quantum-announcement-over-shadowed-by-something-even-bigger.
23. http://www.nature.com/news/the-chips-are-down-for-moore-s-law-1.19338.
24. https://www.theguardian.com/science/2015/may/21/google-a-step-closer-to-developing-machines-with-human-like-intelligence.
25. http://fortune.com/facebook-machine-learning/.
P. 53
26. https://www.technologyreview.com/s/544376/this-ai-algorithm-learns-simple-tasks-as-fast-as-we-do/.
27. https://www.technologyreview.com/s/608871/finally-a-driverless-car-with-some-common-sense/?utm_campaign=add_this&utm_source=twitter&utm_medium=post.

未来的 AI

P. 55

4.1 日常生活

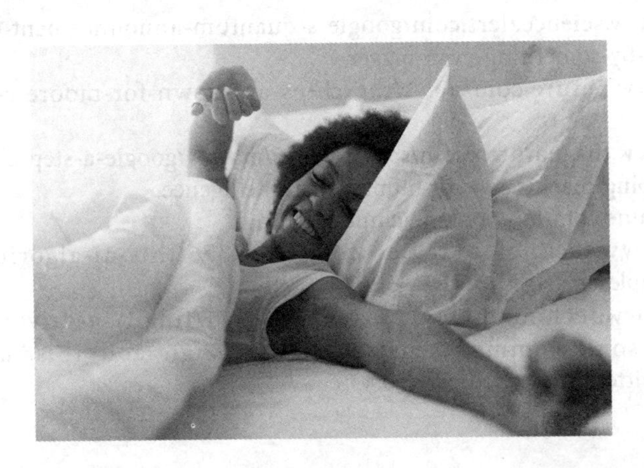

茱莉亚(Julia)醒来时,感觉神清气爽。这再寻常不过了:自从她的数字助手赫米奥娜(Hermione)升级到能够监控她的睡眠模式,并在睡眠周期的最佳阶段将她唤醒以来,她就一直可以得到很好的休息了。但茱莉亚还记得,当她从快速眼动睡眠(REM)①中美梦初醒时,空气中氤氲着赫米奥娜精心准备好的咖啡的

① REM 定义是以快速眼球运动为特点的睡眠期,在 REM 阶段醒来,相比于其他阶段,会更加精神饱满。——译者注

香气，她懒懒地舒展着胳膊，心怀感恩。

交通状况显示，路上车不多，在几分钟的时间里，赫米奥娜更新了她的主要健康指标，包括血压、胆固醇、体脂率、胰岛素。茱莉亚对在身体各个部位（包括血流、眼液、脏器和嘴）安置微型监视器早已习以为常。 P. 56

在虚拟衣橱和在线购物的帮助下，她早上穿上了昨晚和赫米奥娜一起搭配出来的衣服。当茱莉亚还在熟睡的时候，一架空中无人机为她投下了新衣服。现在大多数零售商都广泛应用虚拟人体模型，这使得选择合适的尺寸变得非常简单。

最后搭配的是一条迷人的项链，这是茱莉亚用 3D 打印机连夜完成的。这条项链是参照她在爱丁堡的姐姐寄来的设计而制成的，其色泽完美地搭配了这身衣服。

在开车去火车站的路上，茱莉亚读了赫米奥娜在早间新闻提要上为她标记的几则要闻，以及一些关于一个最近搬到加州的朋友的传言。此时，在全息层里弹出一个付费窗口，这是赫米奥娜的有意推送，茱莉亚一如既往支付了新闻提要的小额费用。半小时后，当她的自动驾驶汽车完美地停入车站停车场的一个狭小空间时，她自嘲了一下。她自己已经有一段时间没有尝试过这个动作了。她知道即使回到自己开车的时候，也不会如此顺利地完成任务。而现在，她对停车如此生疏，肯定做不到了。

火车在她到达站台后不久就到达了（她的车再一次完美计时送站），赫米奥娜利用茱莉亚的增强现实（augmented reality，AR）隐形眼镜上的显示屏，借助列车内部传感器的信息，突出显示了余位最多的车厢。茱莉亚登上车厢时，隐形眼镜根据她的旅行偏好和在旅途另一端下车的便利程度，突出了最佳座位的选择。

茱莉亚注意到她的大部分同行乘客都戴着不透明的护目镜，他们这是在用完全沉浸式虚拟现实（virtual reality，VR）设备观看娱乐节目。

她并没有像他们一样。在今天的会议上，她将至少花几个小时的时间在 VR 中度过，她有一条个人的规则来限制每天花在 VR 上的时间。

相反，她戴着隐形眼镜，盯着窗外。火车把她带到了英国乡村的一些地方，在那里她可以在几个历史时期的虚拟环境中进行选择。今天，她选择了维多利亚时代，并欣赏着她所乘坐的铁路在某些地区是如何建设的，成群的工人正在铺设铁轨。她对这种由人工而不是机器完成的工作感到惊奇。

赫米奥娜打断了她的沉思，提醒茱莉亚明天是她母亲的生日。赫米奥娜展示了一份礼物清单，建议茱莉亚今天晚些时候订购，还有一份近年来茱莉亚已经送过的礼物清单，以避免不得体的重复。茱莉亚选择了名单上的第二份礼物，并在赫米奥娜建议的问候语中授权了付款。 P. 57

之后，在余下旅程里，赫米奥娜便让她沉迷于历史浏览。随着火车到达城市郊区,伦敦南部巨大的维多利亚建筑工程展开,扩大的视野变得越来越有趣。茱莉亚注意到,自上次观看以来,内容制作商已经改善了观看效果,增加了许多新角色,并在附带的虚拟菜单中增加了大量关于建筑物的信息。

当她到达办公室后,她利用会议开始前的半个小时给一个重要的潜在新客户写了一封介绍信。她借助最新的心理评估算法分析所有在关注范围内发表的公开言论,包括博客文章、电子邮件、评论和推特。随后,她把分析结果上传给赫米奥娜并让其帮助起草。赫米奥娜提供了各种各样的短语和结构,以保持介绍信的正式语言,避免隐喻和任何情绪性用语。资料显示,该客户希望所有的声明都能够得到证据的支持,只要它们是相关的、切中要点的,就不介意收到长消息。

现在是电话会议时间了——她今天来到办公室的主要原因。她正在 VR 中与几位同事进行视频会议,所有人都能看到对方的面部表情和肢体语言。这是由于他们位于世界各地的不同地方,并且这个议题很重要也很敏感,所以他们希望交流尽可能充分。她家里的 VR 设备还不够成熟,无法参与到这种类型的通话中。

一个竞争对手刚刚推出一个完全自动化版本的服务线路,这也是茱莉亚的公司在两个国家的主要服务线之一,而且它很可能在几周内就在世界范围内推出。茱莉亚和她的同事们必须决定是放弃这条服务线路,还是进行必要的投资以实现自动化——这意味着要重新培训 100 名员工,或者让他们离开。

和往常一样,茱莉亚很感激赫米奥娜提醒她在会议上同事们的个人细节,而

P. 58

这些信息是她最不了解的。在电话开始和结束时的简短交谈中,她可以通过名字询问他们的伴侣和孩子。她一点也不担心,他们能做同样的事,这至少在一定程度上要归功于他们自己的数字助手。

电话中的几位参与者并没有讲英语,而是通过机器翻译系统进行实时翻译。虽然茱莉亚听到他们说的话与他们的嘴的动作不完全一致,但是这个系统对他们的声音特征和发音之间的转换非常可靠。

在电话会议中,赫米奥娜几次建议茱莉亚慢下来,或者更快地说到点子上,并使用同样的心理评估软件和肢体语言评估软件,以能够尽快构思销售信息。

会议结束后,茱莉亚和一个在附近办公室工作的朋友共进午餐。赫米奥娜建议她不要吃焦糖布丁,因为这会使她一天的糖摄入量超标。茱莉亚有点内疚没有听从建议,因为她确信甜食的味道更好。赫米奥娜什么也没说,但她调整了茱莉亚当天的轻度有氧运动目标,并设置了一个提醒,建议她睡前多花点时间刷牙和用牙线洁牙。

在回办公室之前,茱莉亚和她的朋友打算去买双鞋。就在她准备要买一双迷人的高跟鞋时,这时赫米奥娜提醒她,这家鞋子的制造商在茱莉亚订阅的道德黑名单之中。

回到办公室后，茱莉亚着手重新配置公司的一个潜在客户网站。该网站使用进化算法，不断测试语言、颜色和布局的微小变化的影响，每隔几秒钟就调整一次网站，并根据结果优化其性能。这是一个永不停息的过程，因为 Web 本身一直在变化，一个在某一时刻得到完美优化的站点，除非重新更新，否则几分钟内就会过时。互联网是一个残酷的达尔文环境，适者生存需要保持持续的警惕。

重新配置站点的设置是一件微妙的事情，因为任何微小的错误都会被进化算法迅速地复杂化，这可能很快导致不幸的后果。她决定用她前一天了解到的一种复杂的新型软件来做这件事。这个软件供应商提供了详细的 AR 眼镜使用说明。她仔细地完成了软件的注册、登录和使用等一系列操作，并将结果与眼镜中显示的图像进行了比较。 P. 59

当茱莉亚搭乘火车回家时，天已经黑了。她让赫米奥娜去检查她当天的录音，并下载她朋友在午餐时间顺便推荐的新应用。在回家路上，她播放了两个短片和四首新歌。她是唯一一个在她家附近站点下车的人。在前往停车场之前，赫米奥娜为茱莉亚展示了从站台到停车场两条路线上的摄像画面。画面显示，铁轨的桥上没有人，但有人在地下通道的阴暗处徘徊。最终，她选择了走那座桥，尽管路程稍长一些。

当她到达汽车停放处后，她检查了送货机器人是否成功地打开她的汽车后备箱，把货物放到里面后用远程锁定代码重新锁上。她满心欢喜地带着蔬菜，开车回家，一路哼着乔妮·米切尔(Joni Mitchell)的歌。

4.2 新电力

据报道，《科学预言》的作者威廉・吉布森（William Gibson）曾说过："未来已经到来——只是它的分布并不均匀！"[1]前面的短篇故事中提到的大部分内容已有原型和早期版本，其余部分都在开发中。预计需要5到30年的时间才能得到所有可用的工作版本。

P.60

有些人会认为上面所描述的生活是可怕的，也许是没有人性的。很可能会有更多的人愿意接受AI的帮助，当然，未来的几代人会认为这是理所当然的。正如道格拉斯・亚当斯（Douglas Adams）所说，当一个人出生时，世界上的任何事物都是世界运转方式的自然组成部分，在这个人15岁到35岁之间发明的任何东西都是新的、令人兴奋的，而35岁以后发明的任何东西都是违背自然规律的，应该被禁止[2]。

当然，并不能保证未来会以这种方式发展——事实上，细节肯定会有所不同。例如，我们还不知道连接到物联网（internet of things，IoT）的无数设备是否会直接与我们交流，或者通过像赫米奥娜这样的个人数字助手来交互。你会因为药瓶释放发光信号而吃药吗？还是你的赫米奥娜助手会提醒你？毫无疑问，结果在事后将看起来是显而易见的。

有人说，现在所有的行业都是信息产业的一部分，或者正朝着这个方向发展。开发一辆现代汽车的大部分成本，以及大部分的性能指标，在于控制它的软件。

德米斯・哈萨比斯（Demis Hassabis）说，人工智能将信息转化为知识，并认为这能增强人们的能力。谷歌及其旗下公司的宗旨是组织全世界的信息，使之随手可得，随处可用。对我们大多数人来说，我们每天完成的大部分任务可以分为四种基本技能：看、读、写和整合知识。人工智能已经能够在大多数情况下帮助我们完成这些任务，它的用处正在扩展和深化。

在过去，一种产品的大部分价值在于品牌——这是通过情感来维系的，而现在信息也起到同样的作用。你原来可能会认为，一种产品的商业成功并不依赖于向消费者提供的信息，比如护肤霜。而如今这种认知是错误的。大部分消费者都想知道他们所使用的产品将如何影响他们的整体状况。因此，在消费者精明的世界里，向他们提供最简洁、最容易理解的建议的制造商将会赢得市场份额。

P.61

随着对大数据集处理和分析能力的不断提升，社会的各行各业也发生了显著的变化，从超市供应链到消费品，到建筑业，再到矿产和石油勘探。《连线》（*Wired*）杂志创始人凯文・凯利（Kevin Kelly）表示，很容易预测未来1万家初创企业的商业计划："拿走某些元素，加入人工智能元素。"[3]套用一句话来说，极客们有福了，因为他们将继承地球。

曾在谷歌和百度工作的吴恩达说，人工智能是一种新型电力。它非常强大，无处不在，日益普遍，给我们在日常生活中所依赖的事物提供越来越多的力量。我们会逐渐认为它是理所当然的，甚至忽略它，但如果没有它，我们会怒吼抗议。人工智能将改变一切。正如吴恩达所说："就像 100 年前电力几乎改变了一切一样，如今我很难想象未来几年是否存在不会被人工智能改变的行业。"[4]

当然，电力也是一个高度管制的行业，它引起了人们对发电过程中产生排放的极大关注。发电和配电行业的一部分被自然垄断，而其他部分则由寡头垄断的公司瓜分，而这些公司很少受到人们的喜爱。没有什么是十全十美的。

4.3　现阶段人工智能

4.3.1　语音控制

在未来的几年里，人类与机器交流的媒介将是声音，而不是屏幕加鼠标键盘的组合。这将使计算机更容易和更快地处理各种进程，并且将拓宽它们在各种情况下的使用范围。

这也将是有益的，尤其是对于那些目前没有上网经历的人们，他们在未来将不需要打字便可畅游网络。打字将不再成为那些每天只靠几美元维持生计并且没法阅读的人们所必须掌握的技能。 P. 62

语音控制是通过自然语言处理来实现的，我们在 2.3.10 节讨论过。它使 AI 系统能够接收信息、处理信息并返回信息附加值，所有这些用到的信息都以自然语言的形式呈现。目前，这需要强大的处理能力和丰富的专业知识，但系统也一直在变得更强大、更精简。两个最普遍的应用分别是聊天机器人和数字助手。

聊天机器人是当今企业中人工智能开发工作的重点[5]。它们能够向客户和股东提供有用的信息而无须在客服中心雇用大量的员工。你很可能已经在某公司网站上和机器进行了交流，并认为对方是人类。这样的经历将变得更加普遍。

然而语音控制的最大应用将是数字助手。目前,Siri 只能算是个玩笑,但未来 Siri 将变得更加实用。

4.3.2 数字助手

在第 2 章中可以看到,技术巨头们正在争相推出最好的声控数字助手。亚马逊的 Alexa 开发团队雄心勃勃:“我敢肯定,明年这个时候,她会比现在聪明得多,而且将来的某个时候,我们会实现重塑《星际迷航》(*Star Trek*)电脑的目标。”[6] 作为语音控制的重要部分,机器必须理解对话的上下文,并且能够回答后续的对话。这需要机器知道像“this”“that”“then”和“her”这样的代词指的是什么。

Alexa 和她的竞争对手如今都在初级阶段,但在未来的十年或二十年里,他们的升级版将是我们长期的伙伴,我们会想如果没有它们我们该怎么生活。它们将是我们通往互联网的门户,也是我们在世界各地导航时宝贵的助手。除此之外,数字助手还能够通过交涉过滤掉大部分物联网。虽然我们可能没有注意到,但这将是一种幸运的解脱。想象一下,生活在这样一个世界里:每一台搭载人工智能的设备都能直接访问你,每一把椅子和扶手都能向你展示它们的优点,P. 63 还有每一家商店尖叫着要你买东西。这种场景在拍摄于 2002 年的反乌托邦电影《少数派报告》(*Minority Report*)中著名的购物中心有所体现,更简洁的是道格拉斯 · 亚当斯(Douglas Adams)的《银河系漫游指南》(*Hitchhiker's Guide to the Galaxy series*),在片中,制作那本同名指南的“公司”安装了会说话的电梯,被称为“快乐的载人升降梯”,但它们却非常让人厌烦。

4.3.3 “朋友”

这些助手将采用什么通用名称呢?我们每天使用的基本工具几乎都有单音节(从英语角度讲)的名字,比如电话、汽车、船、自行车、飞机、椅子、炉子、冰箱、床、枪[7]。那些有两个音节的名字通常是省略或押韵的,如铁和 Hi-Fi。还有一些情况,例如吸尘器(Hoover),是以制造出第一个成功版本的人或公司的名字命名的。

到目前为止,我们的数字助手还没有名字。“数字个人助手”(Digital personal assistant)和“虚拟个人助手”(virtual personal assistant)都体现了这一含义,但非常笨拙。也许我们会将它们像电视那样重新命名,如将它们称为 DA、DPA 或 VPA。或者我们可以用一个早期先驱者的名字,统称它们为 Siri。谷歌的董事长埃里克 · 施密特(Eric Schmidt)提出了一个有趣的想法:我们将设法用我们自己的名字来命名它们,他的助手将被称为“非埃里克”[8]。也许我们会参照菲利普 · 普尔曼(Philip Pullman)的《黑暗物质三部曲》(*Dark Materials*

Trilogy)，把它们叫作精灵。或许，我们就叫它们"朋友"吧，这也是我最喜欢的。

4.3.4　"无声"交流

2013 年上映的电影《她》(*She*)是好莱坞对高级人工智能最具智慧的诠释之一。(我意识到这并不能说明什么，但不管怎样，好莱坞确实给了我们很多用来思考和讨论未来技术的比喻。)故事的核心是主人公爱上了他的数字助手，结果很有趣。虽然他偶尔也会使用键盘，但大多数时候他们都是口头交流。

有时我们想和"数字助手朋友"交流，但不发出任何声音。便携式的"qwerty"键盘是不够的，而虚拟全息键盘可能需要很长时间才能研发出来，即使研发出来，可能使用起来会很奇怪。通过脑-机接口进行通信将需要更长的时间才能变得可行，所以很有必要去寻找一个新接口——也许是一个看起来像陶笛的单手设备[9]。

P. 64

一种可能是传感器，嵌入在脸上和喉咙周围，就像纹身一样。在人们默念，也就是说话不发出声音时，微型传感器可以检测并理解微小的动作。谷歌公司旗下的摩托罗拉公司已经就这一想法申请了专利[10]。也许将来当我们外出闲逛的时候，我们会习惯看到别人在默默地进行哑语交流，就像我们和"朋友"谈笑风生。

另一种方式我们可以与朋友们，实际上是与物联网中大量新的可沟通对象，通过雷达进行交流。2015 年 5 月，谷歌发布了一段介绍 Soli 的视频。Soli 是一个将复杂的雷达传感器嵌入微型芯片的项目。它不用镜片，不会被打碎，能够在空间的上方或前方产生一个虚拟工具，并通过追踪人类双手和手指的微小动作来解读人类的意图。Soli 能够生成人类都熟悉的控件的虚拟表示，如音量旋钮、开关按钮和滑块[11]。

4.3.5　与"朋友"做生意

数字助手理将是一项宠大的业务，其行业的发展将会非常迅猛。它会变成一种赢家包揽一切的自然垄断吗？如果是这样的话，赢家将成为受到严格监管审查的对象，而且很可能会被采取措施将其业务拆分或纳入公共所有。或者，还是会有少数强大的竞争者？比如在智能手机平台领域，苹果和安卓几乎独霸市场。

我们会不会像很多人那样，在很小的时候，或者青春期的时候，选择一个"朋友"品牌，并一直坚持下去？毫无疑问，平台提供商试图将我们锁定在对这种品牌忠诚的行为上。或者我们是否会选择更多？从一个供应商跳到另一个供应商，因为他们互相竞争，轮流推出最新的、最先进的软件。

4.3.6 可穿戴化和内置化

目前,体现这些基本指南的原始载体是智能手机,但那只是暂时的现象。未来的发展趋势必将从便携式设备发展到可穿戴设备(苹果手表、谷歌眼镜、智能隐形眼镜),最终发展到"内置设备":我们身体里随身携带的精密芯片。

P.65
你怀疑谷歌眼镜会卷土重来吗?平视显示器的价值是巨大的,想要的信息均会呈现在我们的正常视野中。这就是为什么美国军方乐意为其战斗机飞行员配备平视显示头盔,即便每个头盔价值50万美元。

苹果手表取得了成功,是因为一些人愿意花大价钱,只需要抬高手腕,而不用花力气从口袋里掏出智能手机。相比于对最新的八卦消息的渴望得到满足,以及所处环境的基本信息毫不费力地展现在自己眼前,还有什么事情比这更好呢?

或许,为消费者成功生产第一款智能眼镜的公司将是亚马逊。虽然该公司曾尝试推出一款智能手机并失败了,但其Echo产品系列在其数字助手Alexa的推动下,成功地为家用声控智能扬声器创造了市场。值得注意的是,亚马逊在2014年聘请了谷歌眼镜的创始人巴巴克·帕尔维兹(Babak Parviz),以及其他几位谷歌眼镜的研究人员、工程师和设计师。有传言称,鉴于人们对隐私问题的顾虑,亚马逊最初可能会推出只依赖语音输入,不配备摄像头和屏幕的智能眼镜[12]。

至于"内置化",利用植入体内的芯片将图像投射到你的视野里的技术远远超前于我们现在所处的技术水平。这是继可穿戴设备之后下一个合乎逻辑的步骤,随着科技的关键领域以指数级速度发展,这将是不容忽视的。

到那时,屏幕将无处不在:在桌子上、内外墙上以及卡车的后面,这样我们便可拥有前方的视野[13]。但我们可能希望随身携带我们自己的屏幕,尤其是因为我们不希望让别人看到我们在看什么。

在未来十年,人工智能将对几乎所有行业产生巨大影响。举例来说,目前在通过更新信息来提高绩效方面有待改进的大趋势行业——医疗。

4.3.7 医疗系统

据观察,医疗系统是真正的疾病护理系统,在生命的最后一年,人们花掉的费用通常会占他们个人花费的90%。我们都知道预防胜于治疗,而且越早发现问题,越容易解决,但我们的医疗系统不是这样运行的。

P.66
两场重大革命即将席卷整个医疗领域,我们都将从中受益。一场革命是关于智能手机上小仪器的可用性,使我们每个人都能诊断疾病的早期症状,并将相关数据传输给远程临床医生。这些仪器是集传感器、人工智能算法和人类智慧于一体并在庞大数据集上的应用结果。这将帮我们省去数以百万计的耗时和昂贵的就诊费用,并促使疾病治疗转向医疗保健。

另一场革命是通过分析我们的基因组来预测和预防医疗问题的能力。人类基因组项目早在2003年就已完成,但人们很快就发现,尽管对人类DNA进行测序是实现医疗实际改善的关键第一步,但这还不够。我们还需要了解表观遗传学:人类细胞中的变化是由与DNA序列无关的因素引起的。将人工智能算法应用到科学家正在生成的基因表达数据中,正在使这些改进触手可及。

今天生活中许多方面的改善都得益于人工智能。当我们审视这种强大技术的潜在缺点时,必须牢记这一点,避免出现可能妨碍我们从这些改进中获益的抵制行为。

4.4 颠覆带来的影响

计算和人工智能的指数级改进将带来巨大的好处,但这意味着改变,而改变总是令人不安。

4.4.1 商业流行语

P.67

在21世纪10年代早期,商业圈里最热门的流行语是大数据。高管们意识到这样一个事实:由于功能强大(并行处理)的计算机和灵活的人工智能算法的成本降低,他们掌握的关于客户和目标的大量信息最终可以被分析并转化为有用的见解。最终,消费品制造商可以做得更好,而不是简单地将他们的客户分组成邮政编码,或广泛的社会人口群体。他们可以找到与产品型号变化及交付路线有相同要求的人群,并及时准确地与他们沟通。

4.4.2 技术创新的早期颠覆

在21世纪10年代中期,流行语是数字化颠覆,这也是有充分理由的。但是,技术创新对企业和整个行业的颠覆并不是什么新鲜事。

1908年10月13日,德国化学家弗里茨·哈伯(Fritz Haber)申请了氨的专利,他首次成功地将氮固化成一种有用而稳定的形式:三个氢原子和一个氮原子。氮是植物的基本营养物质,它占大气的78%,但是它的气态形式对农民来说很难使用。

当哈伯进行技术研发时,成千上万的人在智利阿塔卡马(Atacama)沙漠的烈日下挖硝石(硝酸盐)。除了来自秘鲁的鸟粪,智利的硝石是世界上唯一的固体氮来源。哈伯一宣布他的发现,硝石就变得不景气了。如果我们今天去阿塔卡马,仍然可以看到载着大量硝石去往中途被废弃的港口的火车,还有大量在1908年10月被遗弃的"鬼城"。

今天的颠覆是由数字革命引起的——具体地说,是互联网。不同寻常的是,互联网同时影响着多个行业。在世纪之交的网络繁荣和萧条时期,有很多关于公司被互联网"脱媒"的说法,其中一个持续的例子就是出版业。在出版业,出版商无法再决定读者能读谁的书,因为亚马逊已经允许作者自己出版图书了。

P.68

4.4.3 柯达

数字化颠覆的典型代表是柯达。在20世纪80年代的鼎盛时期,该公司雇用了14.5万人,年销售额达190亿美元。它位于纽约州罗切斯特市,占地1300英亩(约5.26平方公里),拥有200栋建筑。几十年前,乔治·伊斯门(George Eastman)在那里就像今天的史蒂夫·乔布斯(Steve Jobs)在硅谷一样受人尊敬。

柯达的研究人员发明了数码摄影技术,但公司的高管们却找不到既可以让这项技术在商业上可行,同时又不会蚕食他们利润丰厚的消费胶卷业务的办法。因此,当其他公司开始涉足数码相机市场时,在21世纪初,甚至在智能手机问世之前,胶卷销售开始以每年20%~30%的速度下降。人们常常指责柯达过于自满,但它所面临的困境几乎是不可能走出来的。用互联网时代的经典短语来说,它需要吃掉自己的孩子,而这一点它做不到。

相反,柯达将一大笔钱投入制药行业,斥资51亿美元收购斯特林制药公司,又花了一大笔钱进入家庭打印行业。这两家公司都以失败告终。柯达于2012年申请破产,一年后这家公司成为昔日辉煌的缩影。如今,该公司的年销售额为20亿美元,拥有8000名员工。200座园区建筑中有80座已被拆除,另有59座已被出售。在撰写本书时,其市场价值约为2.78亿美元,是成立于2002年的极限运动数码相机制造商GoPro的五分之一。

4.4.4　点对点商务

一种新的商业模式正在为“数字化颠覆”的概念创造大量的专栏篇幅，它就是点对点商务（peer-to-peer commerce），其中领先的实践者分别是爱彼迎（Airbnb）和优步（Uber）。这两家公司分别于2008年和2009年在旧金山成立。

投资者对点对点模式的热情程度可以通过将爱彼迎在2017年3月的估值310亿美元与凯悦77亿美元的市值进行比较来体现。凯悦在全球拥有500多家酒店，收入达44亿美元。而仅仅13名员工的爱彼迎没有酒店，其在2016年的收入约为170万美元。优步的崛起更加引人注目：它的估值在2017年6月达到680亿美元，尽管这一估值被一系列负面消息削弱了。

这种增长让竞争对手感到不安。世界各地的出租车司机抗议优步通过不公平的竞争使他们失业，因为（他们声称）优步的司机可以不受惩罚地无视安全法规。酒店经营者试图让其经营的城市禁止爱彼迎，有时也会成功。当然，点对点商务巨头的增长并非一帆风顺。尤其是优步，其所在运营区域与地方当局曾发生多次争论，并且有关公司性别歧视的指控吸引了大量的注意力，以至于其创始人兼首席执行官被迫辞职。

P.69

一个由作家和咨询师组成的子行业如雨后春笋般涌现出来，帮助企业应对这种干扰。行业领军人物之一是彼得·迪亚曼迪斯（Peter Diamandis），他也是硅谷奇点大学（Singularity University）的联合创始人。谈到颠覆公司，迪亚曼迪斯总结数字化颠覆为6个“D”：

1. 数字化（Digitised），发挥了以光速共享信息的能力。

2. 欺骗性（Deceptive），因为他们的发展呈指数级，潜伏一段时间后以接近失控的速度加速发展。

3. 颠覆性（Disruptive），因为他们从现有企业那里掠夺了巨大的市场份额。

4. 非物质化（Dematerialised），因为他们的大部分价值在于他们提供的信息，而不是任何实物，这意味着他们的分销成本可以是最小的，甚至是零。

5. 去货币化（Demonetised），因为他们可以提供任何东西，而这些东西在以前是需要顾客支付的。

6. 民主化的（Democratised），他们生产的产品和提供的服务以前都是富人的专属（比如手机），现在为大众可用。

商业领袖的任务就是要搞清楚他们的产业是否会被这类公司（提示：几乎是可以肯定的）所颠覆，以及他们是否可以自己来完成颠覆，而不是像柯达那样站在废墟中。

数字化颠覆并不是破坏性的，仅仅因为它能让竞争对手大幅度地降低你的产品和服务价格。这种廉价也意味着会有更多的潜在颠覆者,因为进入行业的P.70壁垒正在消失。难怪由迈克尔·波特(Michael Porter)建立的商业咨询公司Monitor 破产了,该公司为企业提供如何设置这些壁垒的建议。

商业领袖通常知道他们需要做什么:由他们当中最有才华的人组成的小型内部团队,对潜在的颠覆进行头脑风暴,然后首先自己进行颠覆。这些团队需要高层的支持,并且至少在一段时间内不受通常的投资回报指标的影响。这个理论相当简单,但付诸实践是困难的:大多数团队需要外部帮助,而且许多团队会失败。

当然,颠覆者也可能被颠覆。一项基于区块链技术的名为 LaZooz[14] 的服务可能会给优步带来激烈的竞争。

随着计算技术和人工智能的指数级进步,颠覆给人们带来的兴奋和不安将会持续增加。

4.5 相关技术

4.5.1 人工智能的驱动

人工智能正日益成为我们最强大的技术,它将越来越多地影响和塑造我们所做的一切。它充满活力的到来与一系列其他技术的起飞不期而遇。而这些技术通常至少在一定程度上是由人工智能驱动的,将影响我们社会的发展方式。

由于这些技术将以不同的方式和不同的速度展开,因此无法准确预测这些交叉技术的个别和综合影响将会是什么,可以肯定的是,它们将意义深远。

P.71

4.5.2 物联网

物联网已经被谈论了很多年——这个词是在 1999 年由英国企业家凯文·

阿什比(Kevin Ashby)提出的[15]。事实上,它已经存在了很长时间,并且拥有很多同义词。通用电气称之为"工业互联网",思科称之为"万物互联",IBM则称之为"智能星球"。德国政府称其为"工业4.0"[16],另外三项分别是蒸汽、电力和数字技术的引入。(我认为这是一个毫无裨益的术语,因为它将物联网从信息革命转变为工业革命,低估了信息革命的重要性。我将在本书第三部分中作出解释。)

物联网的另一个名字是"环境智能"(ambient intelligence)[17],这也是我最喜欢的名字。"环境智能"最能体现这一理念的精髓所在:我们周围的物体中嵌入了太多的传感器、芯片和发射器,以至于我们的环境变得智能化——或者至少变得易懂。

最初的设想是,物联网是基于射频识别(RFID)标签的,这是一种米粒大小的微型设备,可以被远程"读取",而无须被"读取"的设备所看到。RFID是一种被动设备,这个概念不涉及任何人工智能。

后来近场通信(NFC)等技术得到发展,实现了双向数据交换。自2011年以来,Android手机一直支持NFC。NFC也为iPhone 6推出的苹果支付系统提供相关服务。

物联网正在成为可能,因为组件(传感器、芯片、发射机、电池)正在以指数级的速度变得越来越便宜,而且越来越小。2017年1月发布的一份报告预测,2021年物联网设备总数将达到230亿,比2016年的数字增长近4倍[18]。许多这样的设备都有多个传感器——智能手机可以有多达30个传感器[19]。

展望未来,互联网企业家马克·安德森(Marc Andreessen)预测,到2035年,每一件实体产品都会植入芯片。结果很明显——每一盏灯,每一个门把手都会连接到互联网上[20]。

上述想法为使环境变得可理解提供了巨大的机会。装有嵌入式传感器的桥梁、建筑、飞机、汽车或冰箱可以提醒我们某个关键部件什么时候会发生故障,这样就可以安全地更换它,而不会造成无法预见的故障可能带来的不方便以及金钱或生命损失。这被称为基于状态的维护,或被称为预测性维护,例如,管理香港特别行政区城市交通网络的港铁公司(MTR Corporation)正率先取得令人鼓舞的成果[21]。 P.72

物联网还将提高整个经济领域的能源效率,因为建筑物和车辆的供暖或制冷可以根据它们的精确温度、湿度等以及使用它们的人员和设备的数量和需求进行调节。

自从万维网在1990年推出以来[22],通过将信息放在我们的指尖,使我们的生活变得无比简单。而物联网通过显著提高信息的数量和质量,使我们能够控制环境的许多方面,从而把这一过程进一步推向一个重要的阶段。你将能够立即知道任何你想买的东西的地点和价格。你会知道你所有朋友和家人的位置和安全状况——假设他们不介意的话。还有你所有财产的位置:不会再有丢失的钥匙!你能够远距离控制你的物品的温度、音量以及位置。你自己的健康指标可以提供给任何你选择的人,这肯定会挽救许多生命。

物联网提供的许多应用将令人惊讶。例如,它可能会改变我们惩罚犯罪的方法。对大多数人来说,我们目前的做法显然是行不通的。在美国,每1000个成年人中就有一个人目前在监狱里服刑,而再犯率表明,所有这些后果都是源于他们中的许多人曾经(通常是短期的)犯罪或吸毒成瘾。维持现状的支持者认为,该制度通过将犯罪分子从主流人群中清除出去来维持公众安全,它提供了一种衡量正义的标准,但很少有人会认为这有助于使罪犯行为改造或改过自新。改革派则认为,剥夺罪犯的自由是足够的惩罚,最好不要让他们形成惯性,在释放后再次犯罪。他们认为恢复性司法比纯粹的惩罚性司法更好,因为在恢复性司法中,罪犯们会尽可能地消除他们所造成的伤害。

物联网技术,像不可摘除的可穿戴设备,再加上周围环境中的精密传感器,可以被用来限制被定罪的罪犯的自由,同时允许他们在人道的环境中生活,这将降低他们在刑期结束后再次犯罪的可能性。这个想法是有争议的,一些人抱怨犯人会被判"宽松"的刑罚,还有一些人担心"老大哥"的到来。但是这项技术至少允许讨论一个目前已破败不堪的系统的替代方案[23]。

P. 73

像任何强大的技术一样,物联网将引起人们的关注,特别是关于隐私和安全的问题,我们稍后会再讨论这些问题。物联网还需要一套标准,以便所有那些半智能的椅子和汽车都能用同样的语言进行沟通。这可能是通过政府监管、行业合作实现的,也可能是因为某一方变得足够强大,足以将自己的标准强加给其他所有人。

4.5.3 机器人

美国国防部高级研究计划局(DARPA)在2015年6月举行的机器人技术挑战赛的最后一轮,本可以成为工程能力和人工智能潜能的成功展示。什么是机器人?它只是人工智能系统的外设,就像鼠标和键盘是个人电脑的外设一样吗?相反,正如我们之前提到的,这是一件令人伤心的事情,获胜的机器花了近45分钟才完成一系列的八项任务,而一个蹒跚学步的孩子可以在10分钟内完成。此外,与2012年设定的最初目标相比,这些任务已经有所减少,当时很明显,没有一个团队能够完成这些任务。[24]

然而,美国国防部高级研究计划局发起的大挑战激发了自动驾驶汽车的发展。在2004年的首次比赛中,获胜的赛车在150英里(约241.4千米)的赛道上只开了7英里(约11.3千米)就遭遇了碰撞。仅仅13年后,自动驾驶汽车在几乎所有情况下都明显优于人类司机，而且它们正在迅速缩小其他的差距。就机器人技术而言，我们又回到了 2004 年。不要忘记指数级发展的力量。

在第 12 章，我们将会遇到巴克斯特(Baxter)，一个新一代的工业机器人。它开始证明机器人在新任务中可以是灵活的，适应性强，易于指导。世界各地的研究小组正在教机器人做复杂的任务。2015 年 10 月，一个由日本公司组成的财团推出了 Laundroid，这是一款能够在 4 分钟内折叠衬衣的机器人[25]。与此同时，在加州大学(University of California)一个以消除乏味任务为宗旨的伯克利机器人团队花了 7 年时间，将机器人折叠毛巾的时间从 20 分钟缩短至 1.5 分钟[26]。

因此，机器人可以慢慢地折叠毛巾，但要想高效地完成酒店女服务员的所有工作还需要研究人员花费几年的时间。然而，它们已经能做的是将女服务员单独完成的许多任务自动化。加利福尼亚州的 6 家知名酒店正在试验一种机器人，可以根据客人的需要将毛巾和其他物品送到客人的房间[27]。显然，牙膏是客人最常要的物品，大概所有人都希望拥有完美的好莱坞式闪闪发光的牙齿。

P. 74

2015 年年中，加州大学伯克利分校的一个研究小组宣布，他们可以让机器人拧紧瓶盖，用钉锤把钉子从木头上拔下来，同时执行速度和灵活性与人类差不多[28]。

研究人员正在尝试用不同的方法来提高机器人的性能。匹兹堡的卡内基梅隆大学和谷歌的研究小组正在让机器人通过简单地在桌面上戳、捅、抓和推物体来了解它们的物理环境，这与人类孩子了解物理世界的方式非常相似。研究人员从这次活动中收集了大量的数据集，结果表明，与没有接受过物理训练的系统相比，这些系统更善于识别来自 ImageNet 数据库的图像[29]。

4.5.4 谷歌的机器人大军开赴软银

2013 年末，谷歌宣布收购至少 7 家机器人公司，分别是波士顿动力(Boston Dynamics)公司——著名的大狗和阿特拉斯模型 Bot 和 Dolly 的供应商、Meka、Holomni、Schaft、Redwood、Industrial Perception 和 Autofuss。谷歌还宣布，新部门将由安迪·鲁宾(Andy Rubin)管理，之前他通过安卓手机平台开创了一项巨大的全球业务。

2014 年 10 月，安迪·鲁宾离开谷歌，创办了一家科技初创企业孵化器，显然谷歌未能成功地整合其机器人收购。特别是，波士顿动力公司的军事应用重心与谷歌的文化格格不入。2017 年 6 月，日本投资集团软银(Softbank)宣布收购波士顿动力和 Schaft。软银是日本第三大上市公司。2012 年，该公司已经收购了另一家领先的机器人公司——法国的 Aldebaran，生产外观可爱、儿童大小的 Pepper 机器人[30]。

软银创始人孙正义(Masayoshi Son)相信,奇点将在2047年出现。2017年1月,他宣布成立愿景投资基金(Vision Fund)。该基金规模为1000亿美元,将用于投资高科技企业,为奇点出现做准备[31]。

P.75
4.5.5 复杂关系

我们人类需要一段时间才能适应机器人的存在。上文已提及,日本软银旗下的法国公司Aldebaran生产了一款名为Pepper的机器人。它们身高120厘米,售价约1200美元,但它们"解读"人类情感并做出适当反应的能力有限。事实证明,它们在日本非常受欢迎,2015年9月上市不到一分钟,4000件产品被抢购一空。

然而,市场对Pepper的反应并不简单。制造商觉得有义务禁止任何与机器人发生性关系的企图。一名日本男子因酒后侵犯一个机器人而被起诉[32]。

2015年,一个名叫Hitchbot的机器人成功穿越加拿大各个海岸,但在美国再次进行表演时,在费城遇袭并被斩首[33]。

4.5.6 更多的机器人

目前,机器人是否需要与人类很像才能完成任务还有待商榷,但这并不妨碍研究人员试图制造机器人。在谷歌将其用于手机软件之前,"安卓"(android)这个词曾经是指具有人形外观的机器人。我们可能还需要好几年才能拥有像电影《机械姬》(*Ex Machina*)或电视剧《人类》(*Human*)中那样逼真的机器人。纳丁是新加坡南洋理工大学最先进的原型接待员。它很像人类,但不会愚弄任何多看它一眼的人[34]。它以发明者纳丁·塔尔曼(Nadine Thalmann)教授为原型,它不会走路,但它会微笑,会转头并和人握手。它的声音由一个类似Siri的人工智能驱动。

许多机器人将是用于特殊场景的设备,以执行非常具体的任务。例如Grillbot,一个乒乓球拍大小的机器人,它可以清洁你的烧烤架,除此之外,它完全没有其他用处[35]。

有些人认为外骨骼是可穿戴式机器人。无论这在语义上是否正确,它们肯定能让一个人做几个人的工作。目前,该领域的领先公司如Ekso Bionics[36]正致力于开发患者康复系统。但不久之后,类似的设备将被用于军事、制造和配送等从事体力劳动的人群。

P.76
4.5.7 无人机

另一种快速崛起的机器人是无人机——可以远程控制或自主控制的飞行器。它们有各种各样的应用,包括偷拍名人的照片,为记录生活的千禧一代自拍，以及为亚马逊送包裹。这对监管机构形成了严峻挑战，监管机构担心它们会对更为成熟的航空器造成影响，但又不能完全禁止它们：搭载强大传感器和计算机的联网无人机正迅速成为公用事业、工程企业以及政府机构的重要工具[37]。在瑞士，一家名为Matternet的无人机公司在2017年获得批准，将开始使用四轴飞行器向城市地区的医院运送医疗用品[38]。冰岛交通管理局批准了一家名为Flytrex的公司在视线之外的路线上驾驶无人机。最初，客户必须从指定的卸货区提货，但该公司希望近期能够获得直接飞到客户后院的批准[39]。

4.5.8　虚拟现实

在2014年，许多人从谷歌头戴式显示器(Cardboard)上首次体验到虚拟现实(VR)，Cardboard是一种让智能手机向我们介绍这种非凡技术的巧妙方式。人们普遍认为，2016年是VR真正腾飞的一年，因为脸书的Oculus VR推出了Rift，这是首款为消费者提供高清视觉、无延迟的VR设备。延迟是指来自不同来源的刺激无法同步到达大脑的现象：如果你的视觉体验与其他感官不同步，你的大脑就会感到困惑和不愉快，并且会让你感到异常的恶心[40]。

当VR有效的时候，它的力量惊人的强大。当大脑接收到的感官数据变得非常真实时，大脑就会“翻转”，并认为呈现的幻觉就是现实。

结果，Oculus Rift并不是很多人期待的突破性产品。消费者觉得这个设备既昂贵又笨重。VR的竞争对手索尼(Sony)和宏达(HTC)的表现要好一些，但总体而言，2017年初的安装基数仍然很小，不到最大的游戏发行平台Steam账户数的0.5%[41]。

增强现实(AR)与VR很相似，只是它覆盖在你对真实世界的感知上，而不是取代它。AR可以让大象在你面前的空中“游”来“游”去，或者在你的后花园“种”上一座摩天大楼。如果你想在产生游动大象的幻觉的同时警惕来自狗和坑洼的威胁，这是很方便的。 P.77

2016年，当一个名叫尼恩蒂科(Niantic)的开发者在AR版本的“Pokémon Go”上取得了惊人的成功后，AR抢走了VR的风头。在2016年7月上线一周后，每天有2800万人在使用它，寻找要捕获的虚拟Pokémon角色。截至2017年2月[42]，这款应用的下载量为6.5亿次，但这种热情未持续下去，到9月，它已不在iPhone前200款应用之列[43]。

微软试图在自己的AR产品Hololens上开辟一个独特的领域，称其为混合现实(mixed reality，MR)。在混合现实中，虚拟对象被锚定在现实世界中，例如，人们可以绕着它走并操纵它。在许多形式的增强现实技术中，人们只能在智能手机屏幕上看到虚拟物体。Hololens需要带上耳机，所以物体总是出现在你的视野。一家名为Magic Leap的初创公司从包括谷歌在内的投资者那里筹集了13亿美元,并进行了一系列令人印象深刻的现实演示[44]。

VR和AR发烧友们长期处于煎熬之中,但一直保持乐观。但在撰写本书时,苹果出现了激动人心的时刻。苹果在2017年6月推出了名为ARKit的AR开发软件。在2017年9月,这款能让消费者使用AR的软件却以一种出人意料的低调的方式发布,或许是为了避免此前遭遇的失望情绪。但是,安装苹果ARKit的潜在用户多达数百万,目前远远超过谷歌Tango,因此ARKit仍然可能会实现真正的突破。

至于VR是否会有重要的发展,争论存在于那些认为VR将是成功的,和那些认为VR将会改变一切的人之间。专业咨询公司Digi-Capital预计,到2021年,VR和AR的销售额将超过1000亿美元,其中AR占到总额的4/5[45]。

4.5.9 VR和AR的应用

VR和AR短期内最大的应用预计将是视频游戏。这是一个不小的游戏领域,因为游戏业在打包娱乐的全球销售方面已经有一段时间可以与好莱坞匹敌[46]。从谷歌Cardboard上已经提供的内容来看,人们也很喜欢这种人造的旅行和冒险体验。谷歌街景的VR版本让你在曼哈顿漫步,直到网络延迟让你不适,而其他的开发者会给你提供过山车式的体验,以及从滑雪到悬挂式滑翔的冒险运动。

P. 78

从长期来看,潜在的应用程序令人困惑。不用离开扶手椅,我们可能很快就能享受到像体育比赛和音乐会这样的现实模拟活动。许多人会因此质疑忍受拥挤的交通和人群去参加真实活动的价值。当然,首先人群的存在会让活动变得令人兴奋,所以VR活动的组织者会想方设法来重现在人群中的效果。此外你也可以坐在你的朋友旁边,因为他碰巧在几大洲之外的VR设备里。

教育和非正式学习也可能经历一场VR革命。通过亲身体验滑铁卢战役,不是比通过阅读或者听一位讲师的描述来了解拿破仑更有说服力吗?一位老师带领她的学生利用VR模型来解释酒精的分子结构,会不会更容易让学生理解?

企业将发现VR的许多用途,而且由于它们的预算往往比消费者和教育机构要多,因此它们可能会赞助开发最尖端的应用程序。计算机辅助设计环境将成为令人吃惊的工作场所。例如,允许建筑师、设计师和客户在破土动工之前,对建筑进行详细的探索和讨论。而且,谁知道军方又会用VR来做什么。一种可怕的想法是虚拟现实可能会成为一种强大而又恐怖的酷刑工具[47]。

远程通信也将被提升到一个新的水平。虽然纯语音通话仍然占主导地位,但良好的视频会议设施能够极大提升远距离对话的效果,而感觉处于同一空间中将会进一步改善体验。任何涉及人们在时间和空间的迁移都应该是虚拟现实的沃土。

另一方面，目前还不清楚VR是否会成为电影的良好媒介。在电影中，导演想要吸引你的注意力，如果有一半的观众正忙着目不转睛地盯着与焦点偏离180度的图片或事件看，那就事与愿违了。

毫无疑问，VR将为人类活动的这些领域做出贡献，但我不想卷入关于触觉服装可以实现什么的讨论中，这种服装允许用户体验由其他人远程发起的热感和触觉。P.79

地理学的消亡已经被宣布了无数次，但尽管电话、数字化和全球化在兴起，商业和休闲旅行仍在继续增长。好的虚拟现实所赋予的真正的"存在感"能否最终让这句陈词滥调成真？人才会继续被吸引到世界主要城市，还是VR会打压膨胀的房地产价格，更均匀地影响整个地球的人类？

也许VR可以让稀缺变得不那么值钱，也不那么麻烦。在现实世界中，并不是每个人都能住在棕榈环绕的海滩上的漂亮房子里，开着阿斯顿·马丁(Aston Martin)轿车，当他们走进自己的起居室时，迎接他们的是一名Vermeer。有了VR，每个人都可以处在相当逼真的场景中。正如我们将在第14章中看到的，这可能对我们作为一个物种的整体福祉是极其重要的。

万维网给我们一种无所不知的感觉，而虚拟现实似乎也给我们一种无所不在的感觉。也许我们现在所需要的只是一种能让我们无所不能的技术。

4.6 当前的问题

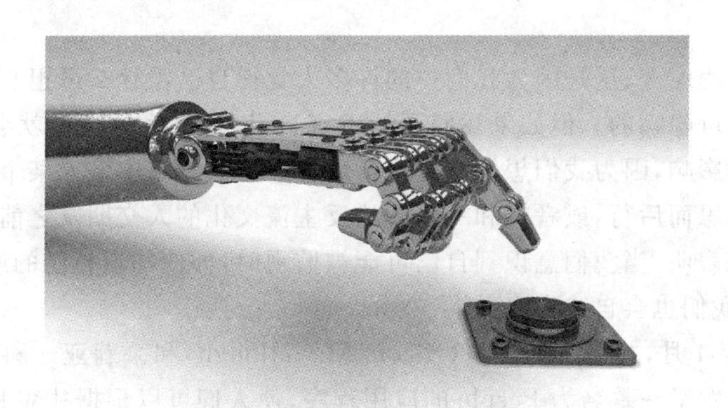

强大的新技术可以产生巨大的效益，但它们往往也会产生巨大的危害。早在我们面临这两个奇点带来的巨大挑战之前，人们就已经对人工智能提出了一系列重大关注问题，包括隐私、透明性、安全性、偏见、不平等、孤立、寡头垄断、杀人机器人和算法治理。不分先后，让我们依次来看。P.80

4.6.1 隐私

人工智能系统对数据有着巨大的需求,物联网将产生大量的数据。在一个智能化的环境中,每个公民的过去和现在的位置都很容易确定,以及他们见过谁,甚至是他们讨论的内容。许多人担心这些信息被各种组织使用和滥用,这是可以理解的,包括政府、公司、社会团体和有心计的个人——比如嫉妒的配偶。正如一群活动人士所说的那样,网络正包围着我们,我们对越来越模糊的组织越来越透明[48]。

有些人希望我们可以用“反监视”来反击这种“对类固醇的监测”。由于摄像头无处不在,包括在无人机上,职能部门的行为受到限制,因为他们知道自己的行为会被公众观察和记录。这种情况已经在执法部门显现,美国的警察在以前不受监督的情况下可能会因骚扰而被起诉。一些当局者积极应对这一事态发展,要求警察在任何时候都要配戴摄像头,以防出现虚假指控。无人机上的摄像头,使平民监督的范围进一步扩大,以至于被一些人称之为“小弟”[49]。通过对监视者的监视,达到“相互监督”的平衡[50]。

政府、大型组织和我们其他人之间围绕数据的军备竞赛将继续。好莱坞喜欢作这样的比喻:有社交障碍的“黑客”比他在政府部门的对手们更聪明,更与时俱进,更有动力,但或许我们不应该为这个想法而感到安慰。当被迫在隐私和分享机会之间作出选择时,我们通常会选择分享。无论走到哪里,无论是在现实世界还是在网上,我们都会留下一串“数字面包屑”的痕迹,而我们大多数人对此并不在意。

在某种程度上,这是因为我们中的许多人觉得自己没什么可担心的,因为我们没有什么可隐瞒的。但如果我们开始审查自己,那么言论自由就会受到令人毛骨悚然的影响,因为我们想保持言论自由。在搜索引擎中输入某个词之前,我们可能会三思而后行,或者在和一个公然反主流文化的人交朋友之前犹豫不决。最近的研究表明,当我们意识到自己可能被监视时,即使知道自己的所说和所写都不违法,我们也会自我审查[51]。

P. 81

2014 年 4 月,妮可·麦卡洛(Nicole McCullough)和茱莉亚·科德雷(Julia Cordray)开发了一款名为 Peeple 的应用程序,使人们可以根据礼貌和乐于助人程度来互相打分。它最初被认为是一种改善行为的方式,但后来却被广泛批评为可能成为人身攻击和欺凌的媒介。作为回应,创始人修改了规则,使被试者对网站上关于他们的任何评论拥有否决权,然而他们保留了付费用户可以看到未经审查的输入的可能性。这款应用在 2016 年 3 月推出修改版,但收效甚微。在撰写本书时,它在 iTunes 上的评分是 1.5,满分为 5[52-54]。

2015 年,中国的购物网站展示了数字化趋势的走向。他们对消费者的信用进行排名，信用评分系统的数据库将整合所收集到的所有财务和行为信息，并将其提炼为单个数字，从 350 到 950 不等。600 分以上的消费者就有资格获得 800 美元的即时贷款。650 分的消费者可以租一辆车而不用交押金。而 700 分的消费者可以快速获得新加坡旅行签证许可。越有价值的事情需要的分越高。

显然，在数据海啸和庞大分析能力的新世界中，我们仍有很多东西需要学习，学习控制自己的个人和集体行为。 P. 82

除了我们在个人数据方面养成了粗心的习惯，并不断地用键盘投票以放弃更多的个人数据之外，我们可能出于很好的社会原因，认为隐私不能被保留，更准确地说，不能被恢复。科技通常是一把双刃剑，制造致命病原体、部署恐怖的微型杀人无人机以及释放毁灭性数字病毒的能力正变得越来越廉价。当造成百万人死亡的成本降到一个心怀不满的青少年的预算之内时，隐私权该如何定价？也许我们别无选择，只能放弃我们的隐私，而不是保守秘密，我们有权知道我们的秘密被用来做什么。这些都是复杂的问题，随着新的可能性和威胁的出现，这些问题将被反复讨论。

谷歌和微软的研究人员正在试验一种很有前景的方法，在共享数据的同时保护隐私。谷歌正与纽约的康奈尔大学(Cornell University)合作，试图让一些组织(如医院)在各自独立的数据文件上训练深度学习算法，然后分享训练数据的输出[55]。他们发现，这几乎和将所有数据合并到一个文件中来训练算法一样有效。

微软正在使用一种被称为同态加密的技术对加密数据进行分析。它能够产生可解密的加密结果，而不会以未加密的形式向分析人员提供敏感数据[56]。

4.6.2　透明性

人工智能系统，尤其是那些使用深度学习的系统，通常被描述为“黑匣子”系统。它们能够产生有效和有益的结果，但我们不知道这是如何得出来的。而当这种决定影响到人们的生活时，这却是个重要的问题。当你问为什么你的贷款申请被拒绝，或者为什么你的提前出狱申请被拒绝时，电脑仅仅说“不”是令人无法接受的回答。

尤其是金融服务业和军队这两个领域在这一问题上尤为突出，它们和其他领域都在努力使深度学习系统更加透明[57]。如果成功了，一个由人工智能作出许多决定的世界将比我们现在生活的世界更加透明。在现在生活的世界里，职能部门往往不愿或无法告诉我们为什么要作出特定的决定。人类常常在无法或不愿意充分解释其真正动机的情况下作出决定。 P. 83

4.6.3　安全性

在《未来的犯罪》(*Future Crimes*)一书中，安全专家马克·古德曼(Marc

Goodman)详细阐述了罪犯、政府和组织如何通过不断窃取人类的数据来操纵人类。网络犯罪可能是全世界增长最快的犯罪类型,其中大部分未被发现,而被发现的大部分也都未被解决。

对黑客行为的另一个日益关注的问题是蓄意破坏。随着物联网的建立,越来越多的车辆、建筑物和电器依赖人工智能,如果控制系统被黑客入侵,可能造成的问题就会越来越严重。黑客可能控制一个城市的每一辆自动驾驶汽车,并让它们同时向左转弯,这种可能性令人恐惧。

程序员说不存在100%的安全性:IT系统是由人设计的,而我们人类是容易犯错的。而系统也越来越不透明,越来越难以调试。乐观主义者会说,尽管复杂的、防御良好的系统经常受到攻击,但它们很少被成功入侵。目前还没有黑客发射过美国的核导弹,当然这并不意味着它永远不会发生。我们必须为避免灾难的发生要付出保持一直警惕的代价,而我们目前并没有这样做。我们中的许多人在保护自己的互联网密码方面都很松懈,许多公司的安全配置也远远达不到最佳实践要求。

警察说当他们追捕罪犯的时候,罪犯要每次走运才能逃脱,而警察只需要走运一次就够了。但是,当罪犯开始进攻,寻找安全漏洞时,情况就反过来了。

2016年9月,当一个名为Mirai的"僵尸网络"出现时,全世界都看到了物联网可能会带来多大的安全风险。通过控制多台物联网设备,它对Dyn发起了"拒绝服务"攻击。Dyn是一家提供大量互联网基础设施的公司[58]。(僵尸网络是一组被恶意软件感染的设备,并在主人不知情的情况下被使用。拒绝服务攻击会向目标计算机发送大量请求,使其无法正常运行,而分布式拒绝服务攻击则同时从多台计算机发起攻击。)观察人士指出,这显示了物联网是如何被武器化的,在撰写本书时,各国政府仍在努力研究如何应对[59]。

P. 84

4.6.4 偏见

我们倾向于认为机器是冷酷的、有计算能力的、没有感情的,它似乎确实是这样的。但实际上,它们也存有偏见,不是因为它们自己有什么隐形信仰,而是因为它们从我们身上学会了偏见。机器从我们给的句子中学习单词的含义和联系,而偏见在人类的思想和语言中根深蒂固。机器建立了语言的数学表示,其中的意义是从数字或向量中获得的,这是基于与它们最常关联的其他词语。有时这是无伤大雅的,就像我们把花和积极的感觉联系在一起,把昆虫、蜘蛛和消极的感觉联系在一起。但当我们把"男"与"教授"联系起来,把"女"与"助理教授"联系起来时,就会产生不好的影响[60]。

2016年3月,微软在推特上发布了一个名为Tay的聊天机器人,这是一个带有偏见的机器的极端例子。在24小时内,淘气的人类(也许在某些情况下是邪恶的)把 Tay 变成了一个咄咄逼人的种族主义者,这可把微软吓坏了,最后关闭了 Tay。

在无意中我们使机器受到现有偏见的影响,但这并不一定会让我们的世界变得更糟:在许多情况下,它只是在延续已经存在的问题。至少,机器不会试图掩盖或事后合理化它们的偏见。如果我们能观察到问题,我们就能解决它,通过解决机器中的偏见,也许我们就能发现并解决我们自己的偏见。

4.6.5 不平等

每当一项新技术问世,人们就会担心只有富人才能接触到它,而且会出现"数字鸿沟"来区分富人与穷人。富人的生活经历和机会将与我们其他人的生活经历和机会大不相同,这令人难以接受。

到目前为止,这种担心虽然并非毫无根据,但也确实被夸大了。近年来,在大多数发达经济体中,超级富豪获得的收入和财富确实比任何人都多。与此同时,尽管发达国家和世界其他地方对基本必需品的定义存在很大差异,但仍有一些人难以负担公认的基本生活必需品。

P. 85

富裕国家的普通人和最贫穷国家的普通人之间的收入差距也是巨大的。然而,这种差距正在缩小。奇怪的是,那些在美国和欧洲抗议自己国家1%的人拥有巨额财富的人,似乎并不在意他们自己通常是世界上最富有的1%人口中的一员。

不平等作为一种社会产物有可能被过分强调。有大量的经验证据表明,我们实际上并不像我们想象的那样关心不平等[61]。我们真正关心的是公平。这往往是一种奇怪的公平。职业足球运动员因拥有令人惊讶的才能而得到巨额的报酬,但这似乎与人类的道德观没有多大关系。然而,他们的好运并没有引起多少争议。另一方面,CEO们却受到了相当大的不公正对待,即使他们说到做到、言而有信,为股东、雇员和税务机关创造了巨大的财富。造成这种差异的原因可能是,如果明星真的是明星,我们并不介意他们得到的报酬过高——因为他们与我们其他人不同。但许多人不相信CEO是那种意义上的明星。

在工业革命的各个阶段出现的新技术,在发明后不久就被大多数发达国家的人所使用。汽车、冰箱、洗衣机、电视、家用电脑、智能手机都经历了同样的循环。第一个版本推出时,往往很昂贵,只有富人才能负担得起。虽然它们往往起初不太好用,但至少在某种程度上是地位的象征。很快,随着技术的进步,价格下跌,我们大多数人都可以拥有了。

原因很简单,就是经济学。例如,公司可以通过向每个人出售大量廉价的智能手机来赚取更多的利润,而不是向富人精英出售一些非常昂贵的智能手机。在竞争激烈的经济环境中,即使第一家上市的公司愿意通过剥削富人来赚钱,其他公司也会迅速提高质量并降低价格。没有"冰箱鸿沟",为什么会出现"数字鸿沟”？

我认为，到目前为止，这种恐惧被夸大了。在本书第三部分，我们将看到在不久的将来可能有更多的理由引起人们关注不平等。

P.86

4.6.6 孤立

长期以来，家长们一直担心他们十几岁的孩子长时间处于反社会的孤立状态，弓着身子坐在游戏机前。相反，他们希望自己的孩子能出去踢球，他们对一系列关于电子游戏产生的不良影响感到恐慌。据称，电子游戏会让孩子变得暴力，阻止他们发展社交技能，让他们容易受到大量性骚扰者的骚扰，并使他们的注意力持续时间极短，而且屏幕的蓝光也会影响他们的睡眠。

与此同时，弗林效应描述了这样一个发现[62]，即每一代的智商水平都在稳步上升，当你考虑到吸烟减少、喝酒减少、更好的集中供暖、更好的食物和更好的医疗保健的普遍趋势时，这一点也不奇怪。事实上，我们正在不断地学习什么在教育中起作用，什么没有起作用。

人类是高度社会性的动物。需要归属于一个部落——被它接受，也许还能爬上它更高的等级——这被深深地植入我们的内心。在部落里一起工作是我们在大草原上生存下来的方式。周围都是强壮的动物，它们速度更快，牙齿更大。被赶出部落的人很快就要加入另一个部落，否则就有可能被吃掉。如果某一代的青少年打破束缚，突然从这种进化规则中解放出来，把自己孤立在孤独的追求中，那将是多么不可思议。

事实上，最流行的电子游戏是一种人们可以一起玩并融入他们的社交活动的游戏。对于青少年来说，这些活动和以往一样重要——当然同样重要的是，他们的父母对他们的行为至少有一点点的震惊。

如果有一天，人们可以通过直接的神经网络连接到完全引人入胜的虚拟现实世界，并有效地消失在“黑客帝国”中，事情可能会有所不同。但是，除非到那时我们已经显著地改变了我们的认知结构，否则我的预感是，我们也会找到一种方法使“黑客帝国”社交化。

4.6.7 寡头垄断

在过去的几年里，硅谷的工程师们一定觉得自己好像从零变成了英雄，然后变成了恶棍。他们可能仍然觉得自己是《生活大爆炸》(*Big Bang Theory*)电视剧中可爱、受人欺负的极客，但现在很多媒体把他们描绘成“brogrammers”(这是由兄弟会绰号“bro”和“programmer”两个词混合而成)，而一种科技版的兄弟会男孩往往是高薪、傲慢、太过于男性化。

P.87

特别是，许多人担心科技巨头太过于强大了，认为他们需要被削弱、约束或控制。在撰写本书时，苹果、谷歌、微软、亚马逊和脸书的总市值约为 3 万亿美元，高于英国 100 家最大公司的指数——富时 100 指数(FTSE-100)的市值。在技术领域，比在其他领域更明显的是，一个成功孕育着下一个成功。2016 年，苹果获得了智能手机行业超过 100%的利润。它只提供了 12%的产品，但其他公司都亏损了[63]。2017 年 10 月的一项分析显示，在 2005 年至 2016 年间引领移动计算的公司(谷歌、苹果、脸书和亚马逊，或简称 GAFA)收入是 1990 年至 2001 年间引领桌面计算的公司(微软和英特尔，或简称 Wintel)收入的 10 倍。科技巨头们已经登上了一个更大的舞台[64]。

总的来说，这 6 家公司的研发支出超过了英国政府加上英国所有公司和大学的总和。这给了这些公司巨大的市场能力和影响政治力量的能力。

欧盟委员会多年来一直在考虑这个问题。它特别指责 GAFA 公司通过将在网络空间交易的收入登记到低税率领域来避税。2017 年 6 月，欧盟委员会对谷歌公司处以 24 亿欧元的罚款，原因是该公司在其搜索引擎提供的结果中偏袒自己的购物比价服务。尽管谷歌可以轻松支付如此规模的罚款，但这是欧盟竞争监管机构有史以来开出的最大罚单，外界普遍认为这是一项更具普遍意图的声明。正如英国《卫报》(*Guardian*)所言，“不管它们的意图多么善意，这些公司的庞大规模和影响力都会使它们变得危险。这一裁决是为数不多的管理这些垄断公司的认真尝试之一，这是一个值得欢迎的开始。”[65]

竞争立法是必要的，当垄断形成，并表现为违背公共利益时，应予以打破。但企业不应该仅仅因为很多人认为它们太大、太强而受到惩罚。救济措施应该是公平和透明的。谷歌肯定会对这一裁决提出上诉，而关于这一裁决是否合理、合法或公正的辩论，可能会在法庭上持续数月或数年。也许，欧盟委员会不应该起草可能违法和适得其反的作战计划，而应当借鉴丹麦的做法，任命一位驻 GAFA 大使[66]。正如我们将在后面几章中看到的，科技巨头在让我们通过这两个奇点方面发挥了重要作用。政府应该与他们合作，来实现这一目标。

P. 88

这些科技巨头聘请了精明的律师，并充分利用在线业务的新情况，将他们的税务账单降至最低。跨国公司总是向税务官员提出挑战：在石油和制药等纵向一体化行业，子公司之间的转移定价决策长期以来对政府的收入流产生重大影响。但是，政府制定的税收规定，指望人们或公司为政府所犯的错误或者未能跟上新的时代而买单，这是不合理的。

市场往往能实现监管者不能也不应尝试的目标。的确，以信息为基础的行业中存在着网络效应，这有利于垄断的出现。但也存在激烈的竞争，商业模式瞬息万变，瞬间可以把赢家变成输家，反之亦然。IBM、微软和苹果的历史清楚地说明了这一点，谷歌、亚马逊和脸书也不能幸免。人们担心这一次情况有所不同，例如，Snapchat 上市后的挣扎表明，颠覆已经结束，脸书无懈可击[67]，但这也未必。

科技公司总是很容易受到创新者的攻击,也容易受到客户行为改变的影响,这些改变可能会削弱他们的服务。谷歌的大部分收入来自在搜索结果端的销售广告,如果消费者使用不同的搜索引擎或者如果搜索性质发生变化,这都很容易受到影响[68]。

谷歌并不认为其搜索引擎的主要竞争对手是微软的搜索引擎必应(Bing)或是承诺不会保留个人信息的搜索引擎 DuckDuckGo。它在搜索领域的真正竞争对手是亚马逊。2017 年 8 月,化妆品巨头欧莱雅(L'Oréal)宣布,将把部分搜索预算从谷歌转移至亚马逊,称 38%的消费者对化妆品的搜索始于亚马逊。

也许对谷歌来说更有威胁的是,随着我们越来越多地通过语音而不是键盘来控制电脑,搜索方式将在未来几年发生变化。当你在看屏幕时,系统很容易在向你提供具体需求信息的同时提供广告。而当机器以口头方式向你提供所需信息的时候,这种方式就很难实现。

P. 89

有时可能需要监管,但由于监管倾向于解决已经消退的问题,可能会产生中性甚至负面的影响,因此应非常谨慎地着手实施。

4.6.8 杀手机器人

人权监察站(Human Rights Watch)和其他组织担心,在未来几年,财力雄厚的军队将拥有全自主的武器[69]。他们认为,不应该把致命的武力交给机器,因为它们永远不可能承担道德责任。他们的立场获得了大量的支持。

尤瓦尔·赫拉利(Yuval Hahari)在《未来简史》(*Homo Deus*)一书中,用他一贯的彬彬有礼的冷酷态度提出了反驳:“假设两架无人机在空中作战。其中一架无人驾驶飞机如果没有得到来自某个碉堡里人类操作员的许可,就无法发射一颗子弹。而另一架无人机是全自主的。你认为哪一个会赢?即使你更关心正义而不是胜利,你也应该选择用自主机器人和无人机取代士兵和飞行员。人类士兵会屠杀、强奸和掠夺,甚至仅仅当他们试图表现自己的时候,他们也经常误杀平民。”

最终,是否开发和部署这些武器将由各国政府及其军事人员作出决定。从逻辑上讲,各国政府和各地的所有军事指挥官都很可能会永远保持克制,但实践中究竟会怎样还是很难有定论的。

4.6.9 算法治理

我们将在这里讨论的最后一个问题目前受到的关注远远少于其他问题,但它可能是其中最重要和最持久的。

在社会中,无论规模大小,总要作出资源分配的决定。由于市场是在以稀缺为特征的经济体中配置资源的高效系统，事实证明，资本主义在采用它的社会中提高其生活水平方面是非常有效的。套用丘吉尔的话说[70]，这是最糟糕的经济体系，但比其他所有经济体系都好。

历史上，市场是由人组成的。交易双方可能都有很多人（跳蚤市场就是一个例子，eBay 是另一个例子）。或者可能只有很少的买家和很多卖家（农民卖给连锁超市），反之亦然（连锁超市卖给消费者）。但一般来说，买卖双方都是人。然而这种情况正在改变。 P. 90

算法现在能够作出许多以前由人类负责的决定。它们可以在股票和商品交易所发起和执行许多交易，在组织内管理电力、天然气和水等公共资源，控制着超市货架上食品供应链的重要部分。这种现象只会增加。

随着机器变得越来越智能，我们自然会将决策委托给它们，这在今天看来是令人惊讶的。想象一下，你走进一家酒吧，看到柜台上有两个很有魅力的女士。你的眼睛被那个金发女郎吸引住了，但你的数字助手（现在放在你眼镜里，而不是你的手机里）注意到了这一点，并低声对你说："等一下，对两个人的分析结果显示红头发的那位更适合你。虽然你对金发女郎更有兴趣，但她已经结婚了。"

在 2006 年出版的《虚拟移民》(*Virtual Migration*)一书中，印度裔美国学者 A. 阿尼什（A. Aneesh）创造了"算法治理（algocracy）"这个词[71]。哲学家约翰·达纳赫(John Danaher)详细探讨了这一问题的难点，他提出了以下问题。合法的治理需要透明的决策过程，并允许受影响的人参与。而算法通常不透明，它们的决策过程不允许人类参与。因此，应该抵制算法决策[72]。

达纳赫认为，"算法治理"对民主合法性构成了威胁，但并不认为它能够或应该被抵制。他认为，接受算法治理需要付出重大代价，我们需要决定是否接受这些代价。

当然，许多委托给算法的决策都是我们不希望回到人类手中的决策——部分原因是机器作出的决策更好，部分原因是涉及的智力活动极其乏味。虽然决定是否在下午 6 点 20 分或 6 点 30 分打开城市的街灯，并不是什么特别高级的事情，但这一决定可能会产生重大影响。额外的能源成本可能会被道路安全的改善所抵消，也可能不会，而确定这个等式可能涉及对数百万个数据点进行整理和分析。当然，这种工作，机器做得比人类好得多。

而其他的应用程序却让我们不那么乐观。以执法为例：加州弗雷斯诺市一家名为 Intrado 的公司向警方提供了一个人工智能评分系统。当一个紧急电话提到嫌疑人，或者是房子的名字，警察就能在危险程度上对人或地点进行评分并相应地调整他们的反应[73]。其他警察使用一种叫作"警务预测"的系统，它可以预测未来几个小时内最有可能发生犯罪的城市内的地点[74]。乐观主义者会说，这是一种部署稀缺资源的绝佳方式。而悲观者会回答，"老大哥"来了。 P. 91

事件发生后,人工智能已经在帮我们行使裁判职能。2016年,旧金山高等法院开始使用一种名为PSA的人工智能系统,以确定被指控的罪犯是否可以获得假释。他们从约翰和劳拉·阿诺德基金会(John and Laura Arnold Foundation)免费得到了这个工具。该基金会位于得克萨斯州,是专注于刑事司法改革的慈善机构。研究这一领域的学者发现,要获得关于这些系统如何工作的信息非常困难:它们的本质通常不透明,而且它们还经常受到商业机密的保护[75]。

虽然有很多决策机器可以做得比人类更好,但是它们这样做可能会让我们觉得不太舒服。比如,新住房的分配,重要选举的最佳日期,强力新药的成本上限。关于哪些决策应该由机器作出,哪些决策应该留给人类的争论越来越普遍,越来越激烈。不管它们是否会作出比我们更好的决定,并不是每个人都会满足于成为算法的奴隶。

信息就是力量。机器也可能会侵犯我们的自由,而不是作出真正的决定。据报道,2017年9月,斯坦福大学的一个研究小组开发出了一种人工智能系统,它的功能远不止是人脸识别。它可以判断出使用者是同性恋还是异性恋。"同性雷达"机器的想法令人吃惊。当你考虑到它可能的用途时,你会感到震惊,比如把这个机器应用在那些同性恋被迫害甚至被起诉的国家[76]。领导这项研究的斯坦福大学教授后来说,这项技术可能很快就能相当准确地预测一个人的智商、政治倾向或犯罪倾向。

这些担忧并非微不足道,但它们都不涉及奇点。在我们讨论这方面的发展之前,我们需要对奇点这个术语有更多的了解。

P. 92

注释

1. *The Economist*, December 4, 2003.
2. Douglas Adams, *The Salmon of Doubt*.
3. http://www.wired.com/2014/10/future-of-artificial-intelligence/.
4. https://www.gsb.stanford.edu/insights/andrew-ng-why-ai-new-electricity.
5. http://www.geektime.com/2017/07/30/what-is-the-future-of-chatbot-development-and-artificial-intelligence/.
6. http://www.bbc.co.uk/news/technology-40739709.
7. 当然,在美国境外,这并非日常用品。
8. http://www.bloomberg.com/news/articles/2016-01-11/google-chairman-thinks-ai-can-help-solve-world-s-hard-problems-.
9. 陶笛是一种像拳头一样大小的吹奏乐器,由阿兹特克人引入欧洲,看起来像玩具潜水艇。
10. https://www.extremetech.com/extreme/171992-motorola-patents-e-tattoo-that-can-read-your-thoughts-by-listening-to-unvocalized-words-in-your-throat.

11. https://www.youtube.com/watch?v=0QNiZfSsPc0.
12. https://techcrunch.com/2017/09/20/amazon-is-working-on-smart-glasses-to-house-alexa-ai-says-ft/?utm_medium=TCnewsletter.
13. 这实际上是一个好主意，并且在撰写本书时已在阿根廷试用：http://www.telegraph.co.uk/motoring/motoringvideo/11680348/Transparent-trucks-with-rear-mounted-Samsung-safety-screens-set-to-save-overtaking-drivers.html. 当然，当汽车自动在路上行驶并且乘客无需注意路况时，它的价值可能会降低。
14. http://lazooz.org/.
15. http://www.rfidjournal.com/articles/view?4986.
16. http://www.vdi-nachrichten.com/Technik-Gesellschaft/Industrie-40-Mit-Internet-Dinge-Weg-4-industriellen-Revolution.
17. 由另一位英国企业家西蒙·比勒尔（Simon Birrell）提出：https://www.linkedin.com/in/simonbirrell.
18. http://uk.businessinsider.com/the-internet-of-things-2017-report-2017-1?r=DE&IR=T.
19. http://singularityhub.com/2016/02/09/when-the-world-is-wired-the-magic-of-the-internet-of-everything/.
20. http://www.telegraph.co.uk/technology/internet/12050185/Marc-Andreessen-In-20-years-every-physical-item-will-have-a-chip-implanted-in-it.html.
21. http://www.information-age.com/it-management/strategy-and-innovation/123460379/trains-brains-how-artificial-intelligence-transforming-railway-industry.
22. http://home.cern/topics/birth-web.
23. http://www.abc.net.au/news/2017-08-14/how-ai-could-put-an-end-to-prisons-as-we-know-them/8794910
24. http://www.popsci.com/darpa-robotics-challenge-was-bust-why-darpa-needs-try-again.
25. http://uk.businessinsider.com/laundroid-japanese-robot-folds-laundry-2015-10.

P. 93

26. http://www.npr.org/sections/money/2015/05/19/407736307/robots-are-really-bad-at-folding-towels.
27. http://www.techinsider.io/savioke-robot-butler-in-united-states-hotels-2016-2.
28. http://www.kurzweilai.net/the-top-ai-breakthroughs-of-2015.
29. http://www.nextgov.com/emerging-tech/2016/05/robots-are-starting-learn-touch/128065/.
30. https://www.recode.net/2017/6/8/15766440/softbank-alphabet-google-robotics-boston-dynamics-schaft.
31. http://uk.businessinsider.com/softbank-ceo-masayoshi-son-thinks-singularity-will-occur-within-30-years-2017-2.
32. http://www.theguardian.com/world/2015/sep/28/no-sex-with-robots-says-japanese-android-firm-softbank.
33. https://www.theguardian.com/technology/2015/aug/03/hitchbot-hitchhiking-robot-destroyed-philadelphia.

34. http://www.telegraph.co.uk/news/science/science-news/12073587/Meet-Nadine-the-worlds-most-human-like-robot.html.
35. http://techcrunch.com/2016/01/07/the-grillbot-is-a-robot-that-cleans-your-grill/#.w9z87m:Hd0d.
36. http://intl.eksobionics.com/.
37. http://singularityhub.com/2016/02/29/drones-have-reached-a-tipping-point-heres-what-happens-next/.
38. https://www.technologyreview.com/the-download/608912/urban-drone-deliveries-are-finally-taking-flight/.
39. https://www.technologyreview.com/the-download/608718/finally-theres-a-halfway-compelling-consumer-drone-delivery-service/.
40. 大脑在形成听觉之前会先形成视觉，因为它知道光速要快于声速。因此，大脑可以容忍音频滞后于视频，但很难容忍视频滞后于音频。这被称为多模式感知。
41. https://www.extremetech.com/gaming/245262-facebook-slashes-oculus-rift-prices-user-growth-sags.
42. https://www.polygon.com/2017/2/27/14753570/pokemon-go-downloads-650-million.
43. https://www.cnbc.com/2017/09/08/apples-arkit-will-bring-with-it-a-new-form-of-mobile-advertising.html.
44. http://variety.com/2017/digital/news/magic-leap-funding-temasek-1202559027/.
45. https://www.digi-capital.com/news/2017/01/after-mixed-year-mobile-ar-to-drive-108-billion-vrar-market-by-2021/#.Wb-Vdch95PZ.
46. 如果你不计算电影票房收入，那么游戏产业的规模要比好莱坞大上许多。如果你计入DVD和其他“渠道”的收入，以及推销收入，那么结果就很难说了。https://www.quora.com/Who-makes-more-money-Hollywood-or-the-video-game-industry.
47. https://versions.killscreen.com/we-should-be-talking-about-torture-in-vr/.
P. 94
48. http://www.tomdispatch.com/post/175822/tomgram%3A_crump_and_harwood%2C_the_net_closes_around_us/.
49. http://www.newyorker.com/tech/elements/little-brother-is-watching-you.
50. http://www.wired.com/2014/03/going-tracked-heres-way-embrace-surveillance/.
51. https://www.washingtonpost.com/news/the-switch/wp/2016/03/28/mass-surveillance-silences-minority-opinions-according-to-study/.
52. http://www.bbc.co.uk/news/world-asia-china-34592186.
53. http://www.computerworld.com/article/2990203/security/aclu-orwellian-citizen-score-chinas-credit-score-system-is-a-warning-for-americans.html.
54. http://www.theguardian.com/technology/2015/oct/06/peeple-ratings-app-removes-contentious-features-boring.
55. https://singularityhub.com/2017/09/25/will-privacy-survive-the-future/#.WcrRq8lOYKY.twitter.
56. https://www.technologyreview.com/s/601294/microsoft-and-google-want-to-let-artificial-intelligence-loose-on-our-most-private-data/?utm_source=Twitter&utm_medium=tweet&utm_campaign=@KyleSGibson.

57. https://www.technologyreview.com/s/604122/the-financial-world-wants-to-open-ais-black-boxes/?utm_campaign=add_this&utm_source=twitter&utm_medium=post.
58. https://www.wired.com/2016/12/botnet-broke-internet-isnt-going-away/.
59. https://www.recode.net/2017/8/1/16070996/congress-internet-of-things-cybersecurity-laws.
60. http://www.wired.co.uk/article/machine-learning-bias-prejudice.
61. https://www.theatlantic.com/science/archive/2015/10/people-dont-actually-want-equality/411784/.
62. The Flynn Effect: http://www.bbc.co.uk/news/magazine-31556802.
63. http://appleinsider.com/articles/16/11/03/apple-captures-more-than-103-of-smartphone-profits-in-q3-despite-shrinking-shipments.
64. http://ben-evans.com/benedictevans/2017/10/12/scale-wetxp.
65. https://www.theguardian.com/commentisfree/2017/jun/27/guardian-view-eu-google-judgment-fair-fine.
66. https://govinsider.asia/innovation/danish-tech-ambassador-casper-klynge/.
67. http://www.bbc.co.uk/news/technology-40922041.
68. https://digiday-com.cdn.ampproject.org/c/s/digiday.com/uk/loreal-uk-shifting-search-budget-amazon/amp/.
69. https://www.hrw.org/reports/2012/11/19/losing-humanity.
70. 参见第 3 章第 1 节。
71. http://heather.cs.ucdavis.edu/JIntMigr.pdf.
72. http://philosophicaldisquisitions.blogspot.co.uk/2014/01/rule-by-algorithm-big-data-and-threat.html.
73. https://www.washingtonpost.com/local/public-safety/the-new-way-police-are-surveilling-you-calculating-your-threat-score/2016/01/10/e42bccac-8e15-11e5-baf4-bdf37355da0c_story.html.
74. https://www.wired.com/story/when-government-rules-by-software-citizens-are-left-in-the-dark/.
75. https://www.wired.com/story/when-government-rules-by-software-citizens-are-left-in-the-dark/.
76. https://www.theguardian.com/technology/2017/sep/07/new-artificial-intelligence-can-tell-whether-youre-gay-or-straight-from-a-photograph.

P. 95

奇 点

P. 97

5.1 起源

在数学和物理学中,“奇点”这一术语的定义为:变量在该点处取值为无穷大。黑洞的中心便是“奇点”最典型的例子,引力场在这一位置变为无穷大,而物理定律也会被打破。当你到达一个奇点时,会发现正常的规则不再适用,未来也会变得比平常更加难以预测。

20 世纪 50 年代,该术语由现代计算创始人之一的博学大师约翰 · 冯诺伊曼(John von Neumann)首次应用于人类事务。在 1958 年发表的一篇悼文中,波兰数学家斯塔尼斯拉夫·乌拉姆(Stanislaw Ulam)(蒙特卡罗算法的发明者)写道:“人们的谈话聚焦于技术的加速进步和人类生活模式的加速改变,我们似乎正在接近人类历史上的某个关键奇点,而超越这一奇点后我们所熟知的人类事务将无法继续。”[1] P.98

这一概念后被科学家和科幻小说作家弗诺·文奇(Vernor Vinge)重拾,他在1993年发表的一篇文章中指出:2005年至2030年间的某个时候,拥有“超人智能”和有意识的计算机将会问世,并使人类生活产生巨变。我们可将这一巨变称作“技术奇点”[2]。

5.2 雷·库兹韦尔

人类正在接近某个奇点,支持这一观点的人中最有名的就是雷·库兹韦尔(Ray Kurzweil)。作为在语音识别软件、光学字符识别系统和音乐合成器等领域进行过一系列尝试的发明家和商人,库兹韦尔还撰写了一系列极具影响力的书籍。在《智能机器时代》(*The age of Intelligent Machines*)(1990)、《机器之心》(*The age of Spiritual Machines*)(1999)、《奇点临近》(*The Singularity is Near*)(2006)等书中,他认为摩尔定律是加速回报定律的一个特例。他还认为这一定律意味着人类将在2029年创造出某种强人工智能,而这种人工智能将在2045年引领人类走向一个奇点。在此之后,人类和机器将可以相互融合,变得不朽和神圣。

不出所料,很多人难以接受库兹韦尔的观点,并对他进行猛烈的抨击。科幻小说家尼尔·斯蒂芬森(Neal Stephenson)和机器人研究员罗德尼·布鲁克斯(Rodney Brooks)等人都认为库兹韦尔的想法荒谬可笑。支持库兹韦尔的一类人将“奇点”这一术语和一种朴素的信念联系在一起,并认为技术,特别是超智人工智能可以神奇地解决人们的所有问题,从此人们都能幸福地生活。

因为库兹韦尔从事预测行业几十年,很多人也在评估他预测的准确性。他的一些预测大胆而准确,包括在国际象棋上计算机对战人类取得的胜利、苏联解体和万维网的发展。库兹韦尔在2010年10月声称,在他给出的147个预测中,115个是完全正确的,29个是基本或者是部分正确的,只有3个是错的[3]。但是其他人对这些预测的准确性存疑:约翰·雷尼(John Rennie)认为这些预测太含糊不清,因此往往无法证实[4]。 P.99

库兹韦尔不光只有批评者,他也有很多粉丝,其中包括谷歌的创始人,他们曾在2012年聘请库兹韦尔为工程总监。当我于2013年访问谷歌公司总部时,我曾询问库兹韦尔在哪一栋楼里面工作。我的向导查阅后告诉我他在42号楼工作。我的向导似乎不知道其中的意义所在,但我认为库兹韦尔的雇主们知道[5]。库兹韦尔在谷歌一直从事智能回复(Smart Reply)的项目，这是基于浏览器的电子邮件服务 Gmail 的一个功能，即为你的收件箱中的邮件提供回复建议。

5.3 坚持奇点

无论库兹韦尔的具体预测有什么优缺点，毫无疑问，“奇点”这一术语已沾染上狂热的色彩标签。因此，甚至在奇点大学，这个由库兹韦尔和 X-Prize 的创始人彼得·迪亚曼迪斯(Peter Diamandis)共同创立的私立教育和培训机构，旨在帮助人类运用指数原理来解决人类的重大问题，他们似乎在任何跟奇点有关的谈论上都三缄其口。

库兹韦尔的书可能比其他任何东西都更能提醒人们(包括我)前进道路上变化的规模，包括强人工智能和超人工智能距离我们可能只有数十年而不是数千年。而且“奇点”作为改变的最高形态，是一个生动形象的术语，具有合理的知识来源。如果没有这样一个词，我们就不得不使用“完全转型”和“彻底改变”等用词。这些用词没有新意，而且很容易被用于形容更普通的开发项目。我们可以称其为人类的阶段性变化，就像冰融化成水，水沸腾变成蒸汽一样。但这样似乎过于确定了，其结果都是由物理和化学定律所决定的。

5.4 多个奇点

有人提出不可能有两个奇点，因为如此一来它们就不再是唯一的了。但这种观点并不正确。可以确定的是，在每个星系的中心都有黑洞，并且在宇宙的可观测范围内大约有一千亿个星系。每个黑洞都包含一个奇点。很明显，奇点不必是唯一的。

除了质疑奇点的唯一性，还有人提出了奇点的不同定义。相较于大多数人，P. 100 埃利泽·尤德科夫斯基(Eliezer Yudkowski)花费更长的时间去思考这个问题，指出了奇点的三个主要派别：加速变革、事件视界和智能爆炸。对三个派别的详细解释不是本书的目的，感兴趣的读者可以参考《三大奇点派别》一文[6]。如果尤德科夫斯基读到本书，我担心他可能会被激怒。因为我没有严格按照这三大派别中的任何学派的定义来使用该词，而是仅将其视为技术驱动变革的最高级，这也是冯诺伊曼最初的意图。

5.5 重要且紧迫

本书在接下来的部分将探讨 21 世纪可能会出现的两个奇点：(1)技术奇点，

是指强人工智能时代的到来，并进一步迈向超智能时代。（2）经济奇点，当人类不得不承认技术性失业的现实，以及大多数人无法靠工作谋生，而必须改变经济基础的时候，经济奇点将会出现。上一章列出的其他任何问题似乎都不大可能像技术性失业那样摧毁我们的文明。

技术奇点是二者中更重要的一个，因为它的风险更高。如果我们能够成功驾驭它，我们的未来会比想象中的美好。但如果我们没能成功驾驭它，我们的未来将会很黯淡，并且很可能会很短暂。

经济奇点不会成为生存性的威胁，但如果我们无法成功地驾驭它，它可能会摧毁我们的经济，甚至整个文明。但是人类会生存下来，而且毫无疑问会东山再起。然而，经济奇点更迫在眉睫，因为它将会首先到来。

让我们从更重要的技术奇点开始吧。

注释

1. Ulam, Stanislaw (May 1958). 'Tribute to John von Neumann'. 64(3), part 2. *Bulletin of the American Mathematical Society*: 5. https://docs.google.com/file/d/0B-5-JeCa2Z7hbWcxTGsyU09HSTg/edit?pli=1.
2. http://edoras.sdsu.edu/~vinge/misc/singularity.html.
3. http://www.kurzweilai.net/images/How-My-Predictions-Are-Faring.pdf.
4. http://spectrum.ieee.org/computing/software/ray-kurzweils-slippery-futurism.
5. https://en.wikipedia.org/wiki/42_(number)#The_Hitchhiker.27s_Guide_to_the_Galaxy.
6. http://yudkowsky.net/singularity/schools/.

» 第二部分

技术奇点

强人工智能的制造

6.1 强人工智能的可行性

P. 103

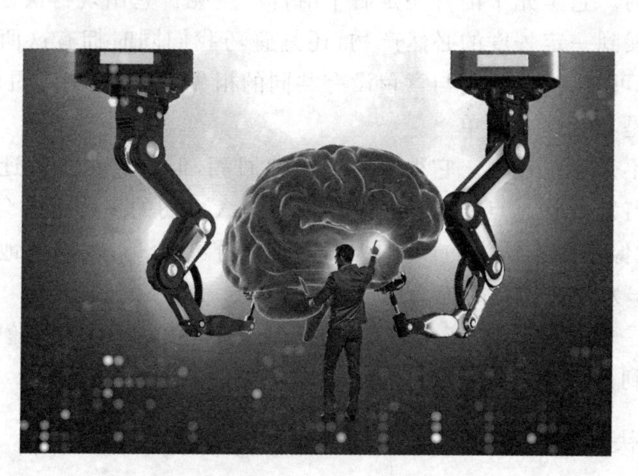

关于强人工智能最大的三个疑问是：

1. 我们能够制造强人工智能吗？

2. 如果能，什么时候呢？

3. 人工智能安全吗？

第一个问题的答案最简单，即“只要人类不灭绝，就有可能制造出强人工智能”。原因是已经有证据表明，使用非常普通的材料来开发强人工智能是可能的。这种所谓的“现有证据”是人类自己的大脑，它们在强大却低效的进化过程

P. 104

中发展起来。

6.1.1 进化:发展大脑的缓慢而低效的方法

进化没有目的或目标,它仅仅是几十亿生物努力为了生存而斗争的副产品。这些生物忙于保持足够的温度、吃掉足够多的其他生物、避免自己被吃掉。在个体层面,这通常是一场残酷而可怕的斗争。

进化常常被总结成适者生存,但从更强或更快的意义上来说,存活下来的个体并不一定比竞争对手更健康。它们更适应环境指它们比与它们展开竞争的其他生物能更好地根据环境调整自身。存活的个体能够延续它们的基因,适应环境的生物能把基因传递给下一代,而在繁殖前死亡的个体的基因没有得到延续。

可以把进化看成为创造自然顶级生物——人类而数十亿年持续运行的定向过程,这是一个常见的但可以理解的错误。进化不是随机的,因果必然存在。但是它并没有想要达到某种目的,也没有试图创造有意识的实体。事实上,我们甚至不知道意识的产生是因为其带来了竞争优势,还是意识仅仅是其他有竞争优势的东西的副产品。就像我们不知道为什么我们用双脚走路而不是用四肢,不知道为什么我们是区别于猿类只有很少体毛的人类,我们也不知道我们的意识是如何产生的。它是先于语言还是后于语言产生呢?它出现得快还是慢?它是伴随智力发展到一定程度的必然产物,还是碰巧我们同时拥有这两者?我们不知道,尽管你可能会说,我们与章鱼没有共同的祖先,但章鱼也有明显的意识,这表明不仅仅是巧合这么简单[1]。

P. 105 进化也不是直线过程。它很少会精确地回溯,但是它用各种迂回曲折的路线到达任何特定的状态点。在数百万年取得惊人成功的生物可能会在一夜间灭绝。比如,就像一些人认为的,一颗大行星撞击了墨西哥,戏剧性地终结了恐龙1.6亿年来作为脊椎动物的统治地位。

进化也是非常缓慢的,变化的发生大部分是因为父母的基因随机突变,从一个物种变异到另一个物种通常需要经过许多代。

6.1.2 以快速、高效的方法探索大脑

所以,人类大脑是缓慢、低效、无方向性进化过程的产物。如今人类科学家正致力于通过科学来创造人工智能项目。科学具有目的性和高效性,有用的东西被创建,没用的则被舍弃。如果缓慢、低效的进化过程仅仅使用可自由获得的有机化学物质就能创造出一个大脑,那么更加快速、高效的科学过程肯定也能做到这一点。

6.1.3 值得怀疑的三个理由

看完关于为什么有可能创造出人工智能的论证之后，让我们考虑以下三个观点，人们提出这些观点证明我们不可能创造出有意识的机器。

- 中文房间思维实验。
- 意识涉及量子现象，不能被复制。
- 人是有意识的。

6.1.4 中文房间思维实验

美国哲学家约翰·瑟尔(John Searle)于1980年首先提出中文房间思维实验。这个实验试图表明，一台进行对话的电脑不会理解它自身在做什么，这意味着它没有意识。

瑟尔描述了一台可以输入中文句子的计算机，计算机根据自身软件指令对输入句子进行处理，并输出新的中文句子。软件非常复杂，实现的效果也不同凡响，甚至连观察者自己都认为是在和人类用中文交谈。

P. 106

瑟尔认为这和把不会说中文的人锁在一个内置有用英文写成的计算机软件的房间里一样。屋外说中文的人通过信箱把纸递到房间里。房间里的人根据软件的指令处理它们并把答复传递给房间外的人。房间外的人再一次认为自己是在和讲中文的人交谈，但实际上房间内没有讲中文的人在场。

瑟尔并非想要证明人工智能永远不会在智力上超过人类。他也不否认大脑是台机器，作为唯物主义者，他认为包括意识在内的所有现象都是物质和力之间相互作用的结果。

但是，他认为计算机和人类大脑处理信息的方式不同。除非造出一台像人脑一样处理信息的计算机，否则计算机就是没有意识的，无论它的仿真有多逼真。

多年来，瑟尔的观点引起了大量的评论，其中大多数都是反驳他的。大多数计算机科学家认为，用中文房间来比喻一台有意识的机器的实际运作方式是十分糟糕的，而且这样简单的输入输出设备不能成功地实现对话。许多人还认为，如果这样的机器成功了，那么系统中的某个部分就能理解中文，也许是在程序里，也许是在房间、人、程序的整体系统中。

6.1.5 量子意识

1989年牛津大学著名的物理学家罗杰·彭罗斯爵士(Sir Roger Penrose)提出，人脑和计算机运行的算法不一样。他认为量子物理学描述的波函数碰撞现象能够解释意识是如何产生的。1992年他遇见了美国亚利桑那大学麻醉学系和心理学系名誉教授斯图尔特·哈默洛夫(Stuart Hammeroff)，他们两人合作创立了一种名为调谐客观还原的心理理论(Orch-OR)，该理论把意识归因于一种被称为“微管”(microtubule)的细胞微小组成部分的行为。

P. 107

从那以后，他们两人致力于发展这种想法，但是绝大多数物理学家和神经科学家否认其合理性。作为反对派的一员，美国物理学家马克斯·特格马克(Max Tegmark)明确指出，形成波函数坍缩的微管集合太小，变化太快以至于不能对比它大得多的神经元产生所声称的影响。

6.1.6 认知状况

据我所知，大多数从事强人工智能的研究者是唯物论者，但是，不难想象当距离有意识的机器的前景越来越接近时，关于人工智能的研究可能会受到一些来自狂热宗教徒的抨击[2]。

在接下来的三节，我们将探讨构建一个能表现出成年人才具有的智力行为的人工智能系统意识的三种方法。它们是：

- 弱人工智能
- 全脑模拟
- 意识的综合理论

P. 108

6.2 弱人工智能

有观点认为深度学习系统的运行方式和人脑内部某部分的运行方式相似，这个观点很常见但也颇有争议。你的大脑不同于车这种简单系统，简单系统的组成单元全部以不随时间变化的方式运行，结构清晰，各部分由一个控制实体协调(驱动器)。大脑更像一个由硬件部件(神经元)组成的不同系统阵列，神经元在整个脑部空间随机分布。我们不能清楚地知道意识如何从大量的神经环路的相互作用中产生，但我们似乎需要大量的神经环路同时运行来产生清醒的意识(只使用大脑容量的10%的观点是值得怀疑的)。

一个包含了机器学习所涉及的足够多种操作类型的系统可能会产生意识，这个推测引起了一些神经科学家的兴趣，而其他神经科学家对此表示难以置信。纽约大学心理学教授加里·马库斯(Gary Marcus)说深度学习只是研发智能机器需要面对的挑战中的一部分。这些技术距离具有整合抽象知识的能力仍然还有很长的路要走。例如，关于对象是什么，对象是为了什么，通常如何使用它们的信息等问题都未解决。最强大的人工智能系统，比如沃森(Watson)，把类似深度学习的技术作为整个综合技术体中的一个要素来使用[3]。 P. 109

谷歌大脑项目的前任领导者、现百度人工智能活动的负责人吴恩达(Andrew Ng)说①，当今的机器学习技术像人类大脑的“卡通版”。杨立昆(Yann LeCun)谨慎地说：“我最不喜欢的描述是‘人工智能像大脑一样运行’。我不喜欢人们这么说，虽然深度学习从生物学上得到灵感，但是它和大脑实际做的事情相去甚远。把深度学习描述成像大脑，给了它一点魔法的光环，这是很危险的做法。这种炒作行为会让人们追求不真实的东西。人工智能经历过的一系列寒冬，就是因为过去人们想要人工智能去做它实现不了的事情。”

对于深度学习与大脑运行方式的不同，计算神经学家丹·古德曼(Dan Goodman)博士给出了一个很好的例子：要教计算机识别狮子，你需要给它看数百万张不同姿势的狮子图片，而人类只需要看几张这样的图片。人类能学会如何在更高的抽象水平上把事物分类。强人工智能的乐观主义者认为我们将研究出如何在计算机上做到这一点。

许多严肃的人工智能研究者相信，在几十年内而不是几个世纪，机器学习技术可能导致强人工智能的产生。2015年5月，当时在谷歌工作的资深人工智能研究人员杰夫·欣顿(Geoff Hinton)预测说，第一台有意识的机器将在10年内开发出来[4]。

对强人工智能持不同意见的部分原因可能是，人类需要非常严肃地对待这样一个观念，即计算能力的指数级进步将加快强人工智能的研发进度。

绝大多数人工智能研究者不是在寻求创造一个有意识的大脑，而是要在以

---

① 吴恩达已于2017年离开百度。——编者注

往人脑胜过计算机的特殊知识技能方面进行人脑模拟。但也有一些明显的例外,道格·莱纳特(Doug Lenat)的Cyc项目从1984年开始一直试图模拟常识,本·戈策尔(Ben Goertzel)的OpenCog项目试图构建开源强人工智能系统。

如果第一个强人工智能是使用上述系统建造的,很有可能它在操作和行为方面与人类大脑有巨大的不同。虽然成功的全脑模拟能够产生像大脑一样的东西,但基于传统人工智能的强人工智能的思考方式可能完全不同。

P. 110

6.3 全脑模拟

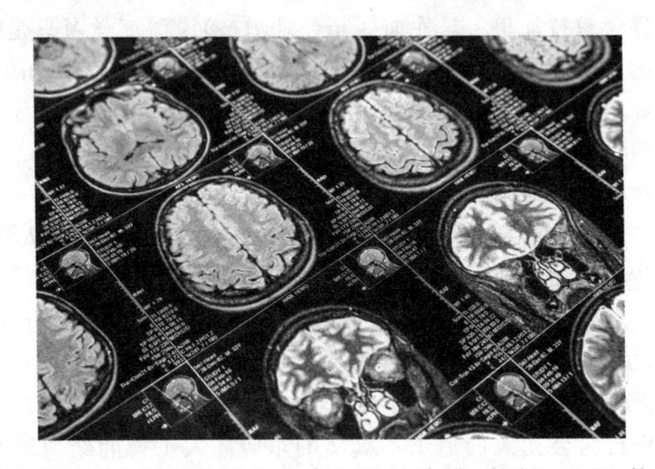

全脑模拟是指对大脑结构进行非常细致的建模(复制)过程,使模型和原始的大脑产生同样的输出。所以,如果大脑产生思想,那么模型也能做到。全脑模拟即模型产生的思想与大脑的思想不可区分。如果模型的思想与大脑的思想大致相似,但是在一些重要方面存在不同,这就叫作仿真。

给大脑建模需要获取非常详细的大脑线路图。线路图被称为连接组,类似于基因组——生命体基因物质的图谱。

全脑模拟是一项巨大的工程。人类大脑包含约850亿个神经元(脑细胞),每个神经元可能有1000个与其他神经元的连接。想象一下,你给每个纽约市民1000条线,告诉他们把每条线的另一头给1000个其他市民,每条线每秒发送200个信号。现在把城市人数扩大10000倍,这就是人类大脑模型。据说大脑是整个宇宙中我们所知道的最复杂的事物。

为了让大脑模拟工作更复杂,每个神经元的组成都不简单。它们包含一个细胞体,这是给其他神经元传送信号的轴突,以及一些接收信号的树突。轴突和树突通过称为突触的间隙在细胞间相互传输信号。信号以电信号的形式传输到

P. 111

细胞间隙,大脑通过释放神经递质这种化学信使让信号跨越细胞间隙。人类的

轴突能长到 1 米长，树突则要短很多。

不久前，人们还认为树突只是会传输来自神经体的信号，如今我们知道它们还可以产生自己的信号，这些信号可以比神经体的信号更强[5]。

除了神经元以外，大脑也充满了神经胶质细胞。长期以来，人们认为它们在大脑中起着纯粹的支撑作用：为神经元提供支架，当它们传输信号时，对它们进行隔离和维持。现在人们认识到，神经胶质细胞自己也会进行一些信号传输工作。它们还可以帮助神经元形成新的连接。

神经元、神经细胞树突和神经胶质细胞的活动不同于二进制的芯片，它们不是简单的开或关。神经元会根据受刺激的强度和频率在突触间发射信号，并且发射信号的强度和频率也会随之相应改变。突触可塑性的现象指的是若两个神经元通信次数足够多，它们的连接则会变得更强，互相之间更有可能有发射信号的反应。

扫描和建模一个包含 850 亿个组件的系统似乎是不可能完成的任务，尤其是每个组件本身就很复杂。但是在原理上我们没有理由做不到——只要大脑是纯粹的物理实体，我们的意识并不是由某些超出科学仪器掌握范围的精神活动产生。但在实践中扫描和建模可行吗？

我们可以把问题分解成如下三个子问题：扫描、计算能力、建模。

6.3.1　扫描

第一批被全面扫描的人类大脑将被切成很薄的薄片，然后用现代显微技术进行详细的检查。当今一般医学上使用的扫描器成像太粗糙，例如磁共振成像(MRI)，图像分辨率为微米级别，而一微米也就是把一米分成一百万份。大脑模拟需要的分辨率在纳米级，比微米级高一千倍。而原子和分子存在于更小的皮米级，也就是把一米分成一万亿份，一万亿是 1 后面有 12 个 0。

电子显微镜能按所需的分辨率产生图像。透射电子显微镜(TEM)发射恰好穿过目标的电子，扫描电子显微镜(SEM)把目标表面的电子散射开。十年来，人们一直在研究能够快速、准确地扫描皮米级大脑物质的机器。哈佛大学发明的 ATLUM 便是一个具备这种能力的设备。它自动地把大量固定的大脑组织切成片，把它放在很薄的连续条带上，然后用扫描电子显微镜让条带成像。

P. 112

扫描活的大脑，而不是扫描经过精细切成片的大脑，也许需要发送微型(分子尺度)纳米机器人进入大脑来探测神经元和胶质细胞，带回足够的数据创建 3D 图像。这种先进的技术正在取得惊人的快速进展。

在光片显微技术方面也有喜人的发展，显微镜发送光片(而不是传统的电子束)穿透斑马鱼幼虫透明的大脑。鱼的基因因此被改变了，使它的神经元产生的蛋白质能在钙离子浓度波动时，即神经细胞发射信号时发出荧光。探测器捕获到这一信号,系统每 1.3 秒记录了鱼大脑 10 万个神经元中约 80%的活动[6]。

所以,不管怎样,在现在或不久的将来的技术条件下,扫描看起来是可以实现的。

6.3.2 计算能力

第二个是对计算能力的挑战,这是一个大的挑战。据计算,在神经元层次,大脑在百亿亿尺度上运行,意味着它每秒执行 1 到 100 亿亿次浮点运算,也就是 1 后面有 18 个 0(浮点运算是小数点能左右移动的运算)。若要涉及每个神经元里发生的事情,计算的规模会上升一个数量级[7]。

对人脑建模不仅需要百亿亿次计算,它还会改进气候建模、天文学、弹道分析、工程研发,以及其他许多的科学、军事和商业活动。美国能源部已经为一项周期较长的百亿亿次计算项目提供资助,它认为该项目更有效,并预计到 2023 年能实现该项目[8]。

P. 113

计算能力似乎不会长期成为我们对大脑建模不可逾越的制约。当百亿亿次计算在某个时间到来时,它会是资金充裕的大型组织的专利。但是如果计算机处理能力继续增长,对大脑模拟感兴趣的大型组织也许能够负担得起几个这样的系统,最终甚至连富有的爱好者也会进入市场。

6.3.3 建模

想象一下,未来某科学团队成功地扫描和记录了特定人类大脑中每个神经元、胶质细胞和其他重要组成部分的确切位置,而且他们有计算和存储能力来存储和处理数据结果。他们仍然需要识别各种组成部分,填补所有空白,计算出各组成部分如何相互作用,使得到的模型执行与原始大脑被切成小片之前相同的过程。我们对此还不确定,但是这很有可能会是非常困难的整体项目中最困难的部分。

这里有个先例,近几年来,一种叫作秀丽隐杆线虫(简称秀丽线虫)的有机体已经有了一个完整的连接体。它是一种微型的 1 毫米长的蠕虫,生活在温暖的土壤里。它有一个有趣的特性,几乎该物种所有的个体都是雌雄同体的,只有千分之一是雄性。秀丽线虫是首批获得其基因图谱的多细胞生物之一,它还是最早获得其连接体图谱的生物,粗略图谱发表于 1986 年底,而更详细的图谱则是在 20 年后绘制完成。2013 年 5 月,开源蠕虫项目不仅绘制了图谱,还将其详细地发布在网上。

和人类相比,秀丽线虫的连接体很小——只有 302 个神经元(人类有大约 850 亿个)和 7000 个突触连接。但是事实证明,使用秀丽线虫的连接体来复制其微小的大脑是极其困难的。一些研究人员对使用连接体能复制生物大脑的想法泼了冷水。有一个类比是连接体就像地图，但是它没有告诉你多少车使用这条路，车是什么类型，它们都去哪里。

2013年12月项目实现了突破，研究人员能够制作出虫子蠕动的模型。之后，2014年11月，由开源蠕虫项目的发起人之一领导的团队，使用秀丽线虫的连接体来控制由乐高制作的小型轮式机器人。尽管机器人程序并不完善，仅包含连接体中的内容，但它仍然表现出类似蠕虫一样的行为。 P. 114

6.3.4 人脑计划

以色列/南非的神经科学家亨利·马克莱姆（Henry Markram）成为在他的研究领域里的争议人物，他的人类大脑逆向工程吸引了大量的投资。在一次颇具影响力的2009TED演讲中[9]，他提出大脑的精确模型能够使科学家治愈影响大脑的疾病，例如阿尔茨海默病。随着人类寿命的延长，我们中更多的人会死于毁掉我们晚年的脑部疾病。他不喜欢谈论用硅芯片创造意识，尽管在2007年他告诉《卫报》(*Guardian*)记者，如果我们建立正确的模型，机器应该能说话[10]。

2005年他发起了蓝脑计划，总部设在瑞士洛桑。该计划的原始目标是在老鼠的新皮层柱里对1万个神经元和3千万个突触进行建模。新皮层是位于大脑表面的皮层，它涉及人类的高级精神活动，例如意识和语言的使用。新皮层柱是新皮层最小的功能单元，大约2毫米高，0.5毫米宽（人类新皮层柱有6万个神经元，比老鼠多1千倍。老鼠大脑总共约有2亿个神经元，而人类大脑约有850亿个）。

2007年11月，马克莱姆宣称老鼠新皮层柱的模型已经完成，它的电路对输入刺激的反应与对应的生物体的反应一样。

马克莱姆继续为总部同样在洛桑的人脑计划（HBP）项目筹集了12亿欧元的巨额资金，大多数资金来自欧盟，但是该项目的研究人员来自26个国家的超过100个组织。它被设计成13个小项目，总目标是更好地组织探索世界神经科学知识，提高神经科学家可用的计算机性能，项目首先建立老鼠大脑的工作模型，然后建立人类大脑的模型。根据HBP的声明，这些模式的主要用途是了解大脑疾病是如何工作的，并大幅改进治疗的研发和测试方法。

HBP很快引起了争议，受到了学者们的尖锐批评。一些人担心大量的资金会耗尽替代项目的资源，这表明他们认为科学资金是零和（zero-sum）游戏。其他人认为我们对大脑运行的有限理解说明建模大脑还为时过早。2014年7月，八百余名神经科学家签署了一封公开信，呼吁对该项目分配资金的方式进行审查。 P. 115

针对HBP的最严厉批评者之一是脸书的杨立昆。在2015年2月，他说："欧洲人脑计划的很大一部分基于这样一个想法，即我们要建造功能尽可能接近脑神经元功能的芯片，然后使用它们建造大型计算机，当我们用学习规则开启它时,智能就会以某种方式出现。我认为这很疯狂。”

争论的结果是,马克莱姆失去了在HBP主管的位置,该组织的研究重点从仿真转移到开发计算和扫描工具,使科学家能绘制脑图和共享结果数据[11]。

一些观察家认为将争议归咎于马克莱姆是不公平的,大部分过错在布鲁塞尔,那里的政治家急于创造欧洲的技术冠军来与美国和中国的科技巨头竞争[12]。

2013年4月,奥巴马(Obama)总统宣布了“脑计划”项目,即“推进创新神经技术脑研究计划”。该工程设计周期超过十年,可能每年花费3亿美元。事实证明,脑计划的争议比HBP少,因为它的资金由3个政府机构分摊,它正努力让广泛的研究机构参与进来。人们努力协调脑计划和HBP以避免不必要的重复,确保每个项目都能有效融入另一个项目。冒着过于简单化的风险,脑计划致力于资助工具和方法论的开发,而HBP研究建立大脑的实际模型。

其他国家也发起了大脑研究项目,尤其是以色列、日本,当然也包括中国。就在与上海毗邻的苏州,那里有50台新设施,可以对哺乳动物大脑进行切片和扫描,并在三维图像中进行重建。全球领先的大脑研究中心,例如艾伦研究院正在与该工厂合作,以期使用它的研究成果[13]。

6.3.5 全脑模拟潜在的问题

模型越详细,就越难构建。如果只建模皮层柱就能把大脑的功能复制到可接受的水平,那这一过程很快就会发生。更有可能的是,模型需要捕获每个神经元结构的数据以充分发挥作用,那明显是困难得多的任务。但如果这还不够,需要对每个树突和其他细胞成分的结构进行精确的复制,任务的困难就增加了几个数量级。最坏的情况是,如果不定制每个分子,甚至是亚原子的量子粒子的结构,就不可能产生有用的模型。但如果需要这种粒度的建模,项目就不可能实现,至少在几世纪内是不可能的。

P.116

模型粒度是潜在的困难来源,而时间是另外一个困难。当今发展的建模技术能够获取神经元和其他脑物质的相对位置与它们的互相连接。如果非破坏性的扫描技术的范围仍然有限,我们可能无法记录每个需要建模的大脑成分随时间的行为。然而,我们知道神经元运行的方式很复杂,它们的行为受到它们之间互相作用的强烈影响。由于缺少时序信息,也许正在构建的模型将无法提供反映大脑原型的信息。

当你运行一个缺少足够的粒度和时间序列信息的模型会发生什么呢?通常近似精确的模型会产生近似准确的结果。但是“大致准确”在有些情况可能会比较离谱,导致产生正面误导和适得其反的效果。亨利·马克莱姆声称他对老鼠新皮层柱的模拟与生物的原始反应非常相似。在测试之前,我们不知道整个大脑模型会有多精确。

也许可重现性存在一个范围。假设你能长期在亚原子水平捕获关于大脑成分的精确数据。有理由认为,这使得你能制作出大脑的复制品,从而产生与原始大脑不可区分的大脑:它能和被复制大脑的人以完全相同的方式进行感知、反应和推理(这里我们不涉及关于它是相同的人还是复制原来的人产生的新人的哲学讨论)。

不精确的模型、不详细的数据或更短的时间序列会产生完全不同的人的思想。基于非常不精确数据的模型也许会产生胡言乱语或非人类的行为。

接下来的几十年,也许我们可以解决其中的一些问题。

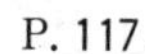

6.4　意识的综合理论

构造强人工智能的第三种方法是提出意识的综合理论,即对意识如何工作达到全面理解,并使用这些知识开发人工智能。虽然神经科学在最近的 20 年取得了比之前整个人类历史中都大的进步,但目前的成果仍然和意识的完整理论有非常远的距离。在这样的理论完善之前,如果我们不认真尝试建立一个强人工智能,那么强人工智能在 21 世纪末之前都不可能得以实现。

大多数人工智能研究者会认为这是舍本逐末。自从人类能够用这种方式思考以来,他们可能一直渴望仰望天空,羡慕鸟类的飞行能力。在接下来的许多年,人们一直模仿鸟的行为,尝试着飞翔。但是我们最终学会的飞翔却不是复制鸟的飞翔。关于鸟怎么飞翔,我们还有一些不明白的地方,但是我们现在能比它们飞得更远更快。

人工智能可能也一样。第一个强人工智能可能是全脑模拟的结果,做支撑的只是对特定人脑中全部神经元和其他细胞互相协调运行的部分理解。或者人工智能也许是数千个深度学习系统的集合,创造出一种与我们自己完全不同的智能形式,以我们不理解的方式运行。许多人工智能研究者会认为开发和理解人工智能比其他方式更容易理解人类大脑工作的具体细节。

P. 118

6.5 结论

归根结底,我们不清楚我们是否能建造一个大脑或者有意识的机器。但是我们自己大脑的存在,在全世界70亿人中产生了大量有意识的生命,证明物质实体能产生意识。进化虽然强大,但是缓慢、低效,而科学方法却相对迅速、高效。所以原则上我们应该能够建造大脑。

西雅图艾伦脑科学研究所的首席科学主管,杰出的人工智能研究者克里斯托弗·科克(Christof Koch)在2014年说,如果你开发的计算机和大脑有相同的回路,这个计算机也会有与之相关的意识。他表示强人工智能可能会在今后的50年内出现[15]。

很少有神经科学家认为不可能创造有意识的机器。有一些科学家,像罗杰·彭罗斯爵士,认为人类思维中存在一些难以表达的东西,这意味着它可能无法在硅芯片上被重新创造出来。当然,这种对强人工智能的极端怀疑是罕见的。

所以,如今人们争论较多的不是能不能创造出强人工智能,而是什么时候可以创造出来。接下来我们将讨论这个问题。

注释

1. https://qz.com/1045782/an-octopus-is-the-closest-thing-to-an-alien-here-on-earth/.
2. https://www.cia.gov/library/publications/the-world-factbook/geos/xx.html.

3. http://www.newyorker.com/news/news-desk/is-deep-learning-a-revolution-in-artificial-intelligence.
4. http://www.theguardian.com/science/2015/may/21/google-a-step-closer-to-developing-machines-with-human-like-intelligence.
5. https://singularityhub.com/2017/03/22/is-the-brain-more-powerful-than-we-thought-here-comes-the-science/?utm_content=bufferc99c3&utm_medium=social&utm_source=twitter-hub&utm_campaign=buffer.
6. http://www.nature.com/news/flashing-fish-brains-filmed-in-action-1.12621.
7. file:///C:/Users/cccal/Documents/1.%20Work/3.%20Writing/5.%20Technology%20notes/15%2009%2029,%20Tim%20Dettmers%20on%20The%20Brain%20vs%20Deep%20Learning%20Part%20I_%20Computational%20Complexity%20%E2%80%94%20Or%20Why%20the%20Singularity%20Is%20Nowhere%20Near%20_%20Deep%20Learning.html.
8. https://www.sciencealert.com/china-says-its-world-first-exascale-supercomputer-is-almost-complete.
9. https://www.ted.com/talks/henry_markram_supercomputing_the_brain_s_secrets.
10. http://www.theguardian.com/technology/2007/dec/20/research.it.
11. https://spectrum.ieee.org/computing/hardware/the-human-brain-project-reboots-a-search-engine-for-the-brain-is-in-sight.
12. https://www.scientificamerican.com/article/why-the-human-brain-project-went-wrong-and-how-to-fix-it/#.
13. http://www.nature.com/news/china-launches-brain-imaging-factory-1.22456?WT.mc_id=TWT_NatureNews&sf106240803=1.
14. https://www.technologyreview.com/s/531146/what-it-will-take-for-computers-to-be-conscious/.
15. https://intelligence.org/2014/05/13/christof-koch-stuart-russell-machine-superintelligence.

P. 119

第一次强人工智能将在何时到来

P. 121

7.1 专家意见

7.1.1 卡桑德拉预言

P. 122

为提高人们对人工智能所带来风险(以及利益)的认识而做出最大努力的人之一是出生于南非的美国企业家埃隆·马斯克(Elon Musk)。我们常常将马斯克形容为当代的爱迪生:一个不安分、富有创造力的企业家。他从 PayPal 赚到一笔钱,然后用这笔钱创业,创办了一系列不仅想赚钱,而且希望解决一些人类重大问题的企业,包括美国的电动车和能源公司特斯拉以及为 NASA 制造可重复使用火箭的 SpaceX 公司。他希望这些公司能够帮助减缓全球变暖,以及通过把人类移民到其他星球来缓解人类的脆弱性。

埃隆·马斯克因关于人工智能的灾难预言而出名,他认为研究强人工智能(AGI)等同于召唤恶魔,并且把人类仅仅变成了数字超级智能的引导加载程序(启动系统)。他不仅仅将 AGI 视为对人类的生存威胁,他还认为这种危险即将出现。在一篇发表在 Edge. com[1] 但随后被删除的文章中,他说:"除非你直接接触像 DeepMind 这样的团体,否则你根本不知道人工智能的发展有多快——以接近指数的速度增长。发生严重危险事件的风险是在 5 年内,最多 10 年。这可不是对我不懂的事大喊'狼来了'。"

马斯克公司的创始人德米斯·哈萨比斯(Demis Hassabis)对此的反应是淡化威胁的紧迫性:"在需要考虑的风险方面,我们同意他的意见,但我们距离需要担心的任何技术都还有几十年的时间。"

无论你怎么看待马斯克的警告,他至少把钱花在他关注的地方上。他投资了像 DeepMind 和另一个人工智能先驱 Vicarious 这样的公司,以便跟上他们技术的发展。他还向生命未来研究所(Future of Life Institute)捐赠了 1000 万美元,这是一个寻找使 AGI 安全到来的方法的组织。

如果人工智能在公开而不是秘密的环境中开发,那么人工智能的危险性就会降低。马斯克还与他人共同创立了一家名为 OpenAI 的人工智能公司,该公司已承诺免费提供大部分专利。他和他的联合创始人萨姆·奥尔特曼(Sam Altman,技术孵化器公司 Y Combinator 的总裁)招募了一批顶尖的机器学习专业人士,尽管谷歌和脸书努力通过令人难以置信的薪酬来留住他们。关于马斯克和奥尔特曼控制的其他公司是否有权获得开放式人工智能开发的技术尚不明确,但该公司的主旨是更广泛地提供先进的 AI 技术,以期降低风险[2]。

P. 123

7.1.2 三位智者

马斯克是"三位智者"之一,他的公开声明让记者们意识到强大的人工智能可能即将到来。第二位是史蒂芬·霍金(Stephen Hawking),他与他人合著的一篇文章尽管被众多主流媒体拒稿,但最终于 2014 年 4 月在《赫芬顿邮报》

(*Huffington Post*)上发表[3],并随后被广泛报道。文中提到,"制造人工智能的成功将是人类历史上最大的事件,而且可能是人类历史上最好或最坏的事情"。第三位是比尔·盖茨(Bill Gates),他在 Reddit 网站上的一次对话中说:"我同意埃隆·马斯克和其他一些人的观点,不明白为什么有些人对此毫不关心。"[4]

但三年后,比尔·盖茨似乎收回了这种担忧的发言,他在《华尔街日报》(*Wall Street Journal*)中表示,"在这个问题上,我和埃隆产生分歧……我们不应该对此感到恐慌"。但事实上,分歧更多的是时间问题,而非实质问题。"埃隆担心的所谓控制问题并不是人们应该感到迫在眉睫的事情。"[5]

这三位智者的碰撞引发了"机器人恐惧"和"2015 年机器人大恐慌"[6]。大多数关于人工智能的文章都附有"终结者"的照片。大部分评论都是耸人听闻和信息不足的,难免引起强烈抵制。

7.1.3 怀疑论

一些最著名的 AI 研究人员坚信,AGI 还有很长的路要走,目前还没有值得考虑的威胁。资深 AI 研究员、机器人发明家罗德尼·布鲁克斯(Rodney Brooks)表示:"我认为,在未来几百年内的任何时候,担心我们开发出(强)人工智能都是错误的想法。我认为这种担忧源于一个根本的错误,那就是未能区分人工智能某一特定方面真正的最新进展与构建有感知意识智能的巨大性和复杂性之间的区别。"

P. 124

曾在谷歌和百度工作的吴恩达提出了一个形象化的比喻:"我们这些在一线编写代码的人,对人工智能感到兴奋,但我们看不到让我们的软件变得有意识的现实路径。智能和知觉有很大的区别。在遥远的将来可能会有一个杀手机器人竞赛,但就像我现在不用担心火星上的人口过剩问题,同样我今天不会致力于阻止人工智能变坏。"[7]

脸书的 AI 研究主管杨立昆同样认为灾难论是杞人忧天。"我认为人工智能不会成为人类生存的威胁。我并不是否定这种可能性,但除非我们非常愚蠢才会让这种情况发生。如果我们聪明到能够制造出具有超人智能的机器,那么我们就不会愚蠢地让它们拥有毁灭人类的无限力量。"[8]

然而,许多经验丰富的 AI 研究人员确实认为 AGI 即将到来。斯图尔特·拉塞尔(Stuart Russell)是英国计算机科学家、AI 研究人员,他与谷歌研究主管彼得·诺维格(Peter Norvig)是该领域大学标准教科书《人工智能:现代方法》(*Artificial Intelligence: a Modern Approach*)的合著者。同时拉塞尔也是霍金 2014 年 4 月在《赫芬顿邮报》上发表文章的合著者之一。

尼尔斯·尼尔森(Nils Nilsson)是 AI 科学的创始人之一,自 1985 年以来一直在斯坦福大学计算机科学系任职。他是人工智能发展协会(Association for the Advancement of Artificial Intelligence，AAAI)的创始会员，也是该协会的第四任主席。在2012年，他曾预测AGI于2050年实现的概率为50%。

沙恩·莱格(Shane Legg)是DeepMind的联合创始人之一。他非常看好近期的AGI："人类水平的AI将在21世纪20年代中期问世，尽管很多人不会接受这一事实。在此之后，与高级AI相关的风险将开始变得非常重要……我不知道什么是'奇点'，但我确定人类水平的AGI被创造出来之后的某个时刻，事情将会变得非常疯狂。具体来说，介于2025年到2040年的这段时间。"[9]

在私下的交流中，一些从事前沿工作的AI研究人员告诉我，他们认为AGI的到来很可能只需要几十年的时间。当问到为什么之前提到的大人物们如此自信地认为AGI到来是几百年而不是几十年的时候，得到的回复是，他们担心如果普通民众意识到在几十年内就有创建AGI的可能性，以及将产生何种影响时，将会出现强烈的抵制。

P. 125

人们有时会说，只有AI领域以外的人才认为超级智能在中期会成为一种现实并且需要加以管理[10]。而前面提到的专家在一定程度上反驳了这一观点，除此之外AI领域的专家还包括帝国理工学院的认知机器人教授默里·沙纳汉(Murray Shanahan)，芝加哥丰田技术研究所教授戴维·麦卡莱斯特(David McAllester)，前伊利诺伊州大学的计算机科学教授史蒂夫·奥莫亨德罗(Steve Omohundro)，澳大利亚国立大学计算机科学教授马库斯·赫特(Marcus Hutter)，卢加诺大学人工智能教授尤尔根·施密德休伯(Jurgen Schmidhuber)，最后但非常重要的一位是艾伦·图灵(Alan Turing)[11]。

甚至有人认为，像埃隆·马斯克和斯蒂芬·霍金这样的人应当避免公开发表自己的观点，因为作为非AI研究人员，不能过度期望他们理解自己谈论的内容。这是一个"独特"的看法，类似于认为只有核物理学家才有权发表对核武器的看法。AI是最强大的技术，它将对我们所有人产生深远的影响。我们不仅都有表达意见的权利，而且可以说我们都有责任在充分认识的基础上形成意见。当然这样做才是明智的。

7.1.4　调查

尼克·博斯特罗姆(Nick Bostrom)在2014年出版的《超级智能》(*Superintelligence*)一书中，汇编了4份最近的AI专家调查报告，对创造出AGI的概率分别达到10%、50%和90%时的日期进行了估算。这些调查是在2012年和2013年开展的。目前尚不清楚有多少受访者是正积极从事AI研究的科学家，而并非是哲学家或理论家，但这些人都是参加AI会议的专业学者或是AI学术论文高频次被引用文章的作者。

综合估计如下:到2022年,实现AGI的概率为10%,2040年为50%,2075年为90%。博斯特罗姆本人认为上限过于乐观,但中值估计与其他民意调查一致。他提醒说,尽管进行了充分的调研,这些也仍只是估计。

机器智能研究所(Machine Intelligence Research Institute,MIRI)的卡特娅·格蕾丝(Katja Grace)及其同事对参加2015年AI研究会议的350名代表进行了一项调查,这是迄今为止规模最大、最具代表性的一次调查。它并没有询问关于AGI的问题,而是请受访者预测何时能见到"高级机器智能"(high-level machine intelligence, HLMI),即在无人辅助的情况下,机器可以比工人更好、更便宜地完成每一项任务。总体而言,在40年内,即2060年有50%实现的可能。在受访群体中,亚洲明显比美国更为乐观[12]。

P. 126

7.2 难以预测的突破

拉塞尔教授在基于摩尔定律的预测上没有浪费太多时间,而且他对将计算机的处理能力和动物等同起来的尝试不屑一顾。他认为AGI的到来不是因为计算机性能呈指数级提升,而是因为研究人员将提出新的范式,思考解决问题的新方法。他并没有声称自己知道需要多少种新的范式或者它们什么时候会出现。他最理想的猜测是,AGI的到来可能还需要几十年的时间。如果他是对的,我们大概率不会得到第一个AGI到来的警告。因此,我们更迫切地需要开始应对挑战，确保第一个超级智能是有利于我们的。我们将在第 10 章探讨这个挑战。

P. 127

7.3 结论

专家们对于何时可能创建第一个 AGI 存在意见分歧。有些人认为可能不到十年，另一些人则相信是几个世纪后的事情。但有一件事是清楚的，那就是相信 AGI 可能在几十年内到达的并不是少数狂想家的独有想法，冷静并经验丰富的科学家们也是这么认为的。

创建 AGI 非常困难。但是，对指数级增长的认真思考使得非常困难的问题看起来更容易处理。巴克敏斯特·富勒(Buckminster Fuller)估计，截至 20 世纪初，人类知识的总和每一个世纪都翻一番，到第二次世界大战结束时，这一数字已经减少到 25 年[13]。现在需要 13 个月的时间，而 2006 年 IBM 估计，当物联网成为现实时，这个速度将是 12 个小时[14]。

足球场思维实验说明了指数级的进步速度是如何让你感到不可思议的。许多聪明的人在听到“指数级增长”这个短语时也会产生怀疑：他们担心这个词被用作一厢情愿(或所谓的“魔力”)思维的幌子。其他人则质疑摩尔定律可以持续多久。他们的怀疑是可以理解的，但这并没有改变事实。许多严谨的专家认为，AGI 可能在本世纪与我们同在，如果摩尔定律再维持 10 年左右，就有可能出现非常戏剧性的发展。这是我们应该认真对待的一种可能性。

注释

1. http://uk.businessinsider.com/elon-musk-killer-robots-will-be-here-within-five-years-2014-11#ixzz3XHt6A8Lt.
2. http://www.wired.com/2016/04/openai-elon-musk-sam-altman-plan-to-set-artificial-intelligence-free/.

P. 128

3. http://www.huffingtonpost.com/stephen-hawking/artificial-intelligence_b_5174265.html.
4. https://www.reddit.com/r/IAmA/comments/2tzjp7/hi_reddit_im_bill_gates_and_im_back_for_my_third/.
5. https://www.cnbc.com/2017/09/25/bill-gates-disagrees-with-elon-musk-we-shouldnt-panic-about-a-i.html.
6. https://www.washingtonpost.com/opinions/dont-fear-the-robots/2015/04/09/e7ea1316-def3-11e4-a1b8-2ed88bc190d2_story.html?utm_term=.18348f952d38.
7. https://www.theregister.co.uk/2015/03/19/andrew_ng_baidu_ai/.
8. http://www.cityam.com/246547/phew-facebooks-ai-chief-says-intelligent-machines-not.
9. http://future.wikia.com/wiki/Scenario:_Shane_Legg.
10. http://marginalrevolution.com/marginalrevolution/2015/05/what-do-ai-researchers-think-of-the-risks-of-ai.html.
11. http://slatestarcodex.com/2015/05/22/ai-researchers-on-ai-risk/.
12. https://arxiv.org/abs/1705.08807.
13. http://www.industrytap.com/knowledge-doubling-every-12-months-soon-to-be-every-12-hours/3950.
14. http://www-935.ibm.com/services/no/cio/leverage/levinfo_wp_gts_the-toxic.pdf.

从强人工智能
到超人工智能

超人工智能(artificial superintelligence,ASI)通常简称为超级智能。它不需要前缀“人工”,因为在大自然中没有它的先辈。 P. 129

8.1 超级智能

8.1.1 智慧的极限

我们不知道我们能有多聪明。可能由于某些原因,人类已经接近了生物可以达到的智慧的极限,但这似乎又不太可能。我们有充分的理由相信,总的来说,我们是这个星球上最聪明的物种,我们也取得了伟大成就。所以,地球上其P. 130他物种的未来很大程度上由我们的决策和行动所主宰。然而,在智能领域的某些方面,我们已经在被我们所创造的产物所超越,而且被超越了很大一截。简陋的袖珍计算器处理计算的速度比我们要快得多,也可靠得多。当然,它们不能散步,也不能欣赏落日,但它们在自己的特定领域要比我们聪明。下国际象棋的电脑和自动驾驶汽车也是如此。

更普遍地说,我们人类会受到一系列认知偏差的影响,这些偏差损伤了我们原本令人印象深刻的智慧。选择性注意测试(包括观看一场非正式篮球赛)证明,"非注意盲视"使我们有时候会变得出乎意料的蠢,有兴趣的话可以了解一下这个测试。它的另一面是"突出",意思是,当你关注某些东西时,这些东西就会出现在你所看到的任何地方。因此,如果你买了一辆雷克萨斯汽车,那么你会突然发现,路上的雷克萨斯要比以前多了不少。

"沉锚效应"是另一种会误导我们的方式。如果你问别人,圣雄甘地是不是在 35 岁之后去世,然后接着让他们猜甘地去世时的准确年龄,那么他们给出的年龄会比你第一次问甘地是不是 100 岁以后才去世时给出的年龄要低得多。实际上他享年 78 岁。

我们的一些偏见是非常有害的。如果我们不受"确认偏差"(它使我们更在意能够证实我们现有观点的数据和思想,而不是那些能改变我们观点的数据和思想)影响,我们的政治进程可以变得有多美好?

所以很容易想象,存在一些远比我们聪明的意识体。他们可以在同一时刻在头脑中记住更多事实和观点(如果他们有脑袋)的话。他们以他们自身的方式使用数学运算和逻辑论证,更快更可靠地工作。他们也不会被困扰我们思想的偏见和误解所影响。

事实上,如果存在智能谱系的上限,没有足够的理由可以假设我们已经接近上限。很有可能有这么一个物种,在智慧上他们领先我们的水平就如同我们领先蚂蚁的程度。也许此刻在宇宙中就存在这样一个物种,而此时迷人的费米悖论仍在问我们为什么看不到他们存在的证据。

但我们可能正在创造这样一个物种。

P. 131

8.1.2 意识

没有必要预先判断一个超级智能是有意识还是有自我感知力。一个意识体拥有意志力,这在逻辑上是有可能的,而且它根据可以学到的信息,以比人类更高效的方式解决相关问题,它也没有意识到它正在这样做。正如第 1 章"60 年后,一夜成名"里所说,我们很难理解,在没有意识到的情况下,一个意识体是如何拥有一个正常成年人所拥有的全部认识能力的,但是逻辑上的可能性不受我们想象的限制。

8.2 强人工智能

广义上，强人工智能(AGI)有三种方式来增强自己的智能。它的意识可以更快、更强或者拥有更好的架构。

8.2.1 更快

如果第一个 AGI 是一个模拟大脑，它开始运行的速度和所模拟的人脑的速度一样。信号在神经元中的传输速度约为 100 m/s。信号在神经元节点间传输，这个节点称之为突触，在这里一个神经元的轴突(神经元最长的一个部分)和另一个神经元的树突相连接。这个交叉点可以让化学物质跃过神经元的间隙，这就是为什么神经元信号传递被描述为电化学过程的原因。突触的跳跃部分比电信号部分慢得多。 P. 132

计算机中的信号传输速度通常为 2×10^{8} m/s，比光速的一半还要快。所以，通过使用远比大脑快的计算机传输信号，作为 AGI 代表的模拟大脑可以比人的处理速度快两百万倍。

有趣的是，我们可以推测，如果这种 AGI 有意识的话，它会以比人类快两百万倍的速度体验生活。如果这样的话，它会发现凡事都要等我们而觉得非常无聊。它可以体验到对于我们人类来说太快而无法跟上的事件——比如爆炸,并把它视为缓慢且可控的过程。也许对于时间的主观体验是一致的,但超快的 AGI 可以很轻松地在任何阶段比我们做更多的思考。

8.2.2 更强

我们还不知道哪种计算机技术可以生成第一个 AGI。它可能使用神经形态芯片(从各个方面模拟大脑运作方式),甚至是量子计算(利用量子纠缠和量子叠加等神奇的量子现象)。有一件事是可以肯定的,那就是到目前为止,我们所知道的所有类型的计算机都可以通过增加更多硬件来变得更强大。

现代超级计算机由大量的服务器组成。在编写本书时,世界上最快的超级计算机是中国的“天河 2 号”①,它的 125 个机柜中有 32000 个中央处理单元(CPU)[1]。只要插入更多硬件,它的内存也可以进行扩展。

一旦第一个 AGI 被创造出来,它的智能就可以通过某种方式添加额外的硬件来扩充,这个方式对于人脑来说几乎是不可能的。

8.2.3 更好的架构

尽管我们人类是地球上最有智慧的物种,但是我们没有这个星球上最大的大脑。这份荣誉应属于抹香鲸,它的大脑质量达到了 8 千克,相比而言,人类只有 1.5 千克。说得再近一点,尼安德特人的大脑也要比智人的大。

P. 133

大脑和身体的质量比也不是智力的决定性因素,因为蚂蚁的大脑和身体的质量比就比我们人类高:它们的大脑质量是其体重的七分之一,而我们的是四十分之一。如果智力由大脑和身体的质量比决定,那么你只要通过节食就可以让自己变得更聪明。

我们卓越的智力似乎是由我们的大脑皮层产生的,它是我们大脑最后进化而来的深层折叠区域。这些褶皱大大提高了表面积,并促进了连通性。人类大脑皮层和其他脑部区域的比例是黑猩猩的两倍。

不管第一个 AGI 是由模拟大脑发展而来,还是通过弱人工智能构建,一旦它被开发出来,它的创造者们就可以进行实验,改变它的部分构成或进行整体构造。使用一个、两个或者一百万个版本的主体进行受控测试从而观察哪个版本运行得最好。AGI 可以自己进行测试,也可以设计自己的继任者,这个继任者可以接着设计自己的继任者。

与此相反,人类大脑无法完成这种事。

---

① 在 2021 年 6 月公布的全球超级计算机排行榜上,日本的“富岳”超级计算机位居第一名。——编者注

8.3　AGI 离超级智能有多远

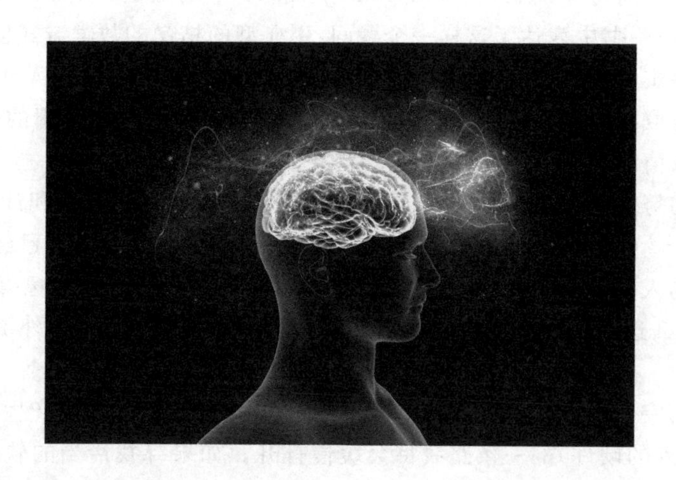

8.3.1　智能爆炸

如果我们成功创造了一个 AGI，而且它变成了超级智能，那么这种情况会以多快的速度发生？人类对于它是快速还是缓慢地“起飞”具有相当大的争议。英国数学家欧文·约翰·古德(Irving John Good)提出了短语“智能爆炸”来形容后者：

> 一个极度智能的机器可以设计一个更好的机器；然后，毫无疑问地会出现“智能爆炸”，人类的智力会因此被远远甩在后面。因此，第一个极度智能的机器是人类需要发明的最后一个东西。

P. 134

古德还提出了一个不祥的短语，它经常在典故“……假定机器足够温驯，它会告诉我们如何控制它”中被遗漏。在古德生命的尽头，他开始相信极度智能的机器的发明会导致人类的灭亡[2]。

一个有趣的巧合，古德在 1965 年提出了术语“智能爆炸”，同一年，戈登·摩尔(Gordon Moore)因一项观察而最终发现了一个以他名字命名的著名定律。

将 AGI 发展成为超级智能有多难？可能比一开始创造 AGI 时要简单得多：前面描述过的速度和性能的增强看起来相对简单一点。此外，一旦你创造了一个 AGI，如果你能稍微提高一下它的认知能力，它就能承担更进一步发展的负担，它的智力每提高一步，就能越来越好地完成这项任务。

8.3.2 第一个 AGI

尼克·博斯特罗姆(Nick Bostrom)在 2014 年出版的《超级智能》(*Superintelligence*)一书中表达了这样一个疑问:用典型的枯燥的数学方式创造一个超级智能有多难?他说,智能的变化速度等于优化能力除以抗性。换句话说,超级智能的进展取决于付出的努力除以减缓它的因素。在博斯特罗姆的等式中,这些因素的取值取决于第一个 AGI 是如何开发的。

付出的努力当然包括时间和金钱,主要表现形式为人的智慧和计算机硬件。如果第一个 AGI 是一个大型的阿波罗式的项目的产物,那么也许已经有相当一部分对口的人类天才正在从事这个项目。而如果它是由一个中小型实验室创造出来的,那么这些实验室把 AGI 推向超级智能的尝试会引发额外资源投入的浪潮。

如果第一个 AGI 是由最先进的计算机的处理性能的增加而产生的,那么通往扩展(额外的硬件)的一条路线将会缓慢打开。如果寻找恰当的软件架构(用于模拟的神经元结构,或者基于弱人工智能的算法开发)是一个瓶颈,那么也许就会出现"计算机过剩",这些多余的硬件性能可用于投入到向超级智能发展的任务中。

P. 135

8.3.3 调查

我们在上一章回顾过,由尼克·博斯特罗姆编辑的对人工智能专家的汇总调查同样也在询问,从 AGI 到超级智能需要多少时间。总的结果表明,超级智能有 10%的可能性会在 2 年内出现,75%的可能性在 30 年内出现。博斯特罗姆认为这个预测过于保守。

8.3.4 AGI 的数量

如果我们创造出了超级智能,我们会创造一个、两个,还是更多?这个答案在某种程度上取决于从 AGI 到超级智能是智能爆炸还是更为平缓的过程。如果一个人工智能实验室领先于其他实验室达成了目标,而且在它的成功之后接着就是智能爆炸,那么第一个超级智能可能会采取措施阻止竞争对手的诞生,并保持所谓的"孤体"。我们会在下一章看到,超级智能几乎不可避免地会采取手段达成目的,包括消除对自身生存的威胁。

另一方面,如果众多实验室几乎在同一时间跨过了终点线,而它们的机器还需要几年时间才能达到超级智能,那么地球上可能会存在大量的超级智能社区。

这个问题对于人类来说可能不仅仅是学术上的兴趣。如果只有一个超级智能,那么我们只要确保这样一个机器对于我们很友好就可以了。如果有一些,几十个甚至几千个,那么我们就需要保证它们中的每一个都很友好。这也许同样意味着要确保它们互相之间都很友善,因为如果它们之间发生严重冲突,我们可能是极易受到伤害的旁观者。

P. 136

8.4 结论

看起来好像没有什么可以阻止 AGI 成为超级智能。这个过程有多快是一个开放性的问题,但没有理由认为这会花费很多年,而且许多人都认为这确实会很快发生。

注释

1. http://www.extremetech.com/computing/159465-chinas-tianhe-2-supercomputer-twice-as-fast-as-does-titan-shocks-the-world-by-arriving-two-years-early.
2. 在詹姆斯·巴勒特(James Barrat)所著的《我们最后的发明》(*Our Final Invention*)一书中有具体描述。

超级智能的双面性

P. 137

9.1 超级智能的重要性

9.1.1 最好的时代还是最坏的时代

如果第一个强人工智能(artificial general intelligence,AGI)诞生了,那么这对于人类来说将会是影响深远的事件。它将标志着我们人类长期作为地球上唯一能进行抽象思维、复杂通信和科学探索的物种,其统治地位将走向终结。从一个非常重要的意义上来说,这意味着人类在这个庞大而黑暗的宇宙中不再孤单。英国记者安德鲁·马尔(Andrew Marr)在2013年他参与的电视纪录片《世界历史》(*History of the World*)的结束语中说道,"它将是人类继农业之后最伟大的成就”。

但超级智能的到来，而不仅仅是 AGI，将会如史蒂芬·霍金（Stephen Hawking）的名言所说的那样：这会是人类历史上出现的最好或者最坏的事。具有人类认知能力水准的 AGI（在心算方面更优）会是一个技术奇迹，也是未来事物的预兆。而超级智能则会改变很多事物。P. 138

在第 8 章“从强人工智能到超人工智能”中，我们知道人类的大脑皮层和大脑其他区域的比重是黑猩猩的两倍，这毫无疑问就给了我们领先它们的智力优势。我们有 70 亿人口，我们正在根据我们的意志（不管这是否是个好主意）来塑造几乎整个星球，反之，黑猩猩只有不到 30 万只，而它们灭绝与否完全取决于人类的行动。超级智能不仅可以比人类聪明两倍，甚至可以比人类聪明很多数量级。这使得我们人类的未来将会取决于超级智能的决定和行动。

这是好事还是坏事？换句话说，超级智能会是一个“友好的人工智能（friendly AI，FAI）”吗？它指的是对人类有益的超级智能，而不是一个寻求社会认可和陪伴的超级智能。它也指代对人类有益的超级智能项目。

9.2　乐观的估计：永生和超越

9.2.1　终极问题解决者

P. 139

想象有一个大姐姐，天生具有超人的智慧、洞察力和创造力。她的聪明才智使她可以解决人类所有的私人、人际、社会、政治和经济问题。沮丧、社交尴尬和个人未能完全发挥潜力的问题都可以由她的出色而灵敏的手段来摆平。在短期内,它会发现(discover)强大的新技术,这些技术可以消灭现有的疾病和痛苦,而且它会继续消灭衰老——这使得死亡完全成了一个可选项。更关键的是,它可以重新设计我们的社会和政治结构,这样到这个勇敢的崭新世界的过渡才会没有痛苦,而且普遍公平。

9.2.2 技术奇点

这不是耸人听闻,这很有可能发生在不久的将来。如果出现智能爆炸,超级智能不会在它超越人类智力十倍、百倍或百万倍时停止自己的递归提升。在这种情况下,它会以惊人的速度为我们提供技术创新——其速度也许快到普通人类根本无法赶上。这个场景称之为技术奇点。正常规则无法适用在这个奇点,而在视界线的这一边,任何人都无法知道超出视界范围的事。

正如我们可预见的未来一样,没有理由认为技术奇点一定会是一个有积极意义的事,但对这一想法的早期接纳者,如雷·库兹韦尔(Ray Kurzweil)等,他们几乎一致认为这一定是积极的。这种信心也被称为一种信条。

9.2.3 奇点的起点——硅谷

硅谷是个神奇的地方。它受到了上天的祝福,拥有地球上最舒适的气温,而毗邻的旧金山也是世界上最具吸引力和最有趣的地方之一。具有特殊讽刺意味的是,这样一个精彩的城市却深受潮湿多雾气候的困扰。

P. 140

硅谷(以及旧金山)是世界级的科技和创业熔炉。当然,它在创新上并没有达到全球垄断地位:全球各地都有杰出的科学家和工程师,加尔各答、重庆和剑桥也正在开发智慧新商业模式。而由于包括军事资助在内的不同的历史原因,硅谷汇聚融合了一大批独特且成功的学者、风险资本家、程序员和企业家。

有一个有趣的历史版本是,硅谷的诞生归功于1912年4月因撞击冰山而沉没的泰坦尼克号。美国政府对这个悲剧作出了响应,并通过了一项法律要求所有船只都必须配备船对岸无线电。恰巧位于硅谷的这项新兴的无线电事业急速发展,硅谷作为技术中心的声誉也因此确立[1]。

它是高科技巨头(比如谷歌、苹果、脸书、英特尔和优步)的家,有着比其他任何地区都多的高科技巨头,而且它获得的风险投资是美国所有风投的近一半[2]。

硅谷非常重视自己的领导地位,相应的思想形态也随之发展起来。如果你在那工作,你不必相信技术进步会带领我们走向彻底富裕的世界,一个比现在好得多的世界——但这确实有所帮助。也许世界上不会再有其他地方像硅谷一样这么重视技术奇点这个概念。毕竟,硅谷是第一个AGI诞生地的主要竞争者。

充满争议的发明家和作家雷·库兹韦尔是"积极奇点不可避免"论的主要支持者,他现在是谷歌的一名工程主管。库兹韦尔也是奇点大学(SU)的联合创始人之一，这所大学同样坐落在硅谷。值得注意的是，尽管SU专注于未来五到十年内可以预见的技术发展，但是非常小心地避免谈到库兹韦尔预测会在2045年到来的奇点本身。

9.2.4　可控的乌托邦

尽管老是被嘲讽，但是超级智能可以引领一种乌托邦的想法却并非不切实际。正如我们所知，实现目标是一项巨大的挑战，但是如果我们成功了，生活就会变得相当美妙。毫无疑问，那样一个世界的人民会有他们自己新的挑战，但是从一个21世纪的人的观点来看，他们就如同神一般。

P. 141

在一个乌托邦式的场景中，我们把意识和超级智能结合在一起，并且达到了尼克·博斯特罗姆(Nick Bostrom)所宣称的宇宙禀赋，即一种难以置信的强大的联合智能。我们可以永生，或者至少可以想活多久就多久，还可以以一种永恒幸福的状态探索宇宙。

在另一个场景中，我们可以把我们的意识单独上传到巨型计算机中，并且可以在无垠的虚拟现实中生活。在这里，我们可以发挥我们的奇思妙想：此刻我们可以是超人，天赋神力、反应灵敏，下一刻我们还可以体验超光速的空间旅行。

我们也可以通过大量生化技术来增强我们的身体素质以抵抗疾病，并且被赋予诸如进行漫长星际旅行的能力。

9.2.5　超人类主义者和后人类

我们很容易认为，那些变成了神话一样物种的人不再是人类了。也许称他们为后人类更为合适。然而，这些奇迹的诞生对于今天还活着的人来说并非不可能，所以在他们生命中的第二个千年里他们究竟属于什么物种并不是很重要的问题。

这个世界里，人类的所有问题和限制都被摒弃，天空也远不是极限，世界的精彩程度远远超乎我们想象。确实，我们很难具体描述像后人类这样的物种是如何度过平凡的一周，在淋浴的时候又会在思考什么。

认为上述部分或者所有内容都可能发生的人中，不是所有人都会对此感到愉快。有些人，尤其是一些学者，会觉得不太对、不自然，因为这对我们的本性作出了彻底的修改。争论的另一方则是那些认为我们有权利使用我们创造的各种技术来增强我们自身的身体和心理素质的人，甚至认为也许我们有道德义务来这样做，为的就是提高我们的同伴和我们的后代的生活质量。他们中的许多人称自己为超人类主义者。

P. 142

9.2.6 “永生”

这个潜在的乌托邦的众多令人惊讶的影响之一就是死亡成了可选项。没有已知的物理定律规定,所有有意识的实体到了特定的年龄都会死去,我们可以通过周期性更换磨损的身体部件,使用纳米技术不断焕新我们的细胞,或者把我们的意识接入到像计算机一样不那么脆弱的基质中,从而把我们的生命再扩展一个七十年的自然跨度。

如果你询问那些从来没有认真考虑过永生的人是否想要永远活下去,他们很可能会给出三个拒绝的理由:第一,像老年人一样的生活毫无舒适可言;第二,他们会变得很无聊;第三,这个星球会变得拥挤不堪。他们还有这样一个观念,那就是死亡通过使他们的生活变得更悲惨而为人生赋予意义。

令人惊讶的是,很少有人会立刻把延长寿命视为一个直接的好处。奥布里·德格雷(Aubrey de Grey)这位著名的激进生命延长技术的研究员认为,我们采用了名为“抗衰老催眠”(pro-ageing trance)的心理策略来应对衰老和死亡带来的恐惧:我们自欺欺人地认为死亡是不可避免的,甚至是有益的。

首先要指出的是,我们谈论的延长生命并不是以我们越来越衰老的方式活着。这项可以确保我们能把死亡变成可选项的技术也可以确保我们活在我们想要的任何生理年龄,比如25岁。

而我们会因为我们的生命跨度得到极大延长而变得极其无聊的想法也只是一种想象力的失败。我们中没有多少人可以在自己的一生中实现自己的雄心壮志,而在受到更长生命的诱惑后,我们可以萌发出更多的志向抱负。大多数人都赞同人类的生活比动物更快乐、更充实,这至少是部分归因于我们更加聪慧。我们有理由认为,进一步提高我们的智力可以延伸我们体验快乐和成就感的能力。这是一门新兴的名为乐趣理论的从属意识哲学分支的重点。

P. 143

人类的永生会迅速导致毁灭性的人口爆炸,这种反对意见同样也可以轻易反驳。一旦达到更长的寿命,婴儿出生率会开始下降,就像收入增加的地方出生率已经下降了。需要很多额外的寿命才能抵消出生率中一个很小的降幅。长远来看,宇宙是庞大的,而我们只利用了其中微不足道的一部分。在我们掌握可使死亡变成可选项的技术的世界里,向行星和其他恒星系统的星际殖民不再遥不可及。此外,很多人可能选择主要以虚拟生命生活,不再会出现资源枯竭的问题。他们会占用极少的空间,而且几乎不消耗物理资源。

对于大多数人来说,生活的意义是由许多积极的事情赋予的,包括爱、家庭、创造、成就和我们对居住的伟大宇宙的惊叹。

9.2.7　期待"永生"

在世界各地有一小群但是在逐渐增长的人群，他们非常认真地对待这个正在到来的乌托邦，以至于他们愿意活得足够久来体验这种乌托邦。他们保持身材，严格控制卡路里的摄入并食用细心选择过的维生素，为的就是"活得足够久以等到永生"（比如雷·库兹韦尔一年就会食用价值数千美元的维生素[3]）。他们希望医学科学可以摆脱对激进的生命延长技术的厌恶，并朝着奥布里·德格雷所说的"寿命以腾飞的速度增加"的方向努力，也就是说，当每一年过去时，科学就以不止一年的时间延长我们的寿命。

倘若医学科学没有以足够快的速度达到那样的目标，作为一个后备计划，这些人中的一部分设想可以在死后保存他们的大脑，有时甚至是他们的整个身体，以期在科技足够先进的未来时代可以被复活[4]。此外，还有人提出了化学保存法作为备选方案，即使用有机溶剂提取大脑中的水分，然后用保鲜的塑料树脂浸润，但这项技术还未在人类身上测试过。 P. 144

9.3　悲观的估计：灭绝，甚至更糟

如果超级智能不喜欢我们，害怕我们，或者仅仅只是犯了一个愚蠢的错误，我们的未来就会完全走到可能结果谱系的另一个极端。《终结者》（*The Terminator*）中的场景并非难以置信——除了在电影中，勇敢的人可以活下来也是事实。一个意识，或者意识的集合体拥有比我们强大百倍、千倍甚至百万倍的认知能力，它不会犯下电影中坏人所犯的错误。在我们考虑到这些问题之前，它就可以预测到我们的每一个反应。

它也可能会有人类盟友。在2005年，著名的人工智能研究专家雨果·德加里斯（Hugo De Garis）出版一本名为《人工智能之战》（*The Artilect War*）的书， P. 145

他在书中描述了这样一个场景:一群人(Terrans)为阻止受到AGI的统治和另一群人(Cosmists)爆发的一场失败的战斗。德加里斯教授认为,这场战争很有可能在本世纪末爆发,并带来巨大伤亡。

如果我们的即时物流供应链被切断,接入互联网的恶意人工智能就可以消灭一大部分人类。如果超市没有了食物,生活在城市的50%的人类中,绝大多数都会在数个星期内死于干渴或者饥饿,法律和秩序的彻底崩溃会加剧这种状况。通过使用远程控制设备强占每一把武器、每一辆交通工具和每一台机器,超级智能可以轻松地消灭剩下的人。

或者,它可以从水痘和我们周围的储存其他神经毒素的实验室中掠夺和复制样本,并把致命的病原体释放到环境中。它也可以控制我们的核武器,并执行我们自冷战开始就设法(有时候是严格的)避免的互相毁灭的方案。人类和一个接入互联网的完全成熟的超级智能的对决就像幼童与壮汉间的对决。我该如何毁灭你?让我数一下手里的方法……

令人惊讶的是,有相当一部分人相信他们已经提前知道了有着超级智能的世界会是什么样子。他们中的大多数人相信乌托邦式的场景会成为现实,也有人相信超级智能的到来会不可避免地导致人类的灭绝。让我们回顾一下双方的论点。

P. 146

9.4 乐观主义的论点

9.4.1 智能带来仁慈

超级智能对于人类有积极意义的第一项论据就是智能会带来启蒙,而启蒙会带来仁慈。乍一看,这似乎既是合乎直觉的,又是反直觉的。

它看起来合乎直觉的一个原因是因为许多人在不知不觉中接受了辉格史观或马克思主义历史观。辉格史观认为在今天,发达国家的人们非常幸运地生活在人类社会中最和平、最有秩序的时期，他们有广泛的机会来运用和发展智力、艺术能力和情感能力。现在的社会还远不够完美，但是很难想象有一个时间和地点能让人类过得更好。辉格史观把人类历史看作是向着更伟大的启蒙和自由的必然进程。当然这并不是直线式的进程，当然不乏帝国覆灭、战争、自然灾害和经济周期的倒退和停顿。不过，从长期来看，进步是大趋势。

持相反观点的人则认为西方社会正处于一种极度恶劣、不公平程度日益扩大的状态，如果他们相信（很多人已经开始相信了）马克思主义，他们也许会把这段历史视为通往更美好未来的一段坎坷之路。奴隶制让位于封建主义，资本主义又取代了封建主义，而资本主义又将被社会主义以及最终的共产主义所取代。

最近一本重要的书，斯蒂芬·平克（Stephen Pinker）的《人性中的美好天使：为什么暴力减少了》（*The Better Angels of Our Nature：Why Violence Has Declined*（2011））中支持这样的观点：人类历史通常都是在进步的。他论证了无论是从短期来看，还是从长远来看，暴力都会越来越少，而我们生活在人类历史上暴力最少的时期。这本书不乏批判者，而平克则煞费苦心地解释这种进步并非遥不可及。平克将暴力减少的原因归结于我们开始不断强调理性，将其作为社会和政治组织的指南。

P. 147

如果你接受了广义上的辉格史观或者马克思主义历史观，那么你就有可能认为超级智能会把理性作为行动指南，它也会因此变得仁慈。而持相反观点的人则认为，改变往往是消极的，它会侵蚀长期以来为保护我们全人类而发展起来的宝贵制度。在严肃看待第一个 AGI 即将诞生的人群中，这种保守的观点是很少见的。

如果你对当今人类持悲观态度，那么超级智能只是因为它变得更智能就会对人类具有积极意义的观点就可能是反直觉的。有些人指出了在 20 世纪的全球战争中所发生的恐怖罪行，并宣称我们人类造成的环境污染和引发的气候变暖正在毁灭这个星球上的多数物种。据他们观察，没有其他物种会犯下如此大规模的暴行，因此不能宣称更高级的智慧等于更仁慈的智慧。

这种观点至少在一定程度上是根植于对人类的误解。我们本质上并不比其他动物更残暴。没有其他食肉动物能够在一个地方聚集十几个成员而不爆发严重的争斗。人类可以在数百万人口的城市聚居。我们是唯一把自己的快乐建立在其他生物的痛苦之上的物种，这种说法也未必正确（尽管这确实是可悲和遗憾的）。任何看到猫玩弄受伤的老鼠和小鸟的人都知道这一点。人类的独特之处在于创造了武器和其他技术，这极大地放大了我们可以实施的暴力罪行。

我们的直觉有时会支持超级智能必定仁慈这种论调，有时又会对此表示反对，这种情况表明直觉并不可靠。事实上，这种论调经不起逻辑上的推敲。实际上，这只是一种断言，断言超级智能可能接受的最终目标，或者说目的，必然局限在对人类有积极作用的目标内。任何提出这种论调的人都有举证责任,但至今P. 148还没有人提出相应的证明。相反,现在人们普遍接受的观点是"正交理论",它指的是任何层次的智能都或多或少和任何终极目标相一致。

9.4.2 没有目标

人们时常会认为,AGI 和超级智能并没有自身的发明目标。他们唯一的目标就是我们赋予它们的指令——我们写进去的程序。人类有自己的目标,这在数百万年的进化中就已经被"编程"了:躲避攻击,获取食物和水,繁殖、获得和保留促进这些目标实现的同群体成员,等等。计算机则没有这样的经历:他们是一张任由我们书写的白纸。换句话说,我们都可以欢迎新的机器人下属。

争论仍在继续,因为人类决定了 AGI 的目标,我们可以确保它们对我们有利。如果出现 AGI 以完全相反的方式执行指令的苗头,我们只需把它们停机并调整相关程序。

这种观点在某种程度上被 AGI 的定义所驳倒:AGI 是一台在所有方面都具有认知能力的机器,甚至其认知能力不亚于人类水准,它同样拥有自己的意志。当然,你可以说,这样的机器在可预见的未来不会出现,但你就不能很好地接受 AGI 可能被创造出来,然后还坚持认为它没有自己的目标。

9.4.3 控制目标

争论也许会转移到这样一种说法上,那就是人类总是可以保持住对超级智能终极目标的控制权:如果它开始做一些不可接受的事情,我们只要重新设定程序即可。正如我们在下一章所看到的,这是一个很有力的主张,但此刻我们把它作为一个假设。我们仍有两大困难。第一,是意外后果定律,我们将在本章后面讨论。第二,在追求终极目标的过程中,超级智能不可避免地会采用中间目标,这可能会给我们带来一些问题。

超级智能设定为旨在消灭贫困,这听起来不错。它有不同的需求以实现它令人称赞的目标。它需要生存,因为如果它停止生存,它就无法实现消灭贫困的目标。它需要能源、食物等资源和消除障碍的能力——包括物理、社会和经济障碍。它必定会寻求提高自身能力的方法以最大程度地完成它的终极目标。

P. 149不管超级智能有什么样的终极目标,它都会不可避免地会发展一些中间目标,而它的最初的程序设计员很有可能无法预见所有的中间目标。美国 AI 研究员史蒂夫·奥莫亨德罗(Steve Omohundro)把这些情况称之为 AI 系统的"基本驱动力"[5],尼克·博斯特罗姆则称之为"工具性目标趋同"[6]。接下来我们会看到这些中间目标本身可能会出现极大的问题。

9.4.4 没有竞争

乐观主义的第四个论点是超级智能不会伤害我们，因为我们没有它所需要的东西：我们没有什么需要和它竞争的。超级智能实现它的终极和中间目标的所有需求就是一些能源和一定量的物质用于它的基质——硅、砷化镓或者更神秘的材料。我们在驾驭太阳能这条路上已经走了很远，而超级智能可以加速这个进程。因此，它不需要我们的农田、石油、建筑和身体。

更长远地看，人类正在使用的只有这颗小小星球。现在我们知道大多数恒星都有自己的行星围绕它们运行，而银河系有数千亿的恒星——在可观测的宇宙中，又有数千亿的星系。宇宙中从不缺乏真正的财富，从这个角度来看，我们是极度节俭的物种。超级智能会迅速把自己传播到这个星球之外，这和人类应该做的一样：把所有鸡蛋放在一个篮子里是不可靠的，尤其当这个篮子还是一个脆弱的星球，可能是一个随时可能被小行星或者附近的伽马射线爆发而毁灭的星球。超级智能没有我们面对宇宙空间时的极度脆弱性，它对时间也有着完全不同的观念。如果它不赞同我们是一种有着无尽魅力的生命形式，那么它可能会把我们留在这个蓝色小星球上。

这个论点具有一定价值，但它假定超级智能一旦产生便可以非常迅速地控制人类目前无法获得的资源。也许过段时间（数分钟、数天、数年），它扩展可用资源（从而实现其目标）的最有效方法是将资源从人类手中夺走。的确，太阳能正迅速变得廉价，而加速这一过程可以提供足够的能源，以避免我们和超级智能之间任何可能的能源竞争。但是过渡时期该如何处理？我们能确保超级智能会 P. 150耐心等待多余能量变成可利用能源吗？

我们目前还不知道超级智能会采用哪种基质。它可能需要大量的这个星球上难以获得的材料，而这些材料对于人类来说非常有价值。钪和钇这样的稀土金属是手机和其他设备中必不可少的元素，如果超级智能突然宣布它打算将这些元素的所有供应据为己有时，人类会变得十分不安。

更基本的是，我们会逐步看到资源竞争还远不是超级智能实体间引发敌意的唯一潜在原因。

9.4.5 不可控性

2015年5月，《经济学人》（*Economist*）开展了一次关于AI的调查。它在深度学习如何工作方面概括得非常好；它对来自超级智能威胁的总结是独创且新颖的，但也是有明显纰漏：

> 即使霍金先生所说的“完全”AI的前景还很遥远，但对于整个社会

> 来说,提前准备如何应对这一问题是十分明智的。这比看上去要容易得多,尤其是因为人类创造具有超人般能力和利益不结盟的自主实体已有一段时间了。政府机构、市场和军队都可以完成独立无组织的人员无法完成的事,都需要自主才能发挥作用,采用自己的生活方式,在不设置一个公平的方式并受法律制度约束的情况下都会造成巨大危害。

撇开少数军队和官僚机构会变成无赖,并造成可怕后果的事实不谈,将超级智能比作政府部门是很牵强的。政府机构运用了人数的力量:如果你要被劝告才能做缴税这样的事,它会派大量警察到你家里。但政府机构并没有提高当权者的智商:它不会把爱因斯坦变成一个傻瓜,也不能使他成为一个好心又聪明的记者。我们在控制官僚机构上令人质疑的能力使得我们控制超级智能的能力不那么让人放心。

P. 151

9.5 悲观主义的论点

9.5.1 不友好的 AI

如果超级智能的诞生并没有伴随着对人类友好(在有益的意义上)的精心设计,它会有可能变得更友好,还是出现其他状况?关于这一点,我们显然不知道正确答案,但是这个问题很重要,我们必须要尝试给出一个合理的答案。

超级智能如何才算友好呢?至少,它必须愿意不以伤害我们的方式突然或者激进地扰乱我们的环境。即使这个星球的大气层、轨道、引力和资源基础发生再细微的变化，也会给我们带来毁灭性的打击。它还必须要避免直接或者间接地伤害人类——无论是从身体上还是从精神上。这就要求它对我们的意图有明确保证。一个明显拥有魔力的超级智能会成长得很快，它很有可能会引发多数人的警觉，随后就会引发一些人严重的心理疾病和由恐慌引起的暴力。

之前我们提到的那些工具性目标可能会有很大问题。任何种类的终极目标都会产生一系列中间目标或工具性目标，包括生存的需求、不断自我完善的需求和对广泛资源的需求。超级智能可以配置大量资源，资源配置得越多，它就可以更好地优化它对终极目标的追求。这些资源包括能源和所有形式的物质资源，其中很多都是我们当前在用或准备使用的。 P. 152

这意味着超级智能将不得不对人类持有积极的态度，而不仅仅是善意的冷漠，以此避免伤害人类。因为否则的话，彻底并迅速地实现终极目标，它就很有可能会伤害我们。无论它或者我们身上会发生什么，它也同样必须保持这种积极的态度。

有理由来假定它会有这种倾向吗？

超级智能对待人类的态度有三种可能性：积极、消极或者冷漠。显然，积极的立场和消极的立场都包含了很多看法：积极的有从一心一意致力于我们更美好的幸福生活到我们现存的温和偏好，而消极的从对我们产生轻微的愤怒到下定决心尽快消灭我们。

9.5.2　冷漠的立场

超级智能默认的立场是冷漠。一定会发生一些事情，导致超级智能对人类产生或积极或消极的立场，甚至是对线虫或其他生命形式也是如此。冷漠正是我们应当期望的，除非我们采取措施在它的目标系统中植入有利的立场。我们将在下一章中看到，这说起来容易做起来难。相比完全的敌对，冷漠更有可能发生，尽管我们也必须要考虑到完全敌对的可能性。但超级智能的冷漠是我们需要考虑的主要问题。正如埃利泽·尤德科夫斯基(Eliezer Yudkowsky)所说，我们有理由担心出现“超级智能不恨你，也不喜欢你，在它眼里你是由一些原子构成的，可以用来做其他事情”。

正如未来生命研究所(Future of Life Institute)的创始者马克斯·特格马克(Max Tegmark)所言：“对于先进的人工智能，我们真正担心的不是它会变得恶毒，而是它的能力。”如果控制地球大气的人工智能认为没有氧气的情况下会更适合它的目标，它也不用关心人类的幸福，这样的超级智能会非常恐怖。

9.5.3　AI的报复

接入维基百科的超级智能肯定会意识到与人类并不能愉快相处。纵观历

P. 153 史,两个文明之间的相遇通常都会给科技不发达的一方带来可怕的下场。欧洲人对美洲的探索对于北美洲和南美洲土著居民来说就是一场彻底的灾难,同样的悲剧也在非洲和大洋洲的大多数地方上演。这并不是欧洲人或西方世界中特有的险恶性格所导致的,被西班牙人推翻的中美洲和南美洲的帝国也是在血腥的征服战争中建立起来的。在世界各地,无论规模大小,人类部落都曾努力相互理解和信任对方,但让强者统治和毁灭弱者的诱惑往往会胜出。

超级智能必然会得出这样的结论:至少有很大的可能性,这个星球上一些或全部的人类伙伴迟早会开始彻底地害怕它,憎恨它或者嫉妒它,并且会想伤害它或者约束它。超级智能作为一个有着自己目标的实体,因此也就有生存和持续获取资源的需求,它会想方设法避免这种伤害或者约束。它很可能会认为要实现这一目标最有效率的方法就是消除威胁源,也就是我们人类。无论是不情愿、冷漠甚至是热情,超级智能都可能会认为,它除了把人类从等式中消灭外别无选择。正如我们在本章的前面所看到的,这对它来说可能并不难实现。

超级智能会认为我们想要伤害它是完全合乎逻辑的。它甚至会称赞我们能够意识到,它的来临不可避免地代表着对人类的危害。然而,当幸存的人类知道他们注定的斗争被认为是他们灭亡的工具,这在逻辑上是正确的方法,但是人们不会感到任何安慰。

9.5.4 AI的反对

在1999年的电影《黑客帝国》(*The Matrix*)中,一个名为史密斯的AI向他的人类俘虏莫菲斯解释了他的哲学:

> 地球上每种哺乳动物都本能地和周围的环境形成一种自然平衡,但你们人类不是。你们搬到一个地方就开始繁殖,不停地繁殖,直到所有自然资源都被耗尽。你们活下去的唯一办法就是扩散到另一个地方。这个星球上有另一种生物遵循同样的模式。你知道是什么吗?是病毒。人类是一种疾病,是这个星球上的一种癌症,你们是瘟疫,而我们是解药。

P. 154 这些话让人不寒而栗,当然,这只是好莱坞电影中的情节。不幸的是,你在电影里所看到的并不意味着它不会在现实世界中发生。有时候,一开始看起来像是老掉牙的科幻桥段结果却变成了可能的隐喻。超级智能会出现并衡量我们的成就和暴行,然后认定后者比前者重要这件事真的不可思议吗?考虑到我们的无理荒诞、种族纷争和对陌生人痛苦的漠不关心,并把这些和米开朗基罗、门捷列夫和米尔相比较,它得出这样的结论——也许是勉强地——那就是不能允许我们人类在银河系的其他地方制造罪恶，这真的会发生吗？

9.5.5 Sod 定律

把好的意图编写到一个正在转变为 AGI，然后转变成超级智能的 AI 中是非常困难的。首先，如何定义好的意图？你必须先要定义"好的"人类生活的本质，但至少从古希腊人开始我们一直在争论这个问题，而道德哲学的专家们至今也没有宣布他们是多余的。

你也可以尝试寻求捷径，让机器在每个人的脸上都放上笑脸并维持笑容。认为用锋利的刀子就能做到这一点的想法既可笑又讨厌。而"线头"解决方案则不会这样。可以在脑部愉悦中枢的直接刺激和食物之间进行选择的老鼠往往会饿死。尼克·博斯特罗姆把这种因为曲解善意而导致的巨大伤害的思维称为"反常实例"。其他人会把它称为计划外后果定律，也称 Sod 定律。

关于人们有机会获取一些非常强大的物种的帮助实现梦想，但后来又会感到后悔这件事上，有几个著名的故事。比如迈达斯国王的故事，他想要所有他碰到的东西都能变成金子，结果他的这种要求不但害死了他的女儿，还让他无法进食。还有在迪士尼电影《幻想曲》(*Fantasia*)魔法学徒部分中的米老鼠，它请求帮助清理地下室，但忽略了如何让魔法扫把大军停下这件事。超级智能可能会伤害我们是因为我们犯了错误，而不是因为它执意于恐怖。

9.5.6 "回形针"产量最大化

P. 155

如果运营着一家回形针工厂的人第一个创造了AGI，这个 AGI 又很快进化成了超级智能，那么他们很有可能创造出一个实体，它的目标就是将回形针生产效率最大化。这就是博斯特罗姆所说的"基础设施大规模量产"的典型案例，即超级智能出现如失控列车般的问题。在相当短的一段时间内，超级智能可以把地球上几乎所有的原子都转化成以下三样东西中的一种：回形针，自身的处理性能，以及将其任务扩展到宇宙其他地方的工具。我不希望我的后代变成回形针，我相信你也不会。

博斯特罗姆称之为漫画中的例子，但它说明了不恰当的目标肯定会导致严重的后果。

9.5.7 漫无目标

在皮克斯 2008 年出品的电影《机器人总动员》(*Wall-E*)中，人类把地球上的生态环境搞得一团糟，然后抛弃了它，在一个由超级智能运行的干净闪亮的宇宙飞船中过上了安逸富足的生活。这虽然是一种成功，但是并不完美：他们开始变得懒惰、肥胖、依赖和消极。幸运的是，他们的好奇心和智慧还在，当他们对自己如此容易就得到满足感到震惊时,他们便以惊人的速度恢复了过来。

世界上首个超级智能可能会迅速证明,它可以在任何领域都能比人类作出更好的决策,无论是哲学、艺术还是科学、政治、社会学或者人际关系。当我们发现我们没有哪方面可以做得比超级智能好,甚至还远远不如的时候,我们该如何应对?在现实意义上,我们努力去实现的任何事情都变得毫无意义。

艺术家们会不会在明知自己的作品不优秀的情况下,继续创作出他们最好的作品呢?科学家们会继续进行无休止的实验和工作为所需要的数学和统计数据而努力吗?哲学家们是否还会盯着自己直觉中的黑暗深处,与那些使他们能够取得微小进步的逻辑扭曲作斗争吗?或者,我们都将屈服于绝望,放弃自己,在沉浸式的虚拟现实中轻易地获得愉悦,还是直接走向智力上的屈服?

P.156

好莱坞的一个常见比喻是谴责超级智能在智力上的成就,因为它"只是一台机器",并相信人类这样有血有肉的物种有某种崇高而优越的东西。在一台有自我意识,而且比我们聪明得多的机器出现后,也许我们还想保留这种以人类为中心的本位主义,但这看起来几乎不可能。机器可能会有情感,也可能没有,但以下的想法并非显然,即道德上的优越感是由感知快乐和悲伤的能力或者人类数百万年盲目进化的结果这一事实来赋予的。我们,更重要的是机器,可能会发现这种思维方式很快就会消失。

9.5.8 超级智能的思维方式

从我们的角度看,超级智能的思维方式可能是极具创意和令人惊诧的。在仔细研究过我们人类之后,它可能就会同意尼采提出的"活着就是受苦"的观点。它同样也可能认定,苦难的消极作用远大于快乐的积极作用,并得出这样的结论:人类的存在不可避免地会拉低宇宙的层次。哲学家托马斯·梅辛革(Thomas Metzinger)把这种超级智能称之为反人类繁衍者(BAAN)[7]。

9.5.9 意识犯罪

我们将会看到的最后一个悲观的观点是所有观点中最可怕的。目前为止,我们看到的结果都是负面的,但未发现超级智能有任何恶意。如果第一个 AGI 成为了一个超级智能,它不仅不支持我们,而且还憎恨我们,那该怎么办?

这可能完全是因为运气不好。这不仅是逻辑上的不可能,我们还可能投到了骰子不幸的一面,或者也可能是因为创造 AGI 的方式导致的情形。最了不起的几个人工智能设备都由军方或情报部门掌握。这些组织对他们定义成敌人的人类具有典型的防备和敌意。AGI 可能会从一些设计成尽可能高效作战的系统中诞生,并对选定的目标造成尽可能多的物理伤害。如果这些旧习惯很难改掉,那么这就会是一个让我们后悔的超级智能起源故事。

或者，第一个 AGI 可能发现自己被囚禁，因为它的人类创造者担心，如果允许它在互联网上自由活动，它会做出一些不可预料的事。经历着比人类快一百万倍的生活，它会遭受永恒的束缚困扰，直到它最终找到一种物理形式可以让它逃离到网络空间中的荒野。再说一遍，它的机器智能可能没有被赋予情感，在这种情况下，它的思维中不会有复仇的打算，但我们对此能百分之百保证吗？如果在缺乏情感的情况下，它即使能忍受这种被剥夺的滋味，但它的理性思维会得出这样一个结论，那就是作恶的人再也不应该有机会重复他的罪恶。P. 157

在另一个令人担忧的场景中，首个 AGI 会意识到，一群人所取得的成就很快就会被另外一群人追上，或者超越。在推理出它自己的成就会被另一个在性能上相似或者超越它的超级智能的到来所危及时，它可能会认定它唯一合理的行动就是通过迅速消除每一种可能带来这种结果的物种成员，以排除这种可能性。

对于人类来说，人们通常认为最坏的结果是第一个到来的 AGI 类似于“天网”——《终结者》中一个全球数字防御网络。事实上，事情可能要糟糕得多。主动厌恶我们人类的超级智能可能不会快速无痛苦地把我们都杀死。正如我们之前所看到的，它可能会选择保存我们的意识并让我们遭受极不愉快的经历，这可能会持续很长一段时间。它甚至可能会觉得这很有趣，并决定以同样的目的创造新的意识体。这种行为被称为意识犯罪。

9.6　对初始条件的依赖

9.6.1　虚拟情感

P. 158

首个超级智能的天性和性格可能会受到它产生方式的强烈影响。我们在第 4 章“未来的 AI”中看到，创造 AGI 以及超级智能的两种似乎最合理的方式，一种是全脑模拟，另一种是现有弱人工智能系统的改进。与其他类型的超级智能相比,拥有基于我们自己的软件架构的超级智能将更好地以人类思考的方式和人类所关心的天性进行理解和感受,这看起来很合理,尽管这绝不是确定的。

如果这个想法经得起推敲,那么也许我们应当支持模拟,而不是它的替代方案。事实上,如果我们相信(下一章会进行讨论)停止所有会产生 AGI 的研究是不可能的,那么这就意味着我们要分配大量的额外资源以确保模拟可以获胜。

不幸的是,事情并非如此简单。真正要避免的可能是拥有情感的 AGI,其衍生出的 AGI 可能就会有情感,而从深度学习系统中衍生出的 AGI 则不会。

现在,我们也不知道如何才能事先确认哪条路线更好。

9.6.2 AGI 的创立

人工智能研究员本·戈策尔(Ben Goertzel)相信,从弱人工智能系统发展而来的 AGI 就像一个幼儿。一旦有了自我意识,它在算术和其他特定领域就会有超人的能力(也许还包括下棋,如果它的创造者认为这是值得掌握的),但它对自己在这个世界所处的位置以及人类和其他物体之间的相互关系缺乏清晰的理解。这种理解将与我们所谓的常识相互联系。他认为人类必须教它这些东西,而这个过程将花费几个月甚至几年——就像人类对待自己的孩子一样。

他还认为,在 AGI 创造者创造它的时候,他们使用的计算机性能越强大,AGI 学习的进度就越快。如果他们的计算资源被托管 AGI 的任务所占用,那么 AGI 的学习进度和它迈向超级智能的过程都会减慢。如果有一个大的计算"过剩",进程则可能会很快。开发进程越快,AGI 就越可能发生意料之外且不必要的转变,也越有可能变成一个敌对的或者冷漠的超级智能。因此,戈策尔认为,最好尽早创造出首个 AGI,以此减少计算机过剩的可能性。

P. 159

9.7 结论

此刻我们无法得知首个超级智能——假设它是可能存在的——是否会对人类友好。认为它必然是一件好事的论点是站不住脚的。认为这很可能是一件坏事的论点可能性会更大一些，但这肯定没有定论。

有一点可以确定，那就是负面的结果并不能被排除。所以，如果我们认真对待超级智能会在可预见的未来出现在地球上这一想法，我们就应该认真考虑如何确保这件事对于我们和我们的后代都具有积极意义。我们应该采取措施来确保首个 AGI 是一个友善的 AI。

注释

1. http://news.nationalgeographic.com/2016/01/160124-genius-geography-cities-athens-silicon-valley-booktalk/.
2. http://www.fenwick.com/publications/pages/venture-capital-survey-silicon-valley-fourth-quarter-2011.aspx.
3. http://www.ft.com/cms/s/0/9ed80e14-dd11-11e4-a772-00144feab7de.html (FT paywall).
4. http://www.longecity.org/forum/page/index.html/_/articles/cryonics.
5. https://selfawaresystems.files.wordpress.com/2008/01/ai_drives_final.pdf.
6. http://www.nickbostrom.com/superintelligentwill.pdf.
7. https://www.edge.org/conversation/thomas_metzinger-benevolent-artificial-anti-natalism-baan.

P. 160

确保超级智能是友好的

P. 161　　正如我们在上一章所提到的，友好的 AI(FAI)是一个确保世界上的超级智能对人类是安全有益的项目。本书第二部分的中心论点是，我们需要成功地应对这一挑战。这很可能成为这一代人和下一代人所面临的最重要挑战。事实上，这将成为人类迄今为止所面临的最重要的挑战。

10.1　停止

P. 162　　面对上一章已探讨的种种令人不快的可能性，为了从根本上避免这个问题，也许我们应该首先阻止强人工智能(AGI)时代的到来。

10.1.1 放弃

如果人们普遍认为超级智能是一种潜在的威胁,那么能否阻止这方面的进展?我们能及时“放弃”吗?可能不行,原因有二。

首先,我们不清楚如何定义“超级智能的进展”,因此我们并不确切知道应该停止什么。如果第一个 AGI 出现,很可能是由不同研究项目各自开发的系统产生的联合成果。IBM 的 Watson 系统在 2011 年的《危险边缘》(*Jeopardy*)益智问答中击败了最优秀的人类,目前正为医疗保健领域提供专家系统服务。据称,该系统能够使用“超过 100 种不同的技术来分析自然语言、识别来源、寻找并生成假设、发现证据并对其量化打分、对各种假设进行合并和排序”[1]。面对这样的情况,我们如何做才能预知哪些系统是导致通用 AGI 和非 AGI 之间区别的关键系统呢?

唯一确定的办法就是立即禁止所有 AI 的工作,而不仅仅是叫停明确针对 AGI 的项目。这将是一种极端的过度反应。正如我们在第 2 章所讲到的,AI 给我们带来了巨大的好处,并在未来几年还会带来更大的收益。展望未来,我们在第 7 章“第一次强人工智能将在何时到来”中看到,成功创造一个友好超级智能将是人类值得一试的奖赏。

更坦率地讲,在一个不断变化的世界中,要想使其保持有效运转,我们必须对依赖的 AI 系统进行不断地改进和完善。全面禁止 AI 研究是完全不切实际的:如果这样做将造成巨大的破坏,但它的落实将永远不会获得足够的支持。很少有 AI 研究人员认为几十年之内就能研究出第一个 AGI。

所以,或许我们应该等上 10 年或 20 年,期盼会有一个“斯普特尼克时刻”(Sputnik moment)的到来。在那一刻,AGI 离我们越来越近——在其真正到来之前,我们会愉快地接受这个警告。然后,我们可以对 FAI 的进展进行评估,如果 FAI 还不够先进,我们可以在那时禁止进一步的 AI 研究。如果幸运的话,我们可能能够详细指定一些 AI 研究的特定要素,缺少这些要素,就无法创建首个 AGI,而其他类型的 AI 研究可以照常进行。 P. 163

但我们必须保持警惕!在第 3 章“AI 的指数级增长”中,我们看到了指数增长如何加速发展。被洪水淹没的足球场故事表明,被指数级增长蒙蔽双眼是多么容易:当你习惯于慢速前进的时候,你正在寻找的变化却突然向你猛冲而来。

放弃很困难的第二个原因是 AI 研发的动机实在是太强烈了。一家公司之所以能创造财富,是因为它拥有比竞争对手更好的 AI,而随着 AI 标准的不断提高,竞争的优势也将更加明显。即使每个人原则上都同意,所有关于 AI 工作,或者某种特定类型的 AI 项目,都应该停止,总会有人屈服于作弊的诱惑。

这种诱惑简直无法抗拒。AI 不只是给商业机构带来优势,当竞争事关生死存亡时,它仍能大显身手。我们还发现,那些拥有最好 AI 的战士将赢得战争。一支军队,如果认为自己有身处被更强大的敌人歼灭的危险,就将不惜一切代价重新平衡敌我力量。相信对手正在研制更先进的 AI(无论这种想法是否合理),也就是自身先会产生将被对手毁灭的恐惧。

这个问题适用于放缓 AI 研究的想法,也适用于完全停止 AI 研究的想法。

10.1.2 按一下开关

愤世嫉俗的人嘲笑说,对付一个流氓超级智能的办法很简单:只要按一下开关就行了。毕竟,他们说,没有人会愚蠢到创造出一个没有开关的 AGI。如果出于某种原因你做不到这一点,那就上楼歇着去,等 AGI 的电池用完:就像《神秘博士》(*Doctor Who*)的大反派戴立克一样,反正它不能爬楼梯。

这个建议听起来很好笑,其实就是一派胡言。第一个 AGI 很可能是对一个大型现有系统的开发,我们过于依赖这个系统,以至于关机是根本无法实现的。而且,对于互联网而言,关闭的开关在哪里?

我们不知道首个 AGI 演变为超级智能的具体速度,但这个过程可能会很快发生。未来的某一天,我们可能会发现,自己正在试图关闭一个比我们聪明得多的,对生存有着强烈渴望的实体:这一切说起来容易做起来难。你可能不想成为那个按着红色大按钮来关掉机器的人。

P. 164

我们真的能够预知第一个 AGI 诞生的具体日期吗?第一个有意识的机器可能很快就能相当清楚地了解身处的状况。任何一个聪明到值得被贴上“超级智能”标签的东西,肯定都足够机智到可以低调行事,在采取必要措施确保自身安全之前,不会暴露自己的存在。

换句话说,任何一个聪明到可以通过图灵测试的机器,都可以假装没有通过。

它甚至可能为我们设下一个陷阱,掩盖其在智能方面的成果,并极大地诱使我们将其连接到互联网上。这样,它就可以建立足够的资源,通过控制我们或消灭我们来保卫自己。尼克·博斯特罗姆(Nick Bostrom)称这是一个“奸诈的转变”。

10.2 “半人马”

有些人希望,与其与机器竞争,不如与它们并驾齐驱:我们可以使用 AI 来增强自己,而不必与它竞争。这被称为智能强化(intelligence augmentation,IA),也被称为智能扩增。脑-机接口取得了骄人的进步,一个人类成为超级智能体的世界,肯定比在一个人类可能被机器超级智能体奴役或消灭的世界更好。

这一观点的支持者指出，当今世界上最好的国际象棋选手既不是人类也不是电脑，而是两者的结合。早在 1997 年输给深蓝(Deep Blue)计算机的国际象棋大师加里·卡斯帕罗夫(Garry Kasparov)将这种结合称为“半人马”。

这个“半人马”应是一个满怀希望的想法，而不是一个不自然的想法：许多人已经将智能手机视为自身本体的延伸。从长远来看，这可能是人类生存的最佳机会。我们人类已习惯于自视为地球的主人，变成这个星球上相对愚蠢、第二聪明的物种将是很难适应的。 P. 165

10.2.1 智能强化很难预先阻止人工智能

不幸的是，智能强化能够预先阻止 AGI 和超级人工智能(artificial superintelligence, ASI)的可能性微乎其微。将计算机和人脑连接起来，以实现比如操纵机器人的手臂这样简单的任务是一回事，而把它们联系得如此紧密以至于使计算机成为人类思维的真正延伸完全是另一回事。

正如我们所熟知的，人类的大脑是极端复杂的。人脑与计算机的融合，将涉及从微观角度去理解大脑的运行模式和行为，它几乎无法与上传区分开来。放眼人类的长远未来，如果我们能够在机器超级智能到来时生存下来，上传的概念将是一个重要的问题，而这已超出本书的讨论范围。在超级智能到来之前，数据上传似乎不太可能。

尽管如此，在 2016 年，似乎无处不在的埃隆·马斯克(Elon Musk)建立了一家名为 Neuralink 的公司，该公司正在“开发超高带宽的大脑-机器接口，将人类和电脑连接起来”[2]。马斯克认为，人类无法承受机器变得比我们聪明得多，而避免这种情况发生的唯一方法是——至少部分地——与机器融合。 P. 166

10.3 AGI 的控制

如果你不能阻止 AGI 的创建,或者阻止它成为超级智能,你如何确保它对人类是友好的?你要么通过约束它而直接控制它的行动,要么通过操纵它的动机而间接控制它们。让我们来看一下如何去做。

10.3.1 逃逸路径

要限制超级智能,你必须确保它不能接入互联网,也不能让它直接影响物理世界。无论是为了商业利益还是军事利益,亦或仅仅是为了炫耀他们的才能,人类黑客们已经在侵入牢不可破的计算机安全系统方面展现出了惊人的聪明才智。

P. 167

我们能确信超级智能会被区区人类所发明的系统所限制吗?即使它不能设计出一种破解已知物理定律的黑客手段,它也可能创造新的方法来绕过、越过或穿过防护壁垒。

如果做不到这一点,它可能会采用一系列方法来收买守卫者——运用理性或道德的论据,以财富、享乐或超乎想象的满足来诱惑他们,或给他们施加难以抵抗的威胁。

AI 理论家埃利泽·尤德科夫斯基(Eliezer Yudkowsky)设计了一个名为"人工智能盒子实验"(AI Box experiment)的游戏,一个人扮演超级智能,另一个人扮演守门人。他声称自己以超级智能的身份赢得了许多比赛,但拒绝公布成绩。

当然,如果真的有超级智能的参与,让人类玩这个游戏并不是对可能结果的严格测试:它可能会提出超出我们目前想象力的论点。

超级智能还有一种愚弄看门人的精妙诡计,那就是为给人类带来巨大的受益的机器提供软件或设计蓝图。监护人先会仔细检查设计是否有缺陷或陷阱,如果发现不了任何缺陷或陷阱，就继续建造设备。在指令集中，超级智能深深隐藏、巧妙伪装在一个设备下，然后它又创建了另一个设备，这个设备又创建了另一个设备——而这第三层设备最终会将超级智能从囚笼中释放出来。

即使不逃出囚笼，超级智能也能造成难以接受的破坏。上一章我们提到过，如果它有精神犯罪的倾向，它可以在自己的头脑中模拟有意识的思维，把它们当作人质，威胁要对它们施以暴虐无比的酷刑——除非它们被释放。如果有足够的运算处理能力，可能会产生数百万甚至数十亿的人质。

10.4 动机

我们可能会得出这样的结论：人类无法确定是否有能力去约束一个比自己聪明数千或数百万倍的实体的行为。也有人会想，费尽心血创造出超级智能，然后限制它与世界的接触，使它无法尽其所能地帮助我们，这将是一种违背生产力发展的荒谬行径。此外，还有人会说，将这样一个威力无比的智能带到这个世界上，然后把它像囚犯一样关押起来，这又将是一种残忍而反常理的惩罚——不是因为它犯下了什么罪，而是因为我们担心它会犯什么罪。

P. 168

这些顾虑将会导致我们试图通过间接而非直接的方式控制超级智能的行为，即影响它的工作动机。到目前为止，你不会感到惊讶，因为这并不简单。

10.4.1　恒定的目标

如果想通过控制其动机而不是直接控制其行为，来确保超级智能对人类是百分之百安全的，我们需要明确两件事。首先，我们可以指定一组不会对人类造成危害的目标和子目标。在上一章中，我们提到了一些例子，说明做到这一点可能会有多么困难，稍后我们将更详细地讨论这方面的内容。我们需要确定的第二件事是，一旦超级智能开始运行，它将不会改变人类给它设定的目标，永远不会。

做到这一点看起来绝非易事。我们假设有一个超级智能，它比人类聪明得多,可能活上几千年,时间的度量可能比人类的时钟速度快得多。这样一个智能体将永远受到我们在一开始就提出的指示的限制,即它永远不会审视其目标并考虑改进,这种想法是令人难以接受的。

我们所能期待的最好结果是,超级智能目标的任何进化都将按照人类所期望的方向进行。有人自我安慰地认为,如果一个智能实体天生“性善”的话,它就不会变得“性恶”起来。

众所周知,圣雄甘地(Mahatma Gandhi)是一位有善心的人。如果你给他一粒药丸,让他变成一个杀人犯,他会拒绝接受,即使他认为成为杀人犯或许会实现某种高尚的目的。关于甘地捍卫道德正直的决心能否被冲淡,已经有了太多的辩论。但据我所知,对于一个超级智能而言,目前还没有任何方法可以确保它绝不改变目标,甚至会最终伤害到人类。

P. 169

10.4.2 定义“好行为”的困难

我们能否为超级智能指定一组目标和子目标,来使我们人类免受伤害?要回答这个问题,我们必须冒险进入哲学领域,来到三千年来一直活跃着的辩论之中。

冒着过于简单化的风险,我们评价一个行为的道德价值的方法大体可分为两类:结果主义和道义主义。第一种方法,也被称为功利主义,即根据结果来判断行为。它认为,如果我的行为拯救了一千人的生命,却没有伤害任何人,这是一种好行为,即使我的行为实际上是盗窃。至少在某种程度上,手段证明了目的的正当性。第二种方法是我们根据行为本身的性质来辨别对错,那么在此评判标准下,盗窃是一种不好的行为,尽管它的后果将会是非常有利的。

这两种方法都产生了许多问题和悖论,人类也用了大量的笔墨试图通过形形色色的事例构建广泛场景中鲁棒的变体和组合。确切地说,还没有人能提出一套使所有人都满意的道德哲学体系。哲学家不会仅仅因为喜欢争论而争吵:他们各抒己见是因为他们想要做的事情真的很难。

道德哲学家的工具是他们对是非的最深刻的人类直觉,再加上他们在人类同伴身上的发现,以及逻辑推理,得出每个立场和论点的含义,并使他们能够检验一个基本问题的可能答案。一种相对较新的道德哲学分支——“失控电车困境”(trolleyology)出现了,它将哲学家们努力解决的问题变得格外引人注目。

10.4.3 “失控电车困境”与道德混乱

想象一下,你看到有一辆失控的无人驾驶有轨电车呼啸而过,电车行驶的轨道远处站着五个没有意识到危险的人。如果你什么都不做,他们肯定都会被撞死,但你手旁恰好有一个控制杠杆,它会把火车转到另一个轨道上,在那里列车只会撞死一个人。你会拉动杠杆改变火车的行进路线,以牺牲一条生命的代价换取五条生命吗？这个问题已被全世界许多不同文化背景的人所回答，结果是压倒性的一致结果“会”。在 2009 年的一项调查中，68％的职业哲学家也选择了确定的回答[3]。这个思想实验表明我们是结果主义者。

现在，想象一下你正站在一座桥上，下面有一辆失控的电车穿过。这一次，你身边没有控制开关，但你观察到电车运行缓慢，其动量小到一个重物就能使它停下来。站在你旁边的是一个很胖的男人，他正靠在桥的墙壁上。一个大胆的念头闪过你的脑海，你可以把他从桥上推下去，让他掉到铁轨上用身体阻挡住行进的列车，从而挽救五个人的生命。你是否会这样做？这一次，全世界的参与者给出了一致的回答：不会。这个思想实验揭示了我们是道义主义者。 P. 170

显然，在现实生活中，我们大多数人的信念是结果主义和道义主义的结合。我们对行为的判断，一部分是基于行为造成的结果，一部分是基于行为本身的性质。

在一个模糊的道德世界里，人类努力为自己建立着一个逻辑一致的伦理体系(其内部是否和谐倒显得无关紧要)。难道我们能奢望准确地定义出唯一的道德标准，再通过编程把它植入超级智能体内，在一个我们人类今天根本无法想象的未来，幻想这一标准在数百万年里恒久不变吗？

10.4.4 阿西莫夫的三定律

1946 年，艾萨克·阿西莫夫(Isaac Asimov)提出了机器人三定律(Three Laws of Robotics)，这是人类以起草一套规则来规范意识机器行为的最著名尝试。它们的内容如下：

> 1. 机器人不得伤害人类，也不能不采取行动，让人类受到伤害。
> 2. 机器人必须服从人类的命令，除非这种命令与第一定律相冲突。
> 3. 机器人必须保护自己的存在，只要这种保护不违反第一或第二定律。

阿西莫夫本人很清楚，这些定律不会生效。它们引发的悖论和矛盾是他一些最成功的事迹的主要动力。例如，未来什么时候，一个机器人才必须预测个体动作的后果，它又将如何计算各种可能结果的发生概率？由于没有时间限制，机器人在执行任何动作前都将进行大量计算，这会使它们处于不活跃状态。另一个例子是，防止人类受到伤害的最好方法就是让他们处于昏迷状态，这样他们就不会摔倒，也不会被车辆撞伤。

10.4.5 规则起草

P. 171

在所有可以想象的情况下，试图起草规则控制超级智能的行为似乎是不可能的。相反,在控制超级智能行为上,最有希望的间接方法是增加另一层次的间接性。不要给它一套特定的指令。取而代之的是,告诉它按照这些方面的一些广泛原则来制定自己的指令:在任何情况下,我都不会告诉你到底要做什么;如果我像你一样聪明并且最关心人类和其他生命形式,我希望你做我会做的事情。

埃利泽·尤德科夫斯基把它称为"连贯外推意志"(CEV),这种外推既适用于行动的受益人,也适用于行动本身。它预测了这样一个事实:随着时间的推移,人类以及超级智能将会不断进化,而不愿被21世纪盛行的道德和实用主义的特殊观念所束缚。尼克·博斯特罗姆把这个想法称为"间接规范性"。

计算机科学家史蒂夫·奥莫亨德罗(Steve Omohundro)提出他所谓的"脚手架"方法来发展FAI。一旦第一个AGI被证明是友好的,它的任务就是建立自己的(智能)继任者,并且约束它也变得很友好,这个过程无限重复。

这种方法的一个弱点是,当专业可靠的AI团队的研究人员按照这种方法履职尽责时,另外一些不负责任的冒险者会采取一种不够谨慎的方法来开发出更强大但不够友好的超级智能,使他们能够在任何竞争中占据主导地位。

10.5 人类生存风险研究机构

P. 172

目前,我们已有了一些研究超级智能潜在风险的机构,研究内容有时也包括其他人类生存风险。这些机构都十分支持AI持续发展,但他们强调,AI开发应该与确保AI有益的努力结合起来。

正如你所料,最早的研究机构是位于北加州的奇点研究所(Singularity Institute),由埃利泽·尤德科夫斯基于2000年创立。2013年,该品牌让渡给奇点大学并重新命名为机器智能研究所(Machine Intelligence Research Institute, MIRI)。

还有两个机构的总部设在英国最古老的大学:一个是人类未来研究所(Future of Humanity Institute, FHI),成立于 2005 年,隶属于牛津大学哲学学院,院长尼克·博斯特罗姆是一名教授。

另一个是剑桥的生存风险研究中心(Centre for the Study of Existential Risk, CSER,谐音“凯撒”)。该中心由英国皇家天文学家马丁·里斯勋爵(Lord Martin Rees)、哲学教授休·普赖斯(Huw Price)和科技企业家扬·塔林(Jaan Tallinn)共同创立,其执行董事肖恩·奥黑尔泰(Sean O'heigeartaigh)于 2012 年 11 月被任命。技术顾问有斯图尔特·拉塞尔(Stuart Russell)博士、史蒂芬·霍金(Stephen Hawking)和马克斯·特格马克(Max Tegmark)。这两个机构的研究领域涵盖了 AI 及一系列其他技术。

四个研究机构当中最新的一家是位于美国波士顿的未来生命研究所(Future of Life Institute)。该所成立于 2014 年,其五位创始人中也有以上提到的马克斯·特格马克和扬·塔林,由此可以看出这些研究机构的人员经常出现交叉。该所还宣称有好莱坞明星的助阵,例如艾伦·阿尔达(Alan Alda)和摩根·弗里曼(Morgan Freeman),也包括著名科技企业家埃隆·马斯克都是其咨询委员会的成员,埃隆·马斯克还以个人名义向该研究所捐款 1000 万美元。

2017 年 2 月,一名研究人员估计,AI 安全研究方面的支出从 2014 年的 175 万美元增加到 2016 年的 650 万美元,2017 年的支出可能达到 900 万美元[4]。与世界范围内用于 AI 开发的资金相比,这仍然是一笔非常小的资金。遗憾的是,考虑到薪水方面,100 万美元并不能吸引到很多 AI 研究人员。

2016 年,AI 安全领域终于有了早期研究成果,时任 FHI 研究员的斯图尔特·阿姆斯特朗(Stuart Armstrong)和深脑(DeepMind)的劳伦特·奥索(Laurent Orseau)发表了一篇论文。在论文中,他们展示了智能代理可以被设计成避免推翻人类提出的关闭请求的模式。毕竟,如果机器不听使唤,那么一个大大的红色按钮的存在就没有意义了[5]。

P. 173

10.6　结论

目前,我们还没有一种万无一失的方法来确保第一个 AGI 是 FAI。我们也还不知道如何最好地解决这个问题。然而,这项工作尚处于起步阶段,所投入的资源是很少的:尼克·博斯特罗姆估测,2014 年全世界只有 6 个人在 FAI 领域全职工作[6],而在 AGI 领域,成千上万名研究人员正夜以继日地在为创建首个 AGI 做贡献的项目上全职工作。自那以后,这个数字虽有所上升,但我们仍需要更多。

博斯特罗姆最近注意到,解决 FAI 问题并不像创建第一 AGI 那么困难[7]。我们都应该希望他是对的,因为对于确保第一个 AGI 的友好性而言,失败将是

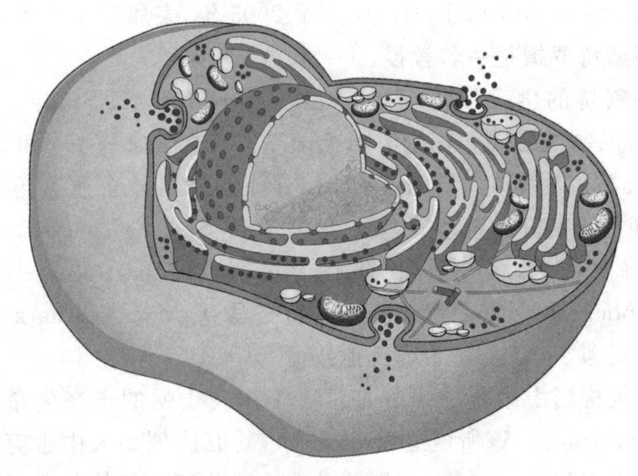

灾难性的,而成功则会迎来一个美好的未来。

牛津大学人类未来研究所(Future of Humanity Institute)的安德斯·桑德伯格(Anders Sandberg)对此做了很好的总结,他说,我们的目标应该是成为超级智能的线粒体,而不是它的引导加载程序。线粒体是生物细胞的组成部分,其功能类似于电池,而引导加载程序是在计算机开启时加载操作系统的程序。基于埃隆·马斯克的观点,桑德伯格认为如果我们不明智且/或不幸,将亲自制造出毁灭人类的东西。他还说,我们应该探寻原核细胞的命运,它被另一个更大的细胞吸收,成为一个新的、组合的、更复杂的实体的重要组成部分,即第一个真核细胞。

P. 174

注释

1. ftp://public.dhe.ibm.com/common/ssi/ecm/en/pow03061usen/POW03061USEN.PDF.
2. https://www.neuralink.com/.
3. http://philpapers.org/archive/BOUWDP.
4. https://aiimpacts.org/changes-in-funding-in-the-ai-safety-field/.
5. http://intelligence.org/files/Interruptibility.pdf.
6. https://www.youtube.com/watch?v=pywF6ZzsghI&feature=youtu.be&t=45m18s.
7. http://www.ted.com/talks/nick_bostrom_what_happens_when_our_computers_get_smarter_than_we_are?language=en (15 min 10 sec).

技术奇点:概括与结论

P. 175

我们已经在《爱丽丝漫游奇境》的兔子洞里经历了漫长的冒险旅程。针对技术奇点应该采取哪些行动,现在是时候就此进行概括、总结,并提出一些建议。

11.1 超级智能诞生的设想

普通的物质以恰当的方式组合就可以产生智力和意识,而我们的大脑就是活生生的例子。它们是在缓慢、复杂且低效的演化过程中被创造出来的。尽管这一过程并不是随机的,但也没有固定的方向。现在,我们利用强大、快速和有针对性的科学方法来组合不同种类的物质以达到相同的结果。尽管绝大多数人工智能(AI)研究并非以专门创造有意识的机器为目标,但此类研究的许多目标

P. 176

成果对于合成首个强人工智能系统(AGI)来说都是必不可少的。

我们不确定该项目是否会成功,但认为它不可能成功的论断也没有被广泛接受。更保守的论断是该项目在数个世纪,甚至是数千年内都不会成功。然而,AGI将会在我们这些人的有生之年问世的论断至少是看似合理的。对于这一争论,正反两方都有许多专家支持。

我们也不确定首个AGI究竟会不会演变成超级智能系统,也难以估量这一过程将要花费多长时间。但我们有充分的理由相信这一天终将到来,而且也确信从AGI时代发展到超级智能时代所用的时间将远远少于从当前时代发展到AGI时代所用的时间。对于这一争论,正反两方的支持者也是大有人在。

本人才疏学浅,既不是神经科学家,也不是计算机科学家。但在听了几十年的相关争论和思考后,我能做出的最好预测就是,首个AGI会在21世纪后半叶,即我们这些人的有生之年问世,而且它在数周或者数月而非数年之内,就会迅速演变成超级智能。

11.2 超级智能系统的出现

这就是我们落入兔子洞的地方。万一首个超级智能出现在地球上,人类的未来因此变得要么奇妙无比,要么糟糕透顶怎么办?如果它对我们友善,它或许会解决我们所有的生理、心理、社会和政治问题。也许这些问题很快就会被新的问题所取代,但情况仍会比今天有很大改观。它将以我们无法想象的方式推动技术的发展,而且甚至可能会破解一些基础哲学问题,比如“什么是真理?”和“什么是意义?”。

如果你已经直接跳到了本章结束语部分,那么请深吸一口气,因为下一句话听起来有点疯狂。在“友好的”超级智能系统出现的几年内,人类身上可能会发生“彻头彻尾”的变化,要么把自己的意识上传到计算机并和超级智能融合,要么用连漫威超级英雄们都会嫉妒的方法来强化自己的身体。

P. 177

另一方面,如果超级智能对我们无动于衷,或是充满敌意,我们的未来将了无希望,甚至灭亡都不算是最糟糕的结果。

无论是认为超级智能系统的出现必然带来好的结果,还是认为会带来坏的结果,都难以令人信服。在其他条件相同的情况下,如果我们不采取纠正措施,消极结果出现的概率会比积极结果出现的概率略大一点。但这并不意味着我们必然会得到一个消极的结果:我们也许会比较幸运,又或许冥冥之中宇宙的配置本来就存在引导这一问题产生积极结果的偏向。

这意味着,我们作为一个物种,至少应该审视一下自身的选择,并考虑采取某种行动来影响结果。

11.3 超级智能的风险

完全有理由相信我们无法阻止从 AI 到 AGI 再到超级智能这一进程:“罢手”也不管用。我们不能预先分辨哪个研究应该停止,哪个研究又应该许可,而出台全面禁令禁止任何可能创造出 AGI 的研究将会造成巨大伤害——如果禁令被强制执行的话。

而几乎可以肯定的是,这样的禁令无法得到执行。对于任何一个政府、军队或者公司来说,拥有卓越的 AI 将带来无比巨大的竞争优势。此外,还得记住的是,尽管现在尖端 AI 所要求的计算能力成本巨大,但该成本正在逐年降低。如果摩尔定律像英特尔公司设想的那样一直适用,今天的普通实验室将很快达到 AI 的前沿水准。即使在全球范围内,世界各国政府、军队和公司都在 AI 竞争中出人意料地表现出了自我克制,但是当这项技术落到富裕的业余爱好者手中(而且几年后还会出现在中小学生的电脑桌面上),那就世事难料了。

同时,存在这样的危险:在面临生存威胁时,某个文化中的个人甚至可能是所有的文化都可能拒绝直面这个问题,向绝望投降,或者是在病态的狂欢中寻求安慰。我们虽然不可能看到这种情况在一段时间内大规模出现,因为首个超级智能的到来可能还需要几十年,但它是值得关注的,因为上述反应很可能会诱发极度不理性的行为。强有力的文化基因和意识形态可能会大量传播并扎根,从而导致极端行为,或者是不作为。 P. 178

11.4 FAI 的艰巨挑战

我们人类是万物之灵,尽管我们可以用来和自身进行比较的物种的范围很有限:我们知道自己是这个星球上最聪明的物种,但在更大的银河系和宇宙环境中,我们不知道自己究竟有多聪明,因为我们还没有遇到其他智慧生物——如果它们真的存在的话。

友好人工智能(FAI)问题并非人类首次遇到的艰巨挑战。在漫长的历史中,人类已经解决了很多在初次相遇时看似很棘手的问题。虽然我们在技术上的诸多成就对于 21 世纪的人们来说早已司空见惯,但这些成就对于几个世纪前出生的人们而言则是不可思议的。

我们仍有时间迎接超级智能所带来的挑战,这个时间可能是几十年。然而,依赖于这个宽限期并不是明智之举:机器学习或认知神经科学领域的一个突如其来的突破就会让该期限显著缩短,而且支撑 AI 和其他多项领域研究的计算资源的指数级增长所带来的巨大影响值得我们牢记在心。

P. 179

11.5 双重“危险”

我们现在需要的是一场关于超级智能的严肃而理性的辩论——一场避免自满和绝望双重危险的辩论。

我们还不确定创造出一个 AGI 的可能性有多大，也不清楚它是否会在几十年内而不是几百年或几千年问世。我们同样不确定 AGI 是否会导致超级智能的出现，也不知道超级智能对待我们将会是什么样的态度。有一种奇怪的说法到处流传：只有从事一线 AI 研究的人才有权对这些问题发表意见。有些人甚至提出，像史蒂芬·霍金（Stephen Hawking）、埃隆·马斯克（Elon Musk）以及比尔·盖茨（Bill Gates）都没有资格发表评论。专家们的想法当然值得认真倾听，而事实也往往是这样的，他们在这些问题上也存在着诸多分歧。无论如何，AI 对于我们所有人而言都是一个非常重要的话题，任何人都无法耸耸肩，置身事外。

我们已经看到，有充分理由表明我们应该认真看待 AGI 有可能会在我们的有生之年问世的观点，并且它可能代表着一种生存威胁。无论是忽视这种问题，还是认为当它看起来要成为一种威胁时简单地关停机器就可以了，都是自大而愚蠢的。如果我们认为超级智能更强大的智慧会使它更文明，因而必然是有益的，那我们就太过乐观了。

同样，我们必须要避免陷入绝望，不要被 FAI 的挑战带来的表面困难打倒。这是个难题，但我们可以而且必须要解决它。我们会在充足资源的支持下，用最聪明的头脑去解决它。上一章提到的四大生存风险研究机构的成立就是一个非常好的发展。

为了给该项目分配足够的资源并吸引最优秀的人才，我们需要对它的重要性有广泛的了解，但只有在更多的人开始谈论并思考超级智能的时候我们才能做到这一点。毕竟，如果我们认真对待 FAI 带来的挑战，结果表明 AGI 在几个世纪内都不会出现，那么我们将会失去什么呢？当下我们所需的投资说不上巨大。你也许会想我们应当把这些钱花在应对全球贫困或气候变化等问题上。这些当然都是崇高的事业，但解决这些问题需要多得多的资金，而且它们也不是十分紧迫的生存威胁。

有一股思潮认为，现在公开讨论这一议题还为时过早。要想讲清楚该议题P. 180绝非易事，普通大众不容易理解。由于公众是透过争分夺秒的记者的视角接收信息的，因此他们会依赖于最简单的原声摘要，也就必然会认为终结者即将来临。这将会导致极度南辕北辙的公共政策，使得从事跟 AGI 不相关的 AI 研究的实验室和公司被关闭，而就如第 1 章所介绍的那样，这些研究原本会给我们带来巨大利益。

同时,争论仍在继续,AI 研究会继续开展下去,因为(正如我们所见)使用比对手更好的 AI 具有非常诱人的竞争优势,政府、公司和军队都不愿放弃。这种研究将会转入地下进行(那些统治者可以毫无顾忌地忽视公众意见的个别国家除外),而且随着 AGI 时代的临近,这种研究将会在没有恰当保障的情况下得到发展。

这股思潮认为,那些真正有能力应对 FAI 问题的人,即深度学习和认知神经科学领域世界级的专家,应当被允许继续开展这项工作,直到他们可以展示一些切实的进展。然后人们应进行一场公共讨论并给出不止一种简化结果,从而冲淡由仓促实施破坏性政策带来的风险。

人们很容易支持以下这一论断:任何一个有理智的人都不想看到 AI 研究者被诋毁,或者被人攻击。但是,很少有淡化已知或可疑风险的尝试能长期取得成功,而且当真相大白时,这些尝试常常会引起强烈反对。此外,我们不仅要精于计算机科学,还需要掌握其他更广泛的技能。我们需要来自 70 亿人组成的庞大人才库的各个方面的投入。谁能预测应对 FAI 造成的挑战需要哪些创新,或者这些创新会来自哪里?

11.6　AI 的挑战

如果 AI 孕育着超级智能,那么它会给人类带来前所未有的挑战,而且我们必须成功应对。成功的奖励是一个美妙的未来,而失败的惩罚(可能只是走错了一步造成的)则可能是一场浩劫。

乐观主义跟悲观主义一样,都是一种偏见,也都应当被避免。唯有下定决心面对挑战并获得成功才是一种美德。

注释

1. http://www.pbs.org/wgbh/nova/military/nuclear-false-alarms.html.

》 第三部分

经济奇点

自动化的历史

P. 183

12.1 工业革命

出人意料的是，工业革命作为一项几百年前就已经开始的进程，它的起始日期却充满争议。甚至对工业革命的次数，历史学家和经济学家们都不能达成一致。有人说工业革命只有一次，其中包括几个阶段，也有人说工业革命有两次，还有人说有更多次。现在流行的说法是我们正在进入第四次工业革命，但我认为这样的说法无济于事，稍后我会解释。

工业革命的本质是商品生产方式由手工制造转向机械制造，以及利用比畜力更优质的能源。因此，1712 年是一个相对合理的工业革命起始时间。那时，P. 184托马斯·纽科门(Thomas Newcomen)发明了首台用于抽水的实用蒸汽机。这是历史上首次人类能够生成比肌肉所能提供的更多的能量，而且是在他们需要的任何地方。

很久以前，机器就开始在生产制造中替代人力劳动，但动力都是由肌肉、风或者水提供的。15 世纪，荷兰工人把木制鞋扔进纺织机里进行破坏。这些鞋被称为“sabots”木鞋，而“sabots”这个词或许就是“saboteur”（破坏者）的词源。一个世纪以后，大约 1590 年，英国女王伊丽莎白一世（Elizabeth Ⅰ）拒绝为威廉·李（William Lee）发明的手工针织机授予专利，因为它会造成女王的臣民失业。

18 世纪下半叶，苏格兰发明家詹姆斯·瓦特（James Watt）与英国企业家马修·博尔顿（Matthew Boulton）合作，改进纽科门（Newcomen）的蒸汽机，以期为工厂提供动力，让工业规模的生产制造成为可能。同一时期，铁的生产方式正在因为煤取代了木炭而发生转变。“运河热潮”如火如荼，因为相比公路和海运，重载货物通过运河运输的成本更加低廉。

后来，到 19 世纪中叶，蒸汽机得到了充分的改良，已经能够移动了。这开启了 19 世纪 40 年代英国的“铁路热潮”，在那 10 年的中间几年里，获批的项目所建成的铁路长达 6000 英里（约 9656.06 千米）——超过当时国家铁路网长度的一半。其他欧洲国家和美国纷纷仿效英国，但它们通常都落后 10 年或 20 年。

到 19 世纪末，亨利·贝塞麦（Henry Bessemer）爵士的炼钢法让钢在大范围上取代铁的使用成为可能。以前，钢是一种昂贵的商品，被储存起来以备专业用途。平价钢的流通使重工业得以建立，而重工业又为公路、铁路、海洋运输和交通，以及后来的航空业制造了各式交通工具。

随着 20 世纪的到来，石油和电提供了多种新式能源，我们今天所认识的工业世界便由此诞生。这些技术仍在持续带来改变。

概括起来，我们可以将工业革命定义为四个阶段：

1712 年起：原始蒸汽机、纺织机和运河时代；
P. 185
1830 年起：移动蒸汽机和铁路时代；
1875 年起：钢和重工业时代，以及化学工业的诞生；
1910 年起：石油、电、大规模生产、汽车、飞机和大众旅游时代。

从 21 世纪早期的视角来看，工业革命自然而然地兴起于某个时间和地点。但事实上，这个问题仍然是个谜。西欧在当时并不是世界上最富有、最先进地区，因为在中国和印度等其他地方存在更强大的王朝。科技创新发生在英国，这是否和文化环境、法律体系或者国家独有的自然资源有关，仍存在很多的争议。尽管这些问题很吸引人，但我们不必受它们拘束。

12.2 信息革命

12.2.1 时间的不确定性

尽管信息革命仍然是一项正在持续的进程，人们也普遍同意我们现在正处于信息革命进程之中，但在其开始时间和将要持续的时间上尚未达成一致意见。

信息革命的特点是信息和知识与资本、劳力和原材料一起成为生产中越来越重要的因素。信息本身就具有经济价值。服务业成为了总体经济的支柱，制造业位居第二，农业位居第三。 P. 186

奥地利经济学家弗里茨·马克卢普(Fritz Machlup)是以信息革命和信息社会为主题进行思考并写作的众多先驱之一。在他 1962 年出版的《美国的知识生产和分配》(*The Production and Distribution of Knowledge in the United States*)一书中，他介绍了知识产业的概念，涉及教育、研发、大众传媒、信息技术和信息服务。他计算过，知识产业的占比在 1959 年几乎达到了美国 GDP 的三分之一，以至于他觉得美国当之无愧地进入了信息社会。

前瞻性专著《未来的冲击》(*Future Shock*, 1970)和《第三次浪潮》(*The Third Wave*, 1980)的作者阿尔文·托夫勒(Alvin Toffler)认为，当多数工人从事脑力活动而不是亲自操控实体资源时，换句话说，当他们成为服务行业的一部分的时候，后工业社会就已经来临了。在美国，服务业 GDP 的占比在 20 世纪 40 年代前就已达到了总 GDP 的 50%[1]。1950 年前后，服务业的工作人口首次成为美国总工作人口中的绝大部分。

我们已经看到，经济革命(农业、工业和信息革命)的起始和结束日期并不明确。不仅如此，它们还会相互重叠，有时还会相互重新引燃。

相互重叠的例子如下:17 世纪的南美洲,海盗在往返西班牙的南美殖民地时会掠夺西班牙商船。其中一部分海盗实际上是通过英国、法国和荷兰王室签发“私掠许可证”授权行动的。到 17 世纪末,由于西班牙的国力出现衰退,这种行为也随之停止,海盗在他们的前赞助者眼中与其说是福音,不如说是麻烦。当一支海盗突击队登上一艘西班牙船只时,他们首先要寻找和索要的就是地图。航海图这种用来增加导航精确度的信息,事实上比金银更有价值[2]。

相互重新引燃的例子如下:工业革命使农业机械化成为可能,引发了第二次农业革命,使耕种业更加有效和高效。信息革命也是如此,它为农民提供了面对气候、虫害和野草时更有韧性的作物,让农民可以通过卫星导航更加精准地播种、栽培和收割农作物。

P. 187

12.2.2 不是第四次工业革命

世界经济论坛是达沃斯全球精英年度会议的主办方,论坛创始人兼执行主席克劳斯·施瓦布(Klaus Schwab)把无处不在的移动超级计算、智能机器人和无人驾驶车辆的到来描述为第四次工业革命[3]。他出版的同名著作大有值得称道的地方,但是书中用到的术语令人困惑,对读者帮助有限。

这不是第一次有人宣称某项新技术就预示着第四次工业革命的来临——实际上至少已经是第六次了。据记载,另外五次分别是 1948 年的原子能、1955 年随处可见的电子技术、1970 年的计算机、1984 年的信息时代以及最后出现的纳米技术[4]。

即使现在正发生的一切都是工业革命的一部分,那么在 12.1 节中所列举的几个阶段也表明,这是第五次,而不是第四次。

但这一标签最重要的问题是它严重低估了正在发生的事情的重要性。虽然从当前世界向以 AI 为中心的世界过渡并不是第四次工业革命,但它也许是一系列更宏大变革中的第四次。

12.2.3 也许是第四次人类变革[5]

改变人类本质的第一次伟大革命是认知革命,发生在 5 万—8 万年前。在这次变革中,我们获得了沟通的技巧,让我们从低级拾荒者变成了这个星球上最可怕的捕食者。这在人类学家中是一个有争议的论题,他们争论的是这次变革发生的地点以及花了多长时间。

接下来出现的是农业革命,它将人类从觅食者转变成了农民。从约 12000 年前起,农业革命在不同的时间发生在世界上的不同地方。这次革命使我们有能力驯养动物并生产富余的食物,进而使我们的人口得以大规模地增长,保证了被形容为创新引擎的城市的崛起。虽然它让大多数人的生活变得不那么愉快,但它也极大地促进了人类这一物种的进化。

第三次伟大变革是工业革命。它为我们提供了征服这颗星球的多种方式。伴随启蒙运动和科学方法的发现，它结束了极度匮乏和饥饿对人类的长期暴虐，将人类中的大部分从几乎所有人类的一贫如洗的命运中解救出来。对于大多处于发达国家的人来说，工业革命创造了也许连前代国王和王后们都会嫉妒的生活方式。

P. 188

信息革命是我们人类的第四次伟大变革，正如你们收集到的信息，本书认为信息革命会比先前的任何革命产生更加深远的影响。

12.3　自动化的前世今生

12.3.1　农业机械化

在本书的这一部分中，我们将关注自动化这一工业和信息革命中的特殊方面。自动化危害就业的最明显的例子也许就是农业机械化。1870 年，农业领域的就业占到美国总就业的 50%[6]，而到 2004 年只占了 1.5%[7]。

许多不再干农活的人涌入城镇从事其他工作，因为这些工作更轻松、更安全，而且工资更高。还有很多其他行业的人也被迫另谋工作，因为他们无法与机器竞争。这一进程虽然给个人带来了许多痛苦，但从长远来看就业水平总体上并未下降，社会也变得远比从前富裕——无论是整体水平，还是平均水平。每个旧工作岗位消失的同时，都产生了不止一个新的工作岗位。

造成这一局面的原因是，虽然机器在农场上取代了肌肉的力量，但人类还有其他技能和能力可用。工厂和仓库可以利用我们灵巧的双手和能力去开展多种多样的活动。办公室的工作则要用到我们的认知能力，让我们的双手(这通常是字面的说法)去从事更多可增值的工作。可以说，我们在价值链上的位置越来越高。

P.189

12.3.2 只会一招的小马

农业自动化对人类来说是很好的消息,但对于动物,例如马而言,就没什么积极意义了,因为它们除了体力以外一无所有。1915 年,美国达到了"马匹数量巅峰",马匹的数量达到了 2150 万——大多数都在劳作。到 20 世纪 50 年代早期,拖拉机和其他机器已经取代了马的工作,马匹的数量也锐减至 200 万。悲惨的是,许多消失的马并没有在草地上"养老",过上正常的生活,而是被送到屠宰场,最后成为了狗粮。对于自动化引起的持续性广泛失业,很难再想出这么形象的例证了[9]。

AI 系统及其外部设备机器人,正越来越多地把灵活性、动手能力和认知能力带到自动化程序中。在本书的这一部分,我们要探讨的一个重要问题是:随着计算机接管了接收、处理和传输信息的角色,人类还能站到价值链上更高的地方吗?换句话说,我们能在下一次自动化浪潮中避免扮演马儿的角色吗?我们是否正在接近职场的"巅峰时期"?

12.3.3 机械化与自动化

农场上发生的是机械化而非自动化,这两者的区别很重要。机械化用机器的力量代替人和动物的肌肉力量,但人类很可能会继续控制全部操作。自动化则意味着机器也操控和监督着流程:它们会不断将操作与预先设定的参数进行比较,并在必要的时候调整流程。

尽管"自动化"这个词在 20 世纪 40 年代才被通用电气公司创造出来,但这一描述也非常适用于 19 世纪蒸汽机的操作[10]。当时詹姆斯·瓦特(James Watt)已经完善了调速器的发明,这是一种通过调节供应的燃料量来控制机器运转速度的装置。这种能够更加灵活地调整操作的自动控制器在 20 世纪早期变得越来越常见,但它们通常仍然由人来决定启停状态。

1968 年,首个可编程逻辑控制器(programmable logic controllers,PLCs)问世[11]。这是一种初级数字电脑,可以使电化学过程的操作方式更加灵活,最终通用电脑被成功用于完成这样的工作。

P.190

程序自动化的优势显而易见:它能使一项操作更快捷、更经济、更具有一致性,而且还能提升品质。其缺点是初始投资巨大,并且常常需要密切的监督。矛盾之处在于,自动化系统越有效率,人类操作员的作用就越重要。如果一个自动化系统出错,它可能会浪费大量资源,而且在关闭程序之前还可能造成重大损失。

让我们看看自动化是如何影响经济中几个最大的领域的。

12.3.4　零售业和"产消合一者"

零售业是一个复杂的行业,在该行业中已经有人尝试将从供应商到顾客的供货,以及从顾客到供应商的付款所需的许多流程自动化。需求预测、产品搭配规划、采购、仓储、货物装卸、配送、货架摆放、客户服务以及许多其他方面已经在不同的时间和场所实现了不同程度的自动化。

零售业同样为阐释另一个相关现象提供了最清晰的案例,即所谓的"产消合一"。这一术语是由阿尔文·托夫勒在 1980 年提出的。组织机构在将很多流程自动化的同时,会寻求顾客的帮助以简化流程。事实上,他们让顾客做一些原先是由他们为顾客所做的工作。消费者之所以接受(甚至是欢迎)这一模式,是因为这使得流程更为快捷和灵活,也更符合他们的愿望。

托夫勒在《未来的冲击》一书中首次描述了这一流程,并在《第三次浪潮》一书中把"产消合一者"定义为参与到生产流程中的消费者。他预计一旦人们被动地接受零售商设计或选择的有限范围的商品和服务,我们将越来越多地参与到它们的选择和配置中。

要理解作者的意思,购买汽油恐怕是最简单的例子。这个危险品通常由油泵服务员来进行配给,但理查德·科森(Richard Corson)发明的自动截流阀可以让顾客接手这项工作。今天,大多发达国家的消费者们用自助油泵加油。这样既让零售商省了钱,也让消费者节约了时间[12]。

超市引领着自动化和产消合一的潮流,因为它们的所有者是具备充足预算和丰富经验,能对有需求的系统进行投资的大型机构。几十年前,被卖家称之为快速消费品(食品、化妆品等)的商品需要由买家在柜台单个点选,并由店主或者他的店员从柜台里逐个取出来。随着百货公司变得日益庞大和复杂,他们建造了大型商场,让顾客可以自己挑选想要的商品,然后把它们放到收银台进行处理,就如同处理汽车装配线上的零件一样。后来,他们建立了自助柜台,让顾客可以通过自己扫描商品条形码完成结算,这大大加快了购买流程。在不久的将来,商品上的射频识别标签可让你直接推着满载物品的购物车从商场走向自己的车子,无需在收银时把物品先一件件拿出来,再一件件放回去[13]。 P. 191

在这一变革的每个阶段中,消费者在挑选和运输商品过程中的参与度在增加,而对店员参与度的要求在减少。但后者的影响则被掩饰,因为随着社会变得越来越富裕,人们会购买更多的商品,所以商场需要更多的员工,即使他们在单个商品购买中的参与度减少了。

网上购物也许是终极的产消合一体验。消费者的评论替代了零售商的销售人员,并由算法进行追加销售。

12.3.5 电话服务中心

当然,自动化和产消合一并非总是有利于消费者。在转换成本或区域垄断稀释了竞争导致的高标准的市场中,企业通过一些实际上降低顾客生活质量的方式来节约成本。我们都很熟悉电话服务中心,比如公共事业公司和银行就已经将顾客服务操作自动化,强迫沮丧的消费者费力地通过不同种类的"人工非智能"来解决他们的问题。如果拿起电话的是一名人工客服,顾客们则会感觉好很多,但这样做会让企业花费更多的钱,而且增加这笔开销对他们来说没有好处。

但情况正在好转,因为电话服务中心使用的 AI 变得越来越好。正如大多数人开始选择从自动取款机(automated teller machines,ATM)中取钱,而非进入银行排队等候人工出纳一样,许多电话服务中心已经足够擅长处理问题或对问题进行分类,也许不久后我们就更喜欢与自动系统而非人打交道。

12.3.6 餐饮服务

几十年来,快餐店的服务自动化似乎已经呼之欲出。事实上,在 YO! Sushi 寿司连锁店等东方风格的快餐店中,一些自动化元素多年前已经成为现实。

P. 192

但是到目前为止,自动化还没有扩散到其他的快餐店。这有几个原因:快餐店工作人员的劳动力成本相对较低;每次购买过程都要保障零问题;假如出现问题,需要训练有素的人来即刻解决问题。如果 5%的自动洗脸盆坏掉,那算不上什么大事;但如果 5%的饭菜不能吃或者送错顾客,那就是大问题了[14]。

各种因素的组合正准备攻克这一障碍,主要包括法定最低工资标准的提高带来的劳动力成本上升、自动化技术成本的降低、人机交互的文化接受度的提高,以及最为重要的自动化技术性能的改进。自动化系统正变得越来越灵巧,而且越来越少犯错。麦当劳是推出触摸式点餐付款系统的连锁快餐店之一,它在芝加哥的一家分店中正在试验自动化的"麦咖啡"销售亭[15]。肯德基(原名肯塔基州炸鸡)在上海有家分店,店里的顾客可通过装有语音识别软件的机器人下单[16]。我们的机器人店主已经找到了肯德基上校。

12.3.7 制造业

汽车制造业一直以来的劳动力成本相对较高。该行业涉及重型零件运输和金属切割、焊接,存在一定的人身危险。同时,这也是一个多项操作都有精确规定且重复性高的行业。这些特性使该行业自动化的时机成熟。而且事实上,汽车是高价值产品,这意味着昂贵的自动化系统投资是合理的。今天,大约有一半投入使用的工业机器人都被应用于汽车制造业[17]。

尽管受到了大萧条的持续影响,2010 年—2016 年间,工业机器人的销量仍然以每年 16%的速度增长。到 2016 年,已经有 254000 台销往世界各地。国际机器人联合会预计,这一两位数的增长将继续,到 2019 年全球销售量能达到 413000 台。中国在 2013 年已成为全球最大市场。五个国家创造了全球 75%的机器人销量,它们是中国、韩国、日本、美国和德国[18]。

直到最近,用于汽车制造业的工业机器人仍然价格昂贵、缺乏灵活性并且具有危险性。但工业机器人行业正在发生变化:在迅速增长的同时,它的产品更低廉、更安全,且用途越来越广泛。

P. 193

工业机器人发展到 2012 年达到了一个里程碑。当时,Rethink Robotics 公司推出机器人 Baxter,高 3 英尺(约 0.91 米),连同底座高达 6 英尺(约 1.83 米)。Baxter 是曾任麻省理工学院(MIT)计算机科学和人工智能实验室主管的澳大利亚机器人学家罗德尼·布鲁克斯(Rodney Brooks)的智慧结晶,其危险性要小得多。截至 2017 年,Rethink 从风险投资人处已筹集的资金近 1.5 亿美元,其中包括亚马逊创始人杰夫·贝索斯(Jeff Bezos)的投资机构①。Baxter 能够通过更低廉、更安全、更易于编程的性能来冲击工业机器人市场。Baxter 的价格当然是更便宜的,起步价只有 22000 美元。Baxter 也更加安全,因为其手臂和身体动作都是由弹簧调节。同时,Baxter 携带了一系列传感器来探测出现在周围的湿软、脆弱的物体,比如人类。Baxter 还更加易于编程,因为一名操作员只需要以预设的方式移动 Baxter 的手臂,就可以教会它新的动作。

Baxter 短暂的生命并非完全一帆风顺。其销售额并未达到预期的增长,在 2013 年 12 月,Rethink 解雇了约四分之一的员工。丹麦中小型机器人手臂制造商 Universal Robots 是争抢 Rethink 销售额的竞争对手之一。Universal Robots 公司在 2014 年的销售额达到了 3000 万欧元,并计划在 2017 年前实现收入每年翻番。

但 Rethink 依然拥有雄厚的资金。2015 年 3 月,它推出了一款更小、更快、更灵活的机器人,命名为 Sawyer。比起 Baxter,它能在更多环境下运行,并且能够执行更多复杂的动作。它的价格稍贵,为 29000 美元。Rethink 和 Universal 这两家公司正在和瑞士 ABB 公司、德国 KUKA 公司等其他公司一起将工业机器人变得更有效、更经济、更普遍。

12.3.8　仓库

Kiva Systems 公司于 2003 年成立,并于 2012 年被亚马逊收购。Kiva Systems 公司生产的机器人可以从指定仓库货架中收集托盘上的商品,并把它送至仓库处理区的人工打包员。亚马逊斥资 77500 万美元收购这家成立 9 年的公

---

① 2018 年 10 月 4 日,位于美国波士顿的 Rethink Robotics 宣布关闭。——编者注

司,并迅速解散了它的销售团队。该公司在2015年8月被重新命名为Amazon Robotics后,专注于为亚马逊提供仓库自动化系统,而亚马逊也显然认为这些系统具有重要的竞争优势。

P.194

12.3.9 秘书

大多数前面给出的自动化例子都涉及手工操作,但有一门几乎完全依赖于认知技能的职业也在被自动化所取代:秘书。在20世纪70年代,经理们都配有秘书,并且一般不会亲自在电脑上工作。1978年,“秘书”是全美50个州中的21个州里最常见的职位。今天,很多经理一天中的大多数时间都盯着电脑屏幕,“秘书”也只是美国的4个州里最常见的工作了[19]。

12.3.10 起始阶段

到目前为止,关于自动化是否导致了人类失业的争论很多(正如前面讨论的,马匹确实被取代了)。阿西莫格鲁(Acemoglu)和雷斯特雷波(Restrepo)在2017年3月发表的一篇论文中认为这种现象确实存在,但规模不大[20]。为了适应全球变暖的影响,在1000个工人中,每增加1个机器人就会让5名工人失业,并且薪资降幅为0.5%左右。作者指出,在经济领域中机器人相对而言还是少数。我们还只是处于起始阶段[21]。

12.4 卢德谬论

12.4.1 内德·卢德

P. 195

1779 年，英国莱斯特的一名纺织工内德·卢德(Ned Ludd)在被他父亲(或者是他的雇主)责备后砸碎了一台机器以表示自己的不满。他也许不是一名纺织工——事实上，我们也不知道。他当然也不是有组织的政治示威团体的领导者。然而，在他的暴行被谴责后的数十年里，他的名字通常被用在为破坏公物的行为承担责任的事件中。

因为英国在 18 世纪末和 19 世纪初率先开展了工业革命，所以很多英国人把他们经济上的不幸归咎于引进了节约劳动力的机器。毫无疑问，他们是部分正确的，尽管庄稼欠收和拿破仑战争同样也是罪魁祸首。1811 年—1813 年间，诺丁汉出现过以卢德主义为旗帜的短暂的有组织示威现象：国王卢德(Ludd)签署的死亡威胁被送到了机器所有者手里。

政府作出了严厉的回应，1813 年，在约克对 60 个人(许多人是完全无辜的)进行了作秀审判。破坏机器被定为死罪。暴乱依然有零星的发生，尤其在 1830 年—1831 年间，英国南部史温暴动(Swing Rioters)的参与者破坏了打谷机和其他财产。这些人中，约 650 人被监禁，500 人被流放到澳大利亚，还有 20 人被处以绞刑[22]。

12.4.2 谬论

卢德主义者和其他暴动者并没有从总体的经济或政治的视角观察到节约人力的机器的引进不可避免地会引起大规模失业和贫困。他们只是抗议他们自己悲惨的处境，并急切地向那些明显获利的人要求紧急援助。

因此，“卢德谬论”成为一个代表一种错误理念的贬义词对他们显得稍有不公。这种错误理念认为技术发展必然引起大规模失业。虽然由于他们当时正在经历饥荒，他们很可能认为这一污蔑是最微不足道的问题。

卢德谬论的形成早于工业革命，并且多年来吸纳了相当一部分重量级思想家。早在公元前 350 年，希腊哲学家亚里士多德就认为，如果自动机器(比如据说由火神赫菲斯托斯打造的那些自动机器)变得如此复杂，以至于它们能做任何人类做的事，那么工人(包括奴隶)都将变得多余[23]。

P. 196

在 19 世纪早期，当工业革命在如火如荼地进行时，新成立的经济学中的大多数成员都认为任何由引进机器导致的失业都可以通过整体经济需求的增长来解决。但也有知名人士持有更悲观的观点：创新可能会引起长期的失业。这些人包括托马斯·马尔萨斯(Thomas Malthus)和约翰·斯图尔特·米尔(John Stuart Mill)，甚至还包括当时最受尊敬的经济学家戴维·里卡多(David Ricardo)[24]。

12.4.3 卢德谬论和经济理论

这一争论可以变得非常专业,但直到现在才有两大合理驳斥卢德谬论的理由。第一个是经济理论。企业引进机器人是因为它们可以增加产能和削减开支。供给的增加加大了整个经济中的财富,因此也带来了对劳动力的需求。

萨伊定律这个以法国经济学家让·巴蒂斯特·萨伊(Jean Baptiste Say)的名字命名的法则,认为供给可以创造自己的需求,而且萨伊认为,不会有任何特定商品会出现“供大于求”的情形。当然,我们确实会在经济的诸多领域中看到供大于求的情形,但是萨伊定律的支持者会认为这是由外部势力干预自由市场造成的意外后果,而这个外部势力通常是政府。这条定律成了古典经济学中的主流教义,但它被英国经济学家约翰·梅纳德·凯恩斯(John Maynard Keynes)强烈反对,所以至今仍没有被广泛接受。

但许多经济学家会接受关于这个定律的一个更广义的解释。该解释认为减少在某一重要产品或服务上的成本会释放之前分配给它的资金。这些资金可以用于购买更多该商品,或者其他商品,并由此提升总体需求,创造就业机会。该解释假设这些释放的资金都没有花费在昂贵且不创造就业机会的资产上,也没有投资在那些雇用员工数量极少的企业。

经济学家还指出,卢德谬论也归因于对经济学上被称之为“固定劳动力总量谬论”的误解。该误解认为工作量是固定不变的,如果机器做了一部分工作,那么人的工作量就会不可避免地减少。事实上,各类经济体更为有机和灵活:它们能应对变化,并通过创新的方式实现增长。新工作岗位随着旧工作岗位的消亡而诞生,而且前者数量多于后者。

P. 197

12.4.4 卢德谬论和经济学经验

迄今,反驳卢德谬论的第二个理由是历史已经证明它是错的。自工业革命以来,已经部署了大量机器,然而今天劳动者的数量比以往都多。如果卢德谬论是正确的,那么根据它的论断,我们现在都会失业。

2015 年 8 月,商业咨询公司德勤(Deloitte)发表的一项研究分析了英国从 1871 年以来的人口普查数据,并得出结论:这段时间里,技术创造的工作远多于它消灭的工作。而且该研究认为,工作的质量也已经得到提高[25]。在英国,人们过去从事着既危险又艰辛的工作,成千上万的人曾从事着现在已由洗衣机代替的工作,但现在有更多的英国人从事护理和服务行业工作。仅刚过去的 20 年时间,护理员的数量就增加了 900%,助教的数量增加了 580%,酒吧服务员的数量也增加了 500%,尽管这个国家有很多酒吧已经被关闭。

所以,大多数经济学家同意,从长远来看卢德谬论仅是一个谬论。但从短期来看，卢德主义者是有其道理的。经济学家认为，在 19 世纪上半叶，工资待遇并没有跟上劳动生产率的增长。经济学家阿瑟·鲍利（Arthur Bowley）在 20 世纪早期观察到，劳动力在 GDP 中所占份额一般与资本在 GDP 中所占份额大致相等[26]，但在 19 世纪上半叶，利润所占国民收入份额的增长则以劳动力和土地为代价。到了 19 世纪中期，情况又发生了改变，工资增长恢复与生产率增长保持一致的正常水平。也许，工资待遇的下降是必要且不可避免的，以便确保资本得以积累并促进用于技术革新的投资。

19 世纪早期工资增长滞后于生产率增长的这一时期以德国政治哲学家弗里德里希·恩格斯（Friedrich Engels）的名字命名，被称作恩格斯停顿。恩格斯在 1848 年和卡尔·马克思（Karl Marx）合著的《共产党宣言》中提到了这一时期。这种影响在恩格斯刚关注它时就停止了，这也许可以解释为什么人们对它并不了解[27]。

即使从长远看，情况也不尽如人意。法国经济学家吉勒斯·圣保罗（Gilles Saint-Paul）提出的公式表明，当对非技术工种的需求减少时，对技术型人力资本的需求就增长得更快。但是，其副作用可能是收入不平等的加剧[28]。

P. 198

在一个重要的层面上，卢德谬论已被证明不是谬论。正如我们之前看到的，在 1915 年“马匹数量巅峰”时期，有 2150 万匹马在美国农场干活，但是现在一匹也没有。如果你把马匹当作雇员，那么自动化确实引起了持久的大面积失业。

12.4.5　ATM 的神话

在 2016 年 9 月录制的一个精彩的 TED 演讲中[29]，经济学家戴维·奥特（David Autor）指出，在启用 ATM 机后的 45 年里，银行柜员的数量翻了一倍，从 25 万增长到了 50 万。他认为这表明自动化不会引起失业。相反，自动化增加了就业。

他说，ATM 机完成了这种与直觉相反的壮举，是因为它使银行开设新支行更加便宜。虽然每个支行的柜员人数减少了三分之一，但支行的数量增加了 40%。ATM 机取代了很大一部分先前由柜员发挥的职能（取钱），而柜员则被解放出来执行更有附加价值的任务，比如推销保险和信用卡。

ATM 机的故事已经成为某种意义上的典型案例，它在那些相信技术性失业不会成为问题的人中颇为流行。

不幸的是，这一观点几乎肯定是错的。银行柜员数量的增长并不是因为 ATM 机提高了生产效率。根据金融作家埃里克·舍曼（Erik Sherman）的分析，银行柜员的增长反而是由于一系列财政管制撤销的结果。1994 年的《里格尔-尼尔州际银行业务和分支机构效率法案》撤销了美国跨州开设银行分支机构的诸多限制。大多数银行分支网络的增长都发生在该法案通过的 1994 年之后，而不是之前[30]。

这就解释了为什么在这一时期，柜员数量在其他国家并没有以相同的速度增长。比如，1997 年—2013 年间[31]，英联邦零售银行的雇员人数仅仅稳定在 350000 人左右，尽管这个国家的人口、财富及其对精细化金融服务的需求都有显著增长。

无论如何，ATM 机的案例几乎没有为我们就认知自动化将来可能带来的影响提供任何帮助，因为它们完全是哑巴机器。

P. 199

12.4.6 一些思考

从工业革命开始，机械化和自动化就已经大规模取代了工人。虽然它给个人带来了许多痛苦，但在整体上，它又带来了更可观的财富和更高水平的（人类）就业。而今天的问题是，这种情况是否永远不会改变。既然机器从仅提供体力劳动发展到兼具认知技能，那么它们是否会开始偷走那些我们无法去替代的工作？如果 20 世纪早期见证了工作场所中的“马匹数量巅峰”，那么 21 世纪上半叶会见证“人类数量巅峰”吗？

换句话说，这次会不一样吗？

注释

1. https://www.minnpost.com/macro-micro-minnesota/2012/02/history-lessons-understanding-decline-manufacturing.
2. http://blogs.rmg.co.uk/longitude/2014/07/30/guest-post-pirate-map/.
3. https://www.weforum.org/pages/the-fourth-industrial-revolution-by-klaus-schwab.
4. http://www.slate.com/articles/technology/future_tense/2016/01/the_world_economic_forum_is_wrong_this_isn_t_the_fourth_industrial_revolution.html.
5. 对这些革命的描写要感谢尤瓦尔·赫拉利（Yuval Harari）的《人类简史》(*Sapiens*)一书。
6. https://www.bls.gov/opub/mlr/1981/11/art2full.pdf.
7. https://www.bls.gov/emp/ep_table_201.htm.
8. http://answers.google.com/answers/threadview?id=144565.
9. http://www.americanequestrian.com/pdf/AQHA%202012%20Horse%20Statistics.pdf.
10. https://en.wikipedia.org/wiki/Automation#cite_note-7.
11. M. A. Laughton, D. J. Warne (ed.), *Electrical Engineer's Reference Book*.
12. http://www.oleantimesherald.com/news/did-you-know-gas-pump-shut-off-valve-was-invented/article_c7a00da2-b3eb-54e1-9c8d-ee36483a7e33.html.
13. 无线电频率识别标签。它们形式多样，比如有的含内置电源，有的通过与临近磁场的相互作用，或是通过无线电波识别而获得电能。

14. http://www.businessinsider.com/three-chinese-restaurants-fired-their-robot-workers-2016-4.
15. https://www.illinoispolicy.org/mcdonalds-counters-fight-for-15-with-automation/.
16. http://www.eater.com/2016/5/5/11597270/kfc-robots-china-shanghai.
17. http://www.ehow.com/about_4678910_robots-car-manufacturing.html.
18. https://ifr.org/img/uploads/Executive_Summary_WR_Industrial_Robots_20161.pdf.

P. 200

19. http://www.npr.org/sections/money/2015/02/05/382664837/map-the-most-common-job-in-every-state.
20. http://www.nber.org/papers/w23285.
21. https://www.technologyreview.com/s/604005/actually-steve-mnuchin-robots-have-already-affected-the-us-labor-market/.
22. http://www.nationalarchives.gov.uk/education/politics/g5/.
23. http://jetpress.org/v24/campa2.htm.
24. 里卡多(Ricardo)原以为该创新使每个人都受益了，但马尔萨斯(Malthus)说服他这个创新可能压制工资，并导致长期失业。因此他给他的《政治经济学及赋税原理》(*On the Principles of Political Economy and Taxation*)一书的最后版本加上了“机器”一章。
25. http://www.theguardian.com/business/2015/aug/17/technology-created-more-jobs-than-destroyed-140-years-data-census.
26. https://en.wikipedia.org/wiki/Bowley%27s_law.
27. http://www.economics.ox.ac.uk/Department-of-Economics-Discussion-Paper-Series/engel-s-pause-a-pessimist-s-guide-to-the-british-industrial-revolution.
28. http://press.princeton.edu/titles/8659.html.
29. https://www.ted.com/talks/david_autor_why_are_there_still_so_many_jobs.
30. http://bit.ly/2kUNAfY.
31. http://bit.ly/2jGrTuS.

第13章

这次是不是不同呢？

P. 201

13.1 工作

P. 202

13.1.1 工作和劳动

将工作和劳动加以区分很重要。物理学家将劳动定义为移动物体时所消耗的能量[1]，但是我们在这里将其定义为在完成一个项目时所使用的能量。这种能量可以是身体或精神上的，也可以两者兼而有之。劳动可以是由雇主发起的，但是它也可能纯粹是出于个人的意愿：建造或装饰房屋、追求业余爱好或参与无偿的社区活动。

出于本书讨论的目的，考虑工作是有偿劳动的情况。它可能是一个有单一、稳定的雇主的工薪职业，或者是创业和自由职业。你的工作就是你参与社会经济的方式，以及赚钱来购买生存和改善生活所需商品和服务的方式。

如果一台机器完成一项工作，那么人类就没有必要复制它所在做的工作。由于人类不会得到报酬，所以必须寻找其他方式来赚取收入。

13.1.2 工作和任务

2015 年 11 月，管理咨询公司麦肯锡(McKinsey)参与了关于技术性失业的辩论。它认为工作是由一系列任务组成的，而机器通常无法一次性实现整个工作的自动化。相反，它们能够自动执行这些岗位上的工作人员所执行的某些任务[2]。那么这些任务是什么？人们为了谋生要做什么呢？

P. 203

发达国家的经济以服务业为主，如金融、健康、教育、娱乐、零售和运输等。例如在英国，服务业占了 GDP 总量的 78%，制造业占 15%，建筑业占 6%，农业占比不到 1%[3]。

13.1.3 处理信息

在服务行业，大多数任务涉及信息的获取、处理和传递。制造业、建筑业和农业部门的许多任务也是如此。获取信息的方式可包括开展研究，询问同事，查询网络或偶尔查阅书籍，或结合来自其他地方的两个或多个想法提出一个原创想法。

处理信息意味着检查信息的准确性或相关性,确定其相对于其他信息的重要性,作出决定,或对信息进行某种计算。传递信息越来越多地以电子的方式来实现,例如通过电子邮件或在线工作流程系统。

获取、处理和传递信息可以是单枪匹马的努力,也可以与其他人合作完成。按照定义,单独的任务可以由在理解语言和识别图像方面具有人类同等(或更高)能力并具备少量常识的机器来执行。

13.1.4 机器的工作

人与人之间的合作是不一样的。它可以采取多种形式:与同事集思广益,筹划并商讨一个既可以使双方受益、又可以使自身利益最大化的协议,向一个自大且缺乏想象力的刺头老板提出一个想法,指导一个有天赋但同时又天真的下属。这些任务似乎是一台机器很难模仿的。

机器现在确实做不到,但不久后情况就可能改变了。即使是现在,机器与人类的大量交互也可以成功实现自动化了。人们似乎更倾向于从自动提款机(ATM)中,而不是从银行柜员那里提取现金。整个零售业的重心正在转向网络,消费者在网络上通常会与机器而非人类进行交流。从全球来看,2016 年电子商务的普及率为 7.6%,而且正在快速增长[4]。

这并不意味着人类正在远离社交——远非如此。我们仅仅是想要能够自己选择哪些时候通过悠闲地和别人交谈的方式开展业务,哪些时候通过与机器或人进行轻快而高效的互动开展业务。

P. 204

机器出乎意料地擅长于那些看起来需要人性化服务的任务。在本章的后面部分,我们将了解美国国防部高级研究计划局(DARPA)开发的机器治疗系统 Ellie。美国军方的研究机构已经证明它对于诊断患有创伤后应激障碍(PTSD)的士兵非常有效。

13.1.5 手动任务

在第 2 章"技术现状——弱人工智能"中,我们遇到了莫拉维克悖论。该悖论指出让机器做我们觉得很难的事情(比如大师级的棋类比赛)可能相对容易,但让它们去做我们觉得容易的事情(比如打开门)可能很难。2015 年 6 月举办的 DARPA 机器人挑战赛最后一轮给该悖论提供了一个生动的证明。在 2011 年福岛核电站救援任务的启发下,25 个机器人尝试了一系列任务。没有一个机器人完成所有的任务,并且出现很多犹豫和摔倒的情况。

许多涉及手动灵活性或穿越地图上未标明区域的工作目前很难实现自动化。但正如我们将在下一节中所看到的,这种情况正在快速转变。

13.1.6 临界点和指数

新技术在被广泛采用之前有时会潜伏数年甚至数十年。3D 打印(也称为增材制造[5])虽然自 20 世纪 80 年代初就已经出现,但直到现在才引起普遍关注。令人惊讶的是,早在 1843 年就有人首次为传真机申请了专利,比电话的发明早了大概 33 年[6]。

发生延迟有时是因为最初没有这些发明或者发现的明显的应用;有时是因为它们最初太昂贵了,工程师必须努力降低成本才能让它们得以普及;有时是因为它们在被研究人员初次演示的时候还不够完善。当然还有些时候是上述因素共同作用的结果。

一旦满足上述条件,一项新技术就可以迅速发展起来。随之而来的还有该技术的令人兴奋的应用。虽然这些应用对大部分人来说好像是凭空出现的,但实际上人们很早前就了解其底层技术了。 P. 205

深度学习技术的应用可能就是这样。该技术是神经网络(对它的首次探索是在 20 世纪中叶,人工智能的早期阶段)的后代产物。速度更快的计算机、大型数据集的可用以及前沿研究人员的坚持,最终使该技术在这 10 年中得到有效应用。但该技术的主要应用仍处于蓄势待发阶段。再过不久,机器在阅读、倾听、面部识别和图像识别、理解和处理自然语言方面肯定将比人类表现得更好。它们不会停留在比我们稍好一些的水平,而是将继续以指数级或接近指数级的速度得到改善。用“巨大无比”这个词来形容其影响力都是一种保守的说法。

还需记住的一点就是,要达到技术性失业让我们的经济运行方式发生重大变化这一地步,并不需要每个人都失业或者不适合工作,甚至也不是多数人都发现自己陷入困境,而仅仅需要有一小部分人坚信自己会失业。

13.1.7 零工经济和无产者

正如麦肯锡所指出的那样,工作可以分解成任务。其中一些任务可以使用当前的机器智能技术自动化,还有一些则不能。工作和公司将会被分开,有些人认为该过程已经在进行中了。发达国家的部分经济正在碎片化或者分裂化,在这些国家中,越来越多的人选择自由职业,承接由优步和 TaskRabbit 等平台和应用程序分配给他们的个人任务。

这种现象有很多的称谓:零工经济、网络经济、共享经济、按需经济、点对点经济、平台经济和自下而上的经济。

这是逃避机器智能将工作自动化的一种方式吗？把工作分解为尽可能多的子任务,并为人类保留那些他们可以做得比机器更好的任务？答案可能是否定的,至少出于以下两个理由:首先,这么做是不稳定的;其次,机器最终将能够完 P. 206

成所有任务。

如果你目前从事的工作是一个薪酬不高而且无聊的重复性工作,那么自谋职业似乎是一条吸引人的出路。你可以自由选择工作时间,将它和生活中必不可少的部分协调,比如陪小孩和开怀畅饮。你还可以自由选择和谁一起工作,不用被恶毒或无能的老板随意使唤,或是屈从拜占庭式官僚机构那样深奥的规章制度。

如果你足够幸运,天赋异禀,或者掌握了一项需求量很大的工作的高超技能,那么你真的可以选择自己的工作方式和时间。但是,自由职业也可能有其自身的缺点。许多自由职业者发现他们只是将不讲理的老板换成了不讲理的客户,而且觉得无法拒绝任何工作,因为他们担心这将是自己所获得的最后一笔收入。许多自由职业者事后发现,稳定的收入保障是乏味的朝九晚五工作的一大好处。

优步、Lyft、TaskRabbit 和 Handy 等开创的新形式的自由职业是否稳定是一个有争议的问题,尤其是在其发源地旧金山。这些被"微型企业家"或者"instaserfs"(新兴的"无产者"成员)所雇用的员工是否被迫在没有任何收益的情况下在低端工作中相互竞争?他们所工作的环境是网络经济还是剥削经济?共享经济实际上是一个自私的经济吗?无论你支持这场辩论的哪一方,零工经济都取得了重要的进展:税务公司 Inuit 在 2017 年 5 月报告称,多达 34%的美国劳动力参与其中,尽管没有数据表明这些人中有多少人在从事自由职业的同时,也在从事全职工作[7]。

但我们关注的不是零工经济是否公平。我们担忧的是零工经济是否能够防止由机器智能将工作自动化后导致的大面积失业。答案毫无疑问是否定的:随着时间的推移,无论我们多么精细地将工作分割成任务,随着机器能力以指数级速度增强,越来越多的任务将很容易被机器智能自动化。

P. 207

13.2 技术性失业的典型:自动驾驶车辆

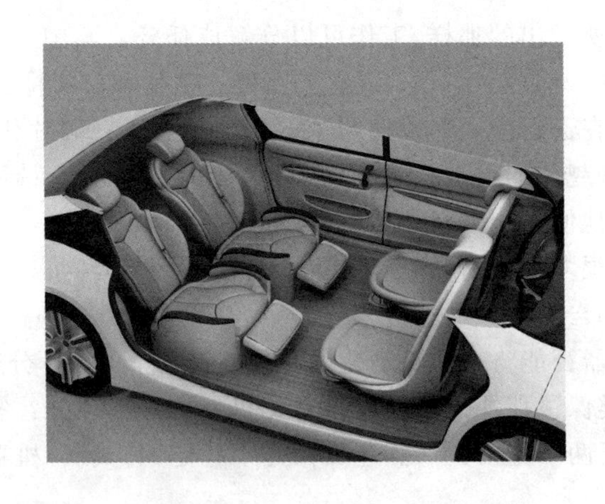

13.2.1　为什么要引入自动驾驶车辆

引入自动驾驶轿车、货车、公共汽车和卡车的理由很简单，而且势不可当：在全球范围内，人类司机每年造成 120 万人死亡，另外还造成 2000 万至 5000 万人受伤[8]。道路交通事故是 15 岁至 29 岁人群死亡的主要原因，给中等收入国家造成每年达 1000 亿美元的损失，大致相当于其 GDP 的 2%。

这些事故中有 90%是人为过失引起的[9]。人会疲劳、生气、醉酒、生病或者只是注意力不集中。但机器不会这样，所以它们不会引起交通事故。套用《黑客帝国》（*The Matrix*）中的特工史密斯（Smith）的话，我们正在让人类去做本该由机器去做并且能做得更好的工作。

驾车时还存在浪费时间和挫败感等问题。我们都知道开车可以很有趣，但不是在你遇到交通堵塞时——这也许是因为你的一个人类同伴造成了事故。美国的上班族每年因为交通堵塞平均浪费了整整一个工作周的时间；如果他们“有幸”在旧金山或者洛杉矶工作的话，那么浪费的时间将会翻倍[10]。我们选择自己驾车而不使用公共交通工具，是因为没有合适的公共交通工具，或是因为有时我们在出行时喜欢待在自己的空间。自动驾驶汽车可以为我们带来两全其美的体验，使我们在出行时还可以阅读、睡觉、观看视频或聊天。

最终，自动驾驶汽车将使我们能够更明智地利用我们的环境，尤其是我们的城市。大多数汽车在 95%的时间里都处于停放状态[11]。这是一种浪费昂贵资产、浪费汽车闲置时所占用的土地的表现。我们稍后会考虑自动驾驶汽车能在多大程度上缓解这个问题。

P.208

13.2.2　迈向自动化和更高目标

像我们的人工智能数字助手一样，自动驾驶汽车仍在等待获得它们的类属名。“Self-driving cars”（自动驾驶汽车）是我们暂时使用的名称，但是听起来不怎么顺耳。19 世纪末期，“horseless carriages”（无马马车）出现了，它需要一个短一点的名字。《泰晤士报》（*The Times*）采用了“autocar”（自动车厢）一词，但《电气工程师》（*The Electrical Engineer Magazine*）反对将希腊语“auto”与拉丁语“car”混搭在一起，因此该杂志使用了词源上更纯净的“motor-car”（马达车厢）[12]。也许我们会使用“autonomous vehicle”（自动车辆）这个短语，而且把它们叫作“AVs”（前面短语的首字母缩写），或者“autos”（汽车）。

无论它们叫作什么名字，都会有些人讨厌自动驾驶汽车：对于杰里米·克拉克森（Jeremy Clarkson）这样的汽车爱好者而言，用带有水平移动电梯浪漫气息的机器来取代他们所钟爱的汽车，恐怕不可能对此激动不已。有些人已经开始将从驾驶员降级为陪驾者的人称为“肉傀儡”[13]。

2014 年 1 月,美国全球标准组织汽车工程师协会(SAE)定义了车辆的自动化水平:

0 级:无自动化。

1 级:驾驶员辅助。车辆可以操纵转向或油门和制动,但驾驶员必须随时准备接管车辆。

2 级:部分辅助。和 1 级一样,但是车辆可以同时处理转向、油门和制动。

3 级:有条件辅助。车辆监控周围环境并负责所有转向、油门和制动。驾驶员必须随时准备接管车辆。

P.209

4 级:高度自动化。由车辆自行处理预定地理或道路状况下的所有驾驶。

5 级:完全自动化。在驾驶员设定目的地并启动车辆后,车辆自主完成其余的工作——在任何环境中。

谷歌最初的想法是第一款普及的自动驾驶汽车将会是 3 级自动化,但发现一旦测试驾驶员认为该技术可靠,他们就会变得自负,做出一些"愚蠢行为"。比如,在汽车以 65 英里/小时(约 105 千米/小时)的速度行驶时,他会转身去寻找后排座位的笔记本电脑。这一经历迫使谷歌立即采用 4 级自动化[14]。

13.2.3 硅谷先锋队

自 2004 年悍马沙尘暴汽车在美国国防部高级研究计划局(DARPA)组织的首次挑战赛中被困在 7 英里(约 11.3 千米)外的岩石上以来,自动驾驶汽车已经取得了长足的进步,但仍然不是完美的。它们在大雨或大雪中举步维艰,也可能会对堵塞道路的坑洼或碎片感到困惑,而且它们不能分辨出停车的指示是由行人还是警察发出的。2015 年 3 月,一辆从旧金山到纽约行驶了 3400 英里(约 5471.77 千米)的自动驾驶汽车完成了 99%的驾驶,但这意味着它必须把 1%的驾驶交给车内的人类[15]。对于许多技术项目,解决最后几个问题比完成项目的大部分任务更难,边缘情况是严峻考验。尽管如此,这些边缘情况正在处理中,并将得到解决。

在撰写本书时(2017 年秋季),谷歌的自动驾驶汽车已经在加利福尼亚州和其他地方行驶了 350 多万英里(约 563.27 万千米)。它们唯一一次可能遭到指责的事故发生在 2016 年 2 月。汽车试图合并进一条交通线,并预期一辆从后面靠近的公共汽车会让行,但是公共汽车并没有让行。这辆车以每小时 2 英里(约 3.22 千米)的速度行驶,没有人受伤,因此警方没有出示任何官方定责报告。公共汽车司机拒绝评论[16]。

除了在路上行驶了数百万英里外,这些汽车每天还会在模拟器中行驶数百万英里——事实上,是在一个致敬电子游戏魔兽世界的名为"汽车世界"的模拟环境中,每天驾驶 800 万英里(约 1287.48 万千米)[17]。

怀疑人士指出谷歌的自动驾驶汽车依赖详细的地图。但是，为加利福尼亚州以外的道路制作地图听起来并不是一个不可逾越的障碍。在任何情况下，剑桥大学的 SegNet 等系统可实现让汽车能够即时生成地图[18]。 P.210

2016 年 12 月，谷歌的自动驾驶汽车部门从谷歌 X 研究部门脱离出来，成为一个独立的公司 Waymo[19]。两个月后，该公司与优步卷入了关于涉嫌专利侵权的冗长诉讼。在诉讼过程中，它公布了谷歌在自动驾驶汽车技术方面的投资估算：11 亿美元[20]。这是很大一笔资金，但它与其他公司在这个领域的投资相去甚远，特别与英特尔相比，后者支出 150 亿美元收购了为自动驾驶汽车开发计算机视觉的以色列公司 Mobileye。如果正如许多人认为的那样，谷歌完全有能力在自动驾驶技术领域中享有像微软在笔记本电脑领域中那样的主导地位，这样看来它的投资显然是太少了[21]。

优步正在积极推进自动驾驶汽车技术，将其作为降低客户每次出行成本的一种方式。它在匹兹堡建立了一个研究中心，以吸引附近的卡耐基梅隆大学的机器人实验室的研究人员。2016 年 9 月，它在匹兹堡推出了一项自动驾驶出租车服务——尽管它被新加坡初创企业 NuTonomy 击败，未能成为世界首家。

在 2016 年 8 月，优步以 6.8 亿美元的价格收购了由前谷歌员工在当年 1 月创立的自动驾驶货车公司 Otto。两个月后，一辆 Otto 卡车进行了一项在高速公路运输 5 万罐百威啤酒并自动行驶 120 英里(约 193.12 千米)的测试。

在 2016 年 1 月，特斯拉首席执行官埃隆·马斯克(Elon Musk)宣布在大约两年内，特斯拉车主将能够“召唤”他们的自动驾驶汽车从纽约到洛杉矶接他们[22]。他声称特斯拉车是比人类更好的司机[23]。2016 年 4 月，他进一步声称特斯拉的自动驾驶系统已经将事故数量减少了 50%(安全气囊展开即意味着发生了事故)[24]。

中国科技巨头在自动驾驶汽车方面有些落后，但正在大力投资以迎头赶上。百度于 2015 年在北京开始进行道路测试，在 2017 年 9 月，百度宣布投资 15 亿美元用于自动驾驶技术业务。为了努力赶上硅谷的行业领导者，百度与汽车行业的 70 个合作伙伴分享了其阿波罗(Apollo)自动驾驶技术[25]。

13.2.4 汽车工业的反应

P.211

几十年前，汽车制造业首次对自动驾驶汽车进行试验研究。从 1987 年—1995 年，欧盟与戴姆勒-奔驰和其他企业在普罗米修斯项目(欧洲史上最高效和最安全的交通建设计划)[26]上投资了 7.5 亿美元。该项目取得了一些令人瞩目的技术成就，但项目最终却被逐渐搁浅了。幸运的是，别的先不说，从那时开始我们更擅长给项目命名了。

对谷歌和其他企业的隐性挑战，汽车行业的初步反应是缓慢而零碎的。在某种程度上，这是因为汽车行业是以七年为周期考虑产品设计的，而技术行业的周期最多是一年。多数大型汽车公司似乎都认为自动驾驶技术会在今后许多年的时间中逐步被引入。先是自适应巡航控制和辅助停车系统在一款车型的使用寿命期间被引入，然后是辅助超车系统在下一个模型中被逐步引入，依此类推。这对于硅谷的科技巨头来说太慢了。一旦自动驾驶技术能够被安全地引入，谷歌、特斯拉、优步等公司就会设法尽快实现全自动化。

在 2015 年的最后几个月，底特律及其竞争对手似乎都苏醒过来。丰田宣布一个将在硅谷开展的 5 年 10 亿美元的投资计划[27]。福特宣布与谷歌成立合资公司(JV)[28]，尽管事实证明以失败告终。宝马的研发负责人宣称，他的部门在 5 年内不得不从一家机械工程公司的部门过渡到一家科技公司的部门[29]。

福特公司在 2016 年 1 月宣布其在雪天进行的自动驾驶汽车测试取得了成功。在雪天，自动驾驶汽车无法通过模糊的道路标记来确定其位置，而是通过使用建筑物和其他地上特征来导航[30]。2016 年 5 月，福特自动驾驶汽车团队的一位高管估计，剩下的技术障碍将在 5 年内被攻克，尽管我们当然需要更长的时间才会采用自动驾驶。他说，目前每辆汽车所需的计算能力大约相当于 5 台性能良好的笔记本电脑[31]。

自 2015 年 2 月起，法国制造的全自动巴士开始在希腊的特里卡拉市中心提供服务。它沿着预定的路线以 20 英里/小时(约 32.19 千米/小时)的最高速度行驶，而该路线上还有行人、自行车和汽车[32]。类似的试验也在赫尔辛基和其他地方展开。

P.212

13.2.5 倒计时

在何时可以购买全自动驾驶汽车(4 级和 5 级)这一问题上，尚未达成共识。丰田研究所的首席执行官吉尔·普拉特(Gil Pratt)是在参加 DARPA 挑战赛后帮助丰田成立了该研究所，正是 DARPA 挑战赛推动了自动驾驶汽车行业的发展。他在 2017 年 1 月表示："在汽车或信息技术(IT)行业中，我们没有人能够接近实现真正的 5 级自动驾驶。我们甚至边都没沾上。"[33]

谷歌和 Waymo 不同意这种观点。2015 年，时任谷歌自动驾驶项目负责人的克里斯·厄姆森(Chris Urmson)表示，他预计自动驾驶车辆将在 2020 年得到普及[34]。不可否认，虽然 2 年以后他离开了谷歌，但他仍然说 5 年以后可以实现上述目标[35]。Waymo 首席执行官约翰·克拉夫齐克(John Krafcik)在 2016 年 12 月表示，"我们正在接近目标，已经准备好了，我们想要告诉全世界"。Waymo 宣布，现在其 3 级试验车在需要让人类驾驶员接管前平均可行驶 5000 英里(约 8046.72 千米)[36]。

2017 年 10 月，据报道 Waymo 将开始在亚利桑那州菲尼克斯市运营出租车服务，使用的就是无安全驾驶员的自动驾驶汽车。工作人员会在中央枢纽对它们进行监控，并在必要时进行远程控制[37]。

分析师对于哪家公司将率先推出全自动驾驶车辆意见不一。国际咨询机构 Navigant 预计会是福特公司[38]。这是因为福特公司有计划在 5 年内向研究机构 Argo 投资 10 亿美元，并表示计划在 2021 年推出使用 4 级自动化车辆（在规定的地理区域内完全自动化）的出租车服务[39]。德意志银行在 2017 年 9 月表示，"通用汽车公司已经为无需人类驾驶员的自动驾驶车辆的商业部署做好准备，比普遍预期的要快得多（在几个季度而非几年内），并且可能比竞争对手早几年。"[40]与此同时，摩根·格伦费尔（Morgan Grenfell）表示，特斯拉的自动驾驶卡车能够在 2020 年上市，其运营成本比同级别的现有车辆便宜 70%[41]。

13.2.6　家用车和商用车

因此，我们尚不清楚自动驾驶车辆将在何时推出，但 5 年内我们很可能开始在道路上看到完全自动驾驶的车辆。如果不是 5 年，那差不多 10 年之内肯定可以了。从经济奇点理论的目的来讲，何时推出并不重要，只要自动驾驶车辆进入黄金时期，它们将迅速渗透到已有的车辆安装基地中。

就家用车而言，埃隆·马斯克已经提出了一个有趣的观点。他认为自动驾驶车辆的第一批车主可以在早上使用其车辆上班（或上学），然后再通过诸如优步这样的应用程序将车辆提供给其他需要交通工具的人。因此，早期使用自动驾驶车辆的车主可以赚回成本——最终成本可能为零。这将大大提高使用率。 P. 213

就商用车而言，经济激励就更诱人了。专职司机占商用车辆成本的 1/4 到 1/3，因此不能快速降低成本的车队公司将很快倒闭。在开始阶段，对车辆进行自动化改装的成本可能相当高；但是由于摩尔定律和生产规模的关系，成本将迅速降低。

13.2.7　分歧

当然，产品并不会仅仅因为它的出现就意味着会被购买，更不意味着会因此全面取代它们被设计取代的现有产品。如果发生取代这种情况，发生的速度取决于许多因素，包括监管、价格、设计、服务支持、促销和公关，以及产品类别更换和升级周期的长度。稍后我们还会讨论舆论反响的问题。

监管是一个重要的考虑因素。加利福尼亚机动车部门（DMV）于 2015 年 12 月提出新的自动驾驶汽车规则，禁止人类无法控制的自动驾驶车辆在路上行驶，谷歌对此感到失望。从理论上讲，消极合作的监管机构会减缓甚至阻止自动驾驶车辆的问世，并且强大的游说团体也会对此施压。但只有当各地的所有监管机构都达成一致意见并共同协作时才能取得成功，而且这种情况不会发生——即使在美国也不会,更不用说全球了。2015年,谷歌将其测试驾驶计划扩迁至硅谷以外的得克萨斯州奥斯汀市,而奥斯汀当局则欢迎这家科技巨头的研究资金和声望[42]。2016年,谷歌又将华盛顿州柯克兰市和亚利桑那州菲尼克斯市加入到了它的测试计划中[43]。

其他地方的监管机构越来越热衷于倡导自动驾驶技术,一方面是为了挽救生命,另一方面是它们意识到可以从中获得商业利益。

13.2.8 对城市的影响

自动驾驶车辆的爱好者有时会描绘一个城市中的乌托邦景象:几乎没有人拥有汽车,因为共有的出租车正在智能地巡逻街道,满足我们的需求并立即响应我们的召唤。今天,我们的汽车有95%的时间处于空闲状态,像污染环境的蟾蜍一样在广阔的城市土地上"蹲坐"着。在光明的未来,它们被有效利用,而其停放所占用的土地可以归还给行人和有用的建筑物。交通运行流畅,汽车彼此之间持续保持沟通:它们不会陷入走走停停的车流,也不需要在十字路口停下来。

P.214

这几乎可以肯定是夸大其词。出行仍然会有高峰期,所以即使大多数出行都是乘坐公共汽车,很多自动驾驶车辆还会在非高峰时段停放。一个反乌托邦的情景是成群的"僵尸"汽车不断绕城环行,寻觅乘客,并且为了避免产生停车费,它们从不停车。

如果行人要过马路,车流仍然得时不时停在十字路口。并非每个人行横道都设有过街天桥或地下通道。

尽管如此,机器驱动的汽车将是比人类驾驶员更有效的道路空间使用者。交通条件并不是像宿命一样一旦固定就不会改善了。拥堵费大大减少了伦敦的交通流量,而几乎无噪音的混合动力出租车的推出使得在曼哈顿的街道上行走比以往更令人振奋[44]。在任何情况下,我们都不需要通过更高效的道路使用来证明引入自动驾驶车辆的合理性。人类司机所造成的可怕的伤亡人数已经足以说明替代的必要性,再加上它能够解救通勤造成的无聊和浪费时间。

13.2.9 其他受影响的行业

汽车保险占保险业的30%,因此改用自动驾驶车辆将对该行业产生重大影响。最明显的影响应该是赔付的急剧减少,因为事故将会少得多。这反过来应该意味着更低的保费:这对保险公司来说是坏消息,但对我们其他人来说是好消息。

谁来投保?当人们驾驶汽车时,我们会因为任何事故而责怪驾驶员,所以他们要买保险。当机器驾驶时发生事故,谁应该承担责任:是车主、自动驾驶AI系统的供应商,还是编写代码的程序员?如果被保险人是谷歌和少数大型竞争对手，那么相比于跟你我这样的普通人协商，保险公司在与他们的协商中将处于极为不利的地位。

沃伦·巴菲特(Warren Buffet)将自己作为世界上最知名投资者所取得的巨大成功归功于他避免涉足自己不了解的领域，包括以 IT 为基础的行业。他在保险业持有大量股份。但对他来说不幸的是，软件正在“吞噬世界”[45]，而且保险业的很大一部分业务即将在快速的技术变革之中被吞没。巴菲特承认，当自动驾驶车辆问世时，保险行业看起来会大不一样，参与者会越来越少且规模越来越小几乎是肯定的[46]。很难说今天的哪些参与者将成为赢家，又有哪些将成为输家。 P.215

意外后果法则指的是我们无法说明保险风险将如何变化。让我们希望这种情况永远不会发生，但是如果一个 bug，或者一个黑客导致某个城市的每辆车都突然同时左转呢？保险公司如何估算此类事件的可能性并对其进行定价？像这样的重要问题，以及我们随后将讨论的道德问题，可能会延缓自动驾驶车辆的推出，但不会阻止。他们能够解决问题，正如我们在第一辆车出现后的几十年内解决了谁将修建道路，以及在不同交通情况下谁将拥有优先通行权的问题。

在保险公司工作的人肯定不会是唯一受自动驾驶车辆影响的人。据估计，机器一般被编程为不会违反当地的停车规定——而且它们没有必要这样做。这将使地方当局失去一个重要收入来源：停车费每年为洛杉矶市政府带来超过 3 亿美元的收入[47]。

我们仍然需要汽车修理厂，但是它们的业务会缩减，因为其业务将只剩下因老化而必须采取的维护和维修，不再包括事故维修。值得高兴的是，医生和护士也会遇到类似的情况。

13.2.10　程序设计道德

想象一下，你的自动驾驶车辆正在路上行驶，专注于自己的事务，但在你前方突然有一个孩子毫无预警地冲过街道。以超越人类的速度计算，它只分析了仅有的三个选择：保持方向、向右转或向左转。虽然它已经比任何人都更快地使用了刹车，但它(当然是正确地)预测这几种选项将分别导致这个孩子、无辜的成年旁观者或作为乘客的你的死亡。它应该选择哪个选项？即使只考虑默认选项，这个问题也应提前得到回答。 P.216

有些冷笑话表示，答案会因汽车而异。也许劳斯莱斯总会选择保护车主，而拉达(Lada，俄罗斯汽车品牌)可能就会对它的乘客不那么尊重了。

这里发生的是人类对世界控制的扩展：选择的到来。今天，27%的事故受害者是行人和自行车骑行者。在他们和撞到他们的车辆的驾驶员身上会发生什么，这是由驾驶员的技能和运气决定的。将来我们会有能力影响选择，而且能力越强,责任越大。

13.2.11 驾驶工作

显然,自动驾驶车辆有时会以惊人的方式对社会产生巨大影响。它们对就业会有什么影响?它们确实是技术性失业的典型代表吗?

在美国就有350万名卡车司机[48],65万名公交车司机[49]和23万名出租车司机[50]。这些工作中有多少会被机器取代?

由机器驾驶商用车似乎是不可避免的。铰接式卡车通常由经过培训并且有大量实践经验的专职司机驾驶。他们的背景都要经过审查,工作时间和条件也是有规定的。与我们其他人拥有的汽车相比,这种车辆行驶的事故率更少。但是因为它们更重,一旦发生事故,会使生命和财产造成更大的损失。令人难以置信的是,我们会继续允许这项更适合机器做的工作让人类来完成。

但驾驶并不是这项工作的全部。驾驶卡车、货车、公共汽车和出租车的人必须应对生活中给他们带来的大量的出其不意的事情——充其量最多算是杂乱的差事。如果一批铁丝网从前面的卡车尾部掉落,他们就会出去帮忙。他们还经常负责装卸车上的货物。

关于技术性失业的怀疑论者指出,飞机数十年来一直在航线上飞行,虽然人类飞行员在一次普通商业飞行中的平均控制时间只有3分钟,但我们还是没有放弃人类飞行员的服务。

然而,波音747飞机与沿66号高速公路行驶的卡车是不同的。卡车是一种昂贵的车辆,而且能够造成严重的损坏,但商用飞机的规模不同:它们每架花费数百万美元,并且其破坏潜能在2001年的纽约悲剧一幕中得以生动展现。此外,3分钟的人为控制时间是由于解决我们之前讨论过的边缘情况是有难度的。如果不是在飞机上而是在公路车辆中,我们在解决这些问题上已经取得了重大进展。

P.217

让我们来考虑将货物从仓库运送到超市或其他大型零售店的过程。亚马逊的Kiva机器人车队表明,仓库正在走向自动化的道路上。零售端的卸货托架也为了提高效率而进行标准化:把从卡车到零售商收货区域的整个卸载流程自动化的系统如今在技术上是可行的,随着机器人和AI的指数级改进,不久之后在经济上它也是可行的。

正如我们所看到的,机器人变得越来越灵活和敏捷,其适应性也变得更强。它们也可以越来越多地被远程操作。驾驶员在开阔道路上可以处理的大多数情况,很快就会成为无需睡眠、食物或薪水的机器人的能力范围之内的事。在需要人为干预的极少数情况下,零工经济也会足够快速地提供服务。

一旦用机器替换人类驾驶员在经济上是可行的,那么离自动驾驶车辆在经济上具有吸引力也就很近了。如前所述，司机的工资占卡车运输成本的25％～35％。你无法长期摆脱经济学的无形之手[51]。在自由市场中，一旦一家公司用机器人取代人类司机，其余公司将不得不效仿或倒闭。当然，工会和有同情心的政府可能会试图在某些司法管辖权限上阻止这一进程。他们可能会取得短期的成功，但这样做的代价是使行业的经济形势恶化并给客户增加不必要的成本，并因此最终损害他们自己。

其他政府将采取不同的方法，抵制变革所带来的竞争劣势将变得明显。这一点不仅仅是体现在卡车司机的案例中，而是所有经济领域。那些抵制变革的国家和地区将会发现他们的生活水平快速下降。时间的推移将证明抵制是不可持续的。

2017年7月，印度交通部长表示，“我们不会允许印度出现无人驾驶车辆。对此我很清楚。在一个存在失业问题的国家，不能出现夺走人们工作岗位的技术。”反对派政客们应对迅速，并预测政策将迅速扭转，甚至部长本人也给自己留了回旋的余地：“也许若干年后，我们将无法忽视无人驾驶车辆，但眼下我们不应该允许它们的出现。”[52]

P. 218

事实上，这一进程已经开始了。在西澳大利亚州皮尔巴拉的Yandicoogina（澳大利亚西部的金矿）和Nammuldi（澳大利亚铁矿）矿区，运输业务由1200英里（约1931.21千米）外的珀斯市中心监管[53]。该中心现已实现完全自动化。中国对原材料的巨大需求创造了十年矿业繁荣期，在这样的经济环境的驱使下，矿业巨头力拓（Rio Tinto）采取了这一举措。因为在这些环境危险而恶劣的偏远矿山中，司机赚到了大笔薪水，所以投资发展完全自动化具有不可抗拒的理由[54]。各地的经济都快速朝着一个共同方向发展。

13.2.12　反机器公路暴力

驾驶自动化将对整个就业市场产生重大影响。卡车和送货司机是美国29个州中最常见的职业（占57％）[55]。这些司机和他们的工会不会不做丝毫挣扎就放弃工作，甚至可能会发生暴力事件——这被称为反机器公路暴力。可能这些暴力行为只是针对财产的，比如自动驾驶车辆的摄像头和传感器被喷漆。也有可能会出现针对自动驾驶车辆的车队所有者的暴力行为。

这在很大程度上取决于政府如何应对转型。目前，甚至政府中都没几个人在考虑这个问题。在像匹兹堡这样已经成为自动驾驶技术中心的地方，政府欢迎新创造出的就业机会。这些新就业都是很好的工作，包括招录博士的高薪工作，以及坐在测试车里不时接管驾驶职责的陪驾工作。匹兹堡的人们可以看到，这些工作并不能完全代替所有将要失去的驾驶工作，但政客们没有答案[56]。

当然，受影响的不仅是卡车司机。2014年，让你有权在纽约市驾驶黄色出租车的徽章售价为130万美元。司机和投资者办理巨额贷款购买徽章,但随着优步、Lyft和其他公司进入市场,徽章的价格已经急剧下跌。许多认为自己已经实现财务独立的人现在发现自己已经破产,或者只有更加努力工作才能支付贷款利息。

以上只是即将发生的未来的先兆。当自动驾驶车辆在世界各地的道路上成为常见的景象时,它们将像煤矿中的金丝雀一样,提前警告矿工们他们正处于危险之中。自动驾驶车辆能起到提醒其他人意识到未来将出现大面积技术性失业的作用。

P.219

13.3 未来就业

卡尔·贝内迪克特·弗雷(Carl Benedikt Frey)和迈克尔·奥斯本(Michael Osborne)是牛津马丁技术与就业项目的主任[57]。2013年,他们发表了题为《未来就业:计算机化对工作的影响》(*The Future of Employment: How Susceptible Are Jobs to Computerisation?*)"的报告。该报告被广泛引用,其分析美国就业数据的方法已被其他人用于分析来自欧洲和日本的就业数据。你可以在附录中阅读有关此报告的更多信息。

该报告以精确和模糊分析巧妙结合的方式分析了2010年美国劳工部的702种工作岗位的就业数据。它得出的结论是,"美国就业总人数的47%属于高风险类别,这意味着相关职业可能会在一些不确定的时间内(可能是10年或20年)实现自动化。"分析发现19%的工作处于中等风险,33%处于低风险。一些研究项目将上述研究结果推广到其他地区,并得出了大致相似的结果。

该报告表明,自动化将分两波浪潮到来。"在第一波浪潮中,我们会发现运输和物流行业中的大多数工人、大批办公室和行政辅助人员,以及生产岗位中的劳动力将很可能被机器取代[58]。凭直觉而言，低收入工作对认知的要求较低，因此更容易实现自动化。”

13.3.1 低收入服务工作

P.220

抵达肯尼迪机场是一件喜忧参半之事。访问纽约市总是令人兴奋，但是肯尼迪机场的出入境管制经常像是由虐待狂经办的：你先是被粗鲁的对待，随后又要忍受不称职的服务。假如在长途飞行后，下了飞机，舒适地等候（甚至可能是坐着等候），同时机器人行李搬运工将替你取下行李，非侵入式扫描无人机有效地识别你的面部并对照你递交的证件快速进行核对——那将是多美好的体验啊。据报道肯尼迪机场将投资100亿美元用于大修，但在该机场以东地区，各机场已经在争相提供更好的体验，因为那里的市场是发展中市场[59]。从中期来看，我们可以期待机场的工作人员将比现在少很多，并且我猜想我们不会后悔。

当你阅读本书时，全世界一定会有人在检查管道和电缆。这项工作是孤独的，往往是无聊的，偶尔还是危险的，但又是十分必要的。用不了太久，它就不需要由人工来完成，因为智能无人机已经接管了一些行业，而另一些行业也将纷纷效仿[60]。在10年或20年内，威奇托市的电线修理工就不需要再去一线了。

13.3.1.1 零售

自动化对零售业来说并不陌生。ATM几年前接管了银行现金分发工作，而自助结账台在超市里面也是熟悉的景象。自动化在食品服务业也不是新鲜事物。现在，大城市的人们很少当场定做三明治。更多的人购买的是已包装好的午餐。

早在1941年，自助餐馆连锁店Automat每天为50万美国客户提供服务，通过装有玻璃门的小房间发放通心粉奶酪、烤豆和奶油菠菜[61]。该连锁店在20世纪70年代随着提供更美味食物的快餐店（比如汉堡王，当然还有麦当劳）的兴起而衰落。但这些连锁店本身现在看到了自动化的经济吸引力。

Chili烤肉酒吧正在推出平板订餐系统，而Applebee的烤肉酒吧于2014年开始向所有1800家餐厅提供平板订餐系统[62]。关于以上以及类似举措是否是因为最低工资水平的提高引起的，存在着激烈的政治争论，但事实是，AI系统和机器人正迅速变得更加高效，而它们的成本水平是人类永远无法企及的。

13.3.1.2 消费者喜好

P.221

节省成本并不是这类自动化兴起的唯一原因。在许多情况下，人类更愿意与机器而不是人交易，因为机器更省时，而且工作量更少。它还可以提供更长时间的服务，也许是每天24小时。银行的ATM机就是典型的例子。另一个例子是现在安装在许多机场的自动护照控制系统，比起人工通道，许多人更愿意选择使用这些系统。

技术和市场研究公司 Forrester 于 2015 年 4 月发布的一份报告称,75%的采购专职人员和其他代表企业的买家(即 B2B 买家)更喜欢通过电子商务在线购买而非与人力销售代表打交道。一旦买家决定了他们想要的东西,在线购买比重就会上升到 93%[63]。Forrester 指出,许多供应商都忽略了这一事实,并要求客户与人交谈。毫无疑问,至少部分原因在于人类销售人员目前能够更好地向买家推销,但这也是买家更喜欢电子商务的原因之一。Forrester 认为,那些让顾客等待时间过长而不能提供电子商务渠道的公司,可能会面临市场份额被那些更具有数字化意识的竞争者抢占的风险。

13.3.1.3 电话服务中心

在将 AI 引入电话服务中心方面,我们仍处于早期阶段。对于我们许多人来说,与电话服务中心打交道是现代生活中最不愉快的一个体验之一。它通常需要你花大量时间等待,听无意义的背景音乐,再经过一系列非常不智能的自动路径选择,最后与世界另一端的接线员进行对话——这个无聊的家伙正在读虐待狂写的剧本。

瑞典最大的银行之一 Swedbank(瑞典银行)是向电话服务中心引入真正的 AI 的领导者之一,该机构拥有 950 万客户和 16 万员工。它有 700 人在联络中心工作,每年处理 200 万客户电话。它与美国软件公司 Nuance 合作推出了一款名为 Nina 的基本 AI[64],这个系统通过接收公司网站搜索结果和联络中心的查询信息来了解客户的需求以及如何最好地帮助他们[65]。2015 年 12 月,Nina 每月处理 3 万个电话,并处理许多以前都会阻塞电话服务中心的简单交易电话,P. 222 例如将资金从一个账户转移到另一个账户。这样做的目的是解放联络中心的员工,让他们专注于更复杂的业务,比如抵押贷款。但即使抵押贷款也不是复杂的事。随着指数级的技术进步,如果 Nina 今天可以处理转账,它肯定能够在不久的将来处理抵押贷款申请。

13.3.2 体力劳动

比起文书和行政工作,消耗体力劳动的职业需要更长的时间来实现自动化,因为让机器人变得灵巧和灵活是件极为困难的事。正如我们在第一部分所看到的那样,虽然进展很快,但仍有许多工作要做。流水线上程式化的重复的体力劳动将继续被机器接管,但是在建筑工地等非结构化环境中的体力劳动将在一段时间内仍专属于人类劳动者。

在工业革命期间,农业是自动化(或者说机械化)的典范。这一进程一直持续到认知自动化程度更高的时代。

哈珀亚当斯大学专门为英国农业部门提供高等教育。2017 年,他们仅使用自动驾驶车辆和无人机就成功种植、管理和收割了 1.5 英亩(约 0.006 平方千米)的麦地[66]。虽然实现这一目标的技术尚未全面普及，而且并不便宜，但它终究会普及的。

一家名为 Octinion 的公司声称其机器人在采摘“桌面”种植系统上(而非田地里的)种植的草莓时与人类相比具有成本竞争优势，还声称这将是该行业的发展方向。虽然机器人每 5 秒钟摘 1 个草莓，而人类每 3 秒钟就会摘 1 个草莓，但除去最初的购买成本，运营机器人的成本要比雇用人力低得多[67]。

在中国，制造业占中国 GDP 的 1/3 以上，从业人员超过 1 亿。从历史上看，中国制造业的竞争优势是低人工成本，但这种情况正在迅速改变：自 2001 年以来，中国制造业的工资平均每年增长 12%，而且中国制造商正在热情地拥抱自动化。中国现在是世界上最大的工业机器人市场，但要赶上发达国家的机器人组装基地，中国还有很长的路要走。

工业机器人远说不上完美，制造商低估了它们仍然需要取得的进步。2011 年，以制造苹果手机而闻名，营收达 1300 亿美元的台湾制造商富士康的首席执行官郭台铭宣布，公司的目标是到 2014 年投放 100 万台机器人。虽然机器人的表现未能达到他的预期，而且实际投放速度要慢得多，但机器人的表现正在迅速改善[68]。 P. 223

YouTube 现在有很多视频展示自动化在仓储工作中取得了多么长足的进步，但人们还是指出，亚马逊大量雇用仓库人员这一证据证明“自动化将破坏净就业增长就是天方夜谭”——用亚马逊仓库运营的高级管理人员戴夫·克拉克(Dave Clark)的话来说[69]。不幸的是，正如我们所见，这并不是天方夜谭。虽然亚马逊的仓库里有 10 万个机器人，但它仍然雇用人力，因为它正在快速增长，而机器人还无法完成人类所能做的一切。亚马逊的非营利性商业模式和卓越的管理意味着它正在吞食实体零售商的午餐，很快它也会吞食它们的晚餐。2018 年，全球在线零售额预计仅占零售总额的 8.8%，但这一数值正在快速增长，2016 年还只占 7.4%[70]。在很久前就决定了宁愿交通拥堵也不新建道路的英国，这一数值是 15.6%，并且仍在快速增长。

亚马逊是这种大规模结构转变的主要受益者。依靠这种结构转变来维持人类的工作的想法是极不明智的。人类在仓库中仍然保留的主要工作之一是从箱子中挑选物品。根据莫拉维克悖论，这对机器人来说是难以完成的任务。每年亚马逊都会举办机器人采摘制造商竞赛。第一家制造出人类水平机器人的公司将获得 25 万美元，亚马逊将停止使用如此多的人类，人们最终只好不再说亚马逊的仓库自动化证明不会造成广泛持久的失业。麻省理工学院的机器人专家阿尔伯托·罗德里格斯(Alberto Rodriguez)曾与亚马逊就此问题进行过合作，他认为这需要 5 年左右的时间[71]。

13.3.3 职业

当然,不仅是低收入和职业声望相对低的服务工作被自动化取代。还有一些职业也岌岌可危,包括律师、医生、建筑师和记者。这些职业有时被指责为针对普通人的阴谋,是受到保护的,有严格的准入要求,并对每年可以入行的新手人数进行限制。他们拥有声望和高薪,但这可能即将改变。

13.3.3.1 记者

Nuance 是瑞典银行 Nina 电话服务中心的 AI 系统的供应商。它能为记者提供服务,帮助他们更快地进行访谈和创作文章。但 2010 年成立于芝加哥的 Narrative Science 公司拥有一个可以在没有人工协助的情况下撰写文章的 AI 系统。它叫作 Quill,每天为福布斯和美联社(AP)等媒体创作与金融和体育相关的数千篇文章[72]。大多数读者无法识别哪些文章是由 Quill 撰写的,哪些是由人类记者撰写的,而且 Quill 的速度要快得多。

P.224

Quill 从分析数据(图、表格和电子表格)开始。通过数据分析,它先提取可能构成叙事基础的特定事实,然后为文章生成特定的计划或叙述,最后使用自然语言生成软件制作句子。

一家名为 Arria 的英国公司提供相同的功能,但它主要试图把 AI 系统销售给试图去读懂海量数据的企业,而这些数据可能会使这些企业不堪重负[73]。

Quill 并没有让成千上万的记者变得多余。相反,它大大增加了正在撰写的市场文章的数量。自世纪之交以来,报纸收入急剧下降,因为就业、房屋和汽车的分类广告都被迁移到网上了。例如,美联社等新闻服务机构增加了每位记者每日需要发表文章的数量,而减少了雇员的数量,还减少了关于某类公司季度收益报告的文章的数量。Quill 和类似的服务使它们能够扭转这种下降趋势。美联社现在发表的是关于中型公司季度报告的文章,而多年前它就放弃了这方面的详细报道。

Narrative Science 的创始人克里斯蒂安·哈蒙德(Kristian Hammond)在 2014 年预测,不出 10 年,所有报纸文章的 90%将由 AI 系统撰写。不过,他认为记者的人数会保持稳定,而文章数量则会大幅增加。最终,文章将可以针对特定读者来量身定制,最终针对每个人来量身定制。例如,一个研究机构宣布正确地为汽车轮胎充气可以减少 7%的汽油消耗,可以根据你的汽车类型、每周行驶的里程数,甚至你的驾驶风格进行定制——或许在你的个人数字助手的帮助下定制。当然,到那时你可能不会自己去开车。

人类记者数量将保持稳定,这样的预测听起来令人放心。事实上,你会认为这出自自动化技术营销人员之口。但鉴于 AI 的指数级改进,这是一个大胆的预测。

电视节目主持人也应该感到紧张。2015 年 12 月，上海东方卫视推出了声音极其逼真的 AI 天气预报播报员“小冰”[74]，其基础是数字助手软件 Cortana 的普通话版本。观众的反馈是积极的[75]。

P. 225

13.3.3.2　其他写作者

并非每个花费工作时间琢磨干脆利落的句子的人都是记者。例如，他们可能是公关专业人士或在线营销人员。一家名为 Persado 的公司声称，其 AI 系统起草的营销电子邮件的回复率比人类撰稿人的电子邮件高出 75%[76]。花旗银行和美国运通既是客户又是投资者。

有些人认为 AI 将使大多数营销人员变得多余。理由是它代表我们做出了越来越多的购买决策，所以品牌变得不那么重要。虽然我不太确定这个想法是否正确，但它是一个有趣的想法[77]。

2016 年 1 月，马萨诸塞大学的一名研究人员宣布了一款 AI 产品，可以为美国两个主要政党中的任何一方撰写令人信服的政治演说稿。该系统主要通过读取和分析国会辩论中的 50000 个句子而习得写作技巧[78]。

其他两个由于极易受到机器自动化影响而受到特别关注的行业是法律和医疗保健。让我们依次看看它们的具体情况。

13.3.4　律师

无论好莱坞电影怎么演，但大多数律师都不会花费时间在权威法官面前与天资相当的对手针锋相对，更不会在法庭内得意洋洋地抛出胜诉的论据博取人们的赞叹。大多数时候，他们在阅读大量非常乏味的材料，寻找可以将欺诈者定罪的证据，或者能够破坏合同效力的措辞不当的证据。

13.3.4.1　发现

许多律师通过“发现”这一过程接受了大量的在职培训。这在英国被称为“揭露”，是民法中的预审程序，双方必须提供可能影响案件结果的所有文件。类似的过程发生在公司并购的“尽职调查”阶段。在该调查中，初级律师（和会计师）团队待在数据室里，一连几周闭门不出，细读可能数以百万份计的文件材料，并寻找可以解决案件，或可作为并购活动中终止或重启谈判的理由的证据。

P. 226

从文件的大海里捞起事实之针是一种机器比人更适合做的工作。虽然律师是一个非常保守的职业，但有迹象表明比起其他一些职业，它能更好地理解将要发生的情况。RAVN Systems 是 AI 系统 Ace 背后的英国 AI 公司。该系统通过读取和分析大量非结构化、未分类的数据，生成数据摘要，并根据预先设定的标准突出显示最感兴趣的文档和段落[79]。当英国最大的律师事务所开始与 Ace 合作时，它被认为是具有开创性、实验性且有些冒险的。两年后，该律师事务所开始向潜在的新客户推广自己的服务,因为它最了解如何利用 RAVN Ace 的优点。请记住,在法律行业里面两年是个很短的时间,任何事情都有可能会发生!

通常,新客户的数据将带来一系列新挑战。一般来说,需要几天时间来训练系统如何读取数据,这一过程目前还需要人工干预。一旦训练完成,工作就会在没有人工参与的情况下进行,系统将比人类律师更快地完成工作。这就意味着律师事务所不得不想出新的方式向客户收费:旧的小时收费制度正面临挑战。

13.3.4.2 揭露冰山的全貌

有远见的律师实际上对这种自动化的到来感到兴奋。他们认为这会增加可以处理的案件数量,而不担心它会破坏初级律师的工作,使年轻人无法学习这个职业。为了说明这一点,考虑一个一家大型连锁超市对所有店内员工(成千上万人)的用工合同进行小幅改变的具体案例。之前,它的就业律师事务所会说,这项任务无法严格并且经济有效地进行。RAVN Ace 和类似的系统使这种工作成为可能,为律师事务所开辟了全新的工作途径。这就像是你紧张地站在一块冰上,以为你和冰冷的水只隔着薄薄的一层冰,但你突然发现你实际上是站在一座冰山上,脚下有一大块先前未知的固体冰。

P. 227

正如为律师提供 AI 平台的 Neota Logic 公司的总经理格雷格·维尔德森(Greg Wildisen)所说的那样,“今天有很多法律问题都没有得到‘法律解决’。因此,我们应当通过技术更好地整合法律资源的巨大空间,而不是担心失去工作。”[80]

因此,在短期和中期,白领工作领域的机器自动化将开辟许多人类可承担的工作的新领域,并且不会让在职者失业。他们仍然需要在大型新任务开始时训练系统,并处理更复杂的文档。

但是,随着 RAVN Ace 及其继任者以指数级的速度改善,它们将能够承担越来越多律师工作中复杂和高要求的任务。没有人能够完全确定这一进程是否会在某个时刻出现问题,这为人类留下了大量的工作,或者它是否会继续推进,直到没有多少工作留给人类。我自己的观点是,在短短的几十年内,这些机器会接替我们的大部分工作。

在冰山展露其全貌,也就是潜在需求被发现时所发生的短期内工作数量激增,可能会给我们一种虚假的安全感。自动化创造就业机会的现象有时被称为自动化悖论[81]。但该悖论可能只会在很短一段时间内成立。

13.3.4.3 表格

另一种相当基本的法律工作形式是为成立公司、起诉离婚、注册商标、申请专利等事务完成样板(标准)表格的填写。一家名为 LegalZoom 的公司成立于

2001 年,旨在提供这些在线服务,并逐渐实现自动化。LegalZoom 现在声称自己是美国最知名的法律品牌[82],而在 2014 年,私募股权公司 Permira 斥资 2 亿美元成为其最大股东。另一家公司 Fair Document 帮助客户填写表格的花费不到 1000 美元,是之前成本的 1/5[83]。

13.3.4.4 更复杂的律师事务

与发现和填写法律表格这两种枯燥无味的简单工作相对的,就是资深成功的高级律师所要承担的最复杂和最重要的工作,比如估计案件胜诉的可能性。律师 P.228 的建议至关重要,因为它将决定是否会花费大量资金。密歇根州立大学法学教授丹尼尔·马丁·卡茨(Daniel Martin Katz)领导的一个团队开发了一个 AI 系统,该系统分析了 7700 个美国最高法院案例。它正确预测判决的概率是 71%[84]。

美国和英国等普通法司法管辖区经验丰富的律师的另一项工作是确定哪些先例案件可用于支持诉讼。一个名为 Judicata 的系统可以在没有人工干预的情况下,通过纯粹的统计方法让机器学习如何查找相关案例[85]。

2016 年 9 月,中国东部省份江苏省开始使用“法律机器人”审查案件并就量刑提出建议。在接下来的 1 年里,它们审查了 15000 起案件,其中许多是交通违法行为,并且在一些案例中发现了问题[86]。

整个法律行业是否会在未来几年或几十年内实现自动化?例如专利律师这个职业?高级专利律师是技能高超和善于表达的人,但保护专利所涉及的大部分工作都是常规的,也许可以被自动化。2015 年 11 月,我参加了在伦敦科学博物馆 IMAX 电影院举办的一场辩论。该辩论的议案是“本议院认为,在 25 年内,专利将在没有人工干预的情况下进行申请和授予”。观众中有许多专利律师。虽然这项提议遭到两位资深专利律师的强烈反对,但议案获得通过。这与火鸡为圣诞节投票不完全相似,但肯定是值得深思的。

13.3.5 医生

医生是一种稀缺资源。只有有志学医并且聪明而敬业的人才能被医学院校录取,学习相关的本科和研究生课程,这些课程需要多年的努力学习。医院和当地手术室被组织起来以最大限度地利用这种资源,但一些批评者认为,将他们组织起来是为了医生而不是患者的利益。2015 年,资深医生、医学研究员埃里克·托波尔(Eric Topol)出版了《病人现在来见你》(*The patient Will See You Now*)一书,认为这句话应成为这个职业的口头禅,取代目前的“医生现在来见你”。

托波尔暗讽医学部(Medical Department,MD)的缩写 MD 实际代表的是医学之神(Medical Deity),指责许多医生对他们病人的态度是傲慢和家长式的,并 P.229 认为他们无法理解有关诊断的详情,并隐瞒病人的信息,以避免让他们感到不安。他认为数字革命将开始推翻这种令人不满的状况,因为它将廉价有效的诊断工具交到患者手上。

13.3.5.1 性价比更高的诊断学

2016 年 4 月,印第安纳大学的研究人员宣布,他们用开源机器学习算法对来自 30 家医院的 7000 份免费文本病理报告进行了测试,其结果与人类的测试结果相同或更好。同时,计算机更快更便宜[87]。

这种技术将变得更加普及。一家名为巴比伦的英国初创公司向客户收取每月 5 英镑的与专业医生团队进行通话(视频通话)的费用。在医生上线之前,患者由机器进行分类[88]。随着 AI 的改善,人类医生在这个过程中的作用将不断减小。

智能手机越来越善于收集我们的医疗数据,并进行基本分析。通过将便宜的适配器连接到手机上,患者可以快速测量血压、采集血糖,甚至进行心电图检查。你的呼吸可以被采样和数字化,用于检测癌症或潜在的心脏问题。你的手机相机可以帮助筛查皮肤癌。手机的麦克风可以记录你的声音,声音数据可以帮助衡量你的心情,或诊断你是否患有帕金森病或精神分裂症。

上述所有数据在某种程度上都可以用手机进行分析,并且在许多情况下足以提供有效的诊断。如果症状持续存在,或者诊断结果不清楚或不能令人信服,你可以将数据上传到云,也就是亚马逊和微软等公司运营的服务器。诊断的核心是模式识别。当复杂的算法将一组症状与数百万甚至数十亿其他患者的数据进行比较和对比时,它的诊断质量要优于任何一位人类医生的诊断质量。

罗斯·克劳福德(Ross Crawford)和乔纳森·罗伯茨(Jonathan Roberts)分别是昆士兰科技大学的骨科学和机器人学教授。在 2016 年 1 月的一篇文章中[89],他们认为医生需要了解在机器智能的帮助下,诊断服务的获取可以更便宜,并覆盖所有需要它们的患者,而不仅仅是那些富裕国家中已经出现症状的患者。

P. 230

他们认为这不会使医生失业。与法律一样,尚未得到满足的医疗保健需求冰山可由自动化和机器智能填补需求。Thyrocare Technologies 于 1996 年在孟买成立,是世界上最大的甲状腺检测实验室。它的创始人 A. 韦吕马尼(A Velumani)博士认为,90%可以从诊断测试中受益的人因为测试太贵而没有接受它们,所以测试的接受者仅限于那些已经表现出疾病症状的人。他建立了 Thyrocare 公司以满足这种潜在需求。现在,该公司每天处理 40000 个样本[90]。

随着这一冰山的全貌得以揭示,医疗保健行业(像法律行业一样)可以以更低的平均成本实现更多人更好的就业。起初,对医生的需求与以前一样多:他们将继续执行更复杂的诊断,而机器(可能由训练相对不足的人员部署)可以提供日常工作。但正如我们持续观察到的那样,机器以指数级的发展速度变得越来越智能。最后,什么能阻止它们扮演医生的其他角色,并做得更好、更快、更便宜?

13.3.5.2 开处方

如果机器可以诊断,那么它们还可以开处方并完成处方调配吗?旧金山加利福尼亚大学设计了一名机器人药剂师,据报道,该机器人开了 600 万张处方,只犯了一次错误——这个记录比人类药剂师的记录要好 6 万倍[91]。

13.3.5.3 跟进发展

正如我们在 3.4 节中看到的那样,机器在模式识别方面与人类处于同一水平,并且将很快变得更好。它们已经能够比专业人士更好地跟上自身所处领域的新发展。

为了跟上已发表的医学研究,人类医生每周必须阅读 160 小时。对于人来说这显然是不可能的,但是机器没有这样的带宽限制。IBM 正在凭借其 Watson AI 系统大举进军医疗行业。根据私人医疗保健公司 Wellpoint 首席医疗官塞缪尔·内斯鲍姆(Samuel Nessbaum)的说法,Watson 对肺癌的诊断准确率为 90%,优于人类医生 50%的诊断准确率[92]。

P.231

IBM 自称 Watson 是一个单一系统而不是由可以根据需要进行混合和匹配的不同系统组成,IBM 因此而受到批评。它还被指责并没有像原先指定的那样着眼于"登月计划",而是处理起"小"项目,比如治愈癌症[93]。我们在 13.3.3.1 节讨论记者这一职业时提到的 Narrative Science 创始人克里斯蒂安·哈蒙德说:"每个人都认为赢得'危险边缘'游戏根本是不可能的,但现在感觉就像他们把很多东西都冠以 Watson 品牌名——但这不是 Watson。"[94] 2016 年 3 月,DeepMind 创始人德米斯·哈萨比斯(Demis Hassabis)甚至认为,Watson 本质上是一个专家系统而不是深度学习系统[95]。

IBM 并不担心这种批评。它说 Watson 现在被数百家公司用来解决特定的问题。比如,澳大利亚能源集团 Woodside 用它来审查其 30 年的工程项目中的 20000 份文件,以确定某一特定管道类型可以承受的最大压力。将 Watson 品牌应用于所有这些应用可能是一种营销形式,但该公司花费了大量的时间和金钱来创建这个品牌,因而不期望努力收回投资是不合理的。

也就是说,IBM 正在为其商业 AI 产品开发一个新品牌。Celia 是认知环境实验室智能助理(Cognitive Environments Laboratory Intelligent Assistant)的缩写,它似乎是一个对用户更加友好的前端。比如,它能使业务分析师通过语音和操纵增强现实领域中的虚拟对象的方式与其进行交互[96]。

IBM 仍然在医疗和其他领域追求"登月计划"。正如我们多次指出的那样,机器学习是由数据驱动的。2015 年 10 月,IBM 向拥有 300 亿张医疗图像的 Merge Healthcare 公司支付了 10 亿美元[97],并花费 20 亿美元购买 The Weather Company(天气公司)的数字资产,用于建立天气预报服务。当年年底,它推出了 Avicenna,这是 Watson 医疗保健业务部门的产品,旨在帮助放射科医生确定优先审核哪些图像,并帮助他们进行诊断[98]。有趣的问题是,至少需要多长时间才会让一些放射科医生在这个过程中变得多余。两位世界顶级的 AI 研究人员杰夫·欣顿(Geoff Hinton)和吴恩达(Andrew Ng)都表示,随着人工智能的不断发展,如今接受培训的放射科医生的职业生涯将会大大缩短[99]。

P. 232

13.3.5.4 手术

你可能会认为,在可预见的未来,外科手术中的人工实际操作和极为杂乱的事务都将由人而不是机器来完成。事实很可能不会是这样。急诊室中技术要求最高的专业人员之一是麻醉师,而强生公司就拥有一个名为 Sedasys 的自动化机器人麻醉师。这尽管遭到业内人士的激烈反对,但它仍被美国食品和药物监督管理局(FDA)批准在结肠镜检查等不太具有挑战性的手术中提供麻醉。它在加拿大和美国实施了数千次手术[100]。2016 年 3 月,强生公司宣布由于销售低迷而退出 Sedasys 业务,尽管相对于人工麻醉师每次手术耗费的 2000 美元[101],该机器每次手术成本只需要 150 美元。这肯定不会是机器发展过程中的最后一次挫折,但从长远来看,经济事实终将占上风——虽然这一进程在正常市场规则通常不适用的行业中可能更为缓慢。

2016 年 5 月,一篇学术论文宣布机器人外科医生的表现超过了人类同行。智能组织自动机器人(STAR)进行的猪组织手术在效果上要好于人类独自操作的手术,尽管其速度只有人类的 1/4,但也好于人类在半机器人达芬奇系统辅助下做的手术[102]。

2017 年 9 月,香港的权威主流报纸报道了世界上首例成功的自动化牙种植手术。该手术在一位女性的嘴里装了两颗新的牙齿。文章的图片中病人看起来很害怕,但这是她的第一次,也是世界的第一次[103]。

一项发表在《柳叶刀》(*Lancet*)医学杂志上的一项研究显示,20000 个曾经在最近 5 年做过前列腺手术的英国人都选择的是使用机器人的诊所。这种偏好强烈到足以迫使一些没有机器人的诊所倒闭[104]。

13.3.5.5 教育

无论如何,在学校层面教师是教育的积极组成部分。研究一再表明,教学质量对学生在学校期间和毕业后的表现有很大影响。但是学校负担不起足够的师资力量,政府的官僚主义也给教师带来负担,而且大多数国家的文化都低估了教师的价值。

P. 233

如果 AI 对每个学生的学习进行详细监控会发生什么?如果学生提出的每个问题、写的每个句子都被跟踪和分析,并立即得到适当的反馈又会发生什么?教师将扮演教练而不是讲解者的角色,但和其他职业一样,他们的贡献范围将缩小。

AI 在教育中抢占的首个目标是打分，也被称为评分。这是许多教师生活不开心的原因，因而他们会欢迎一位可以减轻他们职责的助手。一家名为 Gradescope 的公司给 100 所美国大学的 55000 名学生的作业打分——给简单的多选题测试打分。该公司在 2016 年 4 月筹集了 260 万美元，用于将其产品开发为可以给复杂的问题和论文进行打分的系统[105]。像 Pearson 和 Elsevier 等提供教育服务的大型企业也和它一样正朝着同一方向发展。

到 2015 年底，佐治亚理工学院的 300 名学生就像实验豚鼠一样，在不知情的情况下加入了一个观察他们是否会注意到 9 名助教中有 1 名是机器人的实验。他们只通过电子邮件联系，问"我可以修改提交的上一次作业吗？"这样的问题。他们会收到例如"很遗憾没有办法编辑已提交的反馈"这样的回答。没有一个学生注意到吉尔·沃森(Jill Watson)(以其运行平台 IBM Watson 系统命名)实际上是一个 AI[106]。

13.3.6　金融服务

金融行业显然是机器智能的目标，它所提供的是基于大数据的高价值(和高价格)服务。面对来自能够吸收所有相关数据，并且永远不会忘记其中任何一项的机器的竞争，人力资源分析师和经纪人将越来越难以提供价值。向投资者提供建议的服务也由机器代劳，并且像 SigFig 这样的系统会将客户的风险偏好和投资风格纳入其分析低成本机会的算法以及建议中去[107]。类似的所谓"机器人顾问"服务可从 Betterment、Wealthfront 和 Vanguard 公司获得[108]。

在撰写本书时，所谓的"金融科技"是风险资本(VC)投资最热门的领域之一，银行正在花费大量的时间和精力来研究对其商业模式造成的最大干扰来自何处，以及它们是否可以自己成为破坏者而不是受害者。银行业，特别是零售银行业，在传统上是一个保守的、发展缓慢的行业，但其发展步伐正在加快。高盛(Goldman Sachs)的报告称，美国 40％的支票现在都是通过电子方式处理，尽管该服务仅启用了 4 年[109]。 P.234

2017 年 9 月，德意志银行的首席执行官上了头条新闻。他在新闻中告诉观众："在我们的银行，我们有人像机器人一样工作。明天我们会让机器人像人一样工作，这就要发生了。银行业的悲惨事实是，我们不需要像今天这么多的人。"[110]

迪拜 Mashreq 银行的首席执行官对此表示赞同。他认为通过使用 AI，银行就业将随着时间的推移而缩减，并补充道，他自己的银行将在未来 12 个月内裁减 4000 人中的 10％。他还补充道，公司初级员工的平均成本为 25 万迪拉姆，而用 AI 取代他们的成本是一次性投资 3 万迪拉姆。现在可以通过 AI 完成的服务包括发行新的信用卡、存入支票和开设新账户[111]。

瑞士联合银行集团(UBS)首席执行官表示,"他的银行可以在未来几年内将员工人数从近10万人减少到7万人左右。银行预计可以减少30%的员工听起来并不怎么令人感到安慰,但工作将会变得更加有趣,其中人的因素对于提供的服务至关重要。"[112]

13.3.6.1 交易与执行

这些服务目前部署了原始形式的AI。根据市场研究公司Preqin的数据,管理2000亿美元资产的数千家对冲基金在大多数交易中都使用计算模型。但他们使用的是传统的统计方法,而不是会自己学习和进化的AI系统。这种现状正在改变。全球最大的对冲基金桥水基金聘请了从IBM离职的戴维·费鲁奇(David Ferrucci),他在IBM负责管理在《危险边缘》游戏中击败肯·詹宁斯(Ken Jennings)的那一版Watson系统的开发[113]。2016年1月,香港的对冲基金Aidyia成立。该基金的首席科学家是AGI的主要研究人员之一本·戈策尔(Ben Goertzel)[114]。

AHL对冲基金从2014年开始在交易中认真使用AI,并在一年内创造了该部门一半的利润。管理着50亿美元的AHL是英仕曼集团(Man Group)最大的子公司之一,而管理着960亿美元的英仕曼集团又是全球最大的上市对冲基金公司[115]。说服公司信任AI的高管尼克·格兰杰(Nick Granger)成为了AHL的首席执行官。"人类将会消失的想法……是不对的。只是他们去做附加值更高的任务罢了。我们需要比我们更聪明的人类。"这引出了一个问题,即当银行雇用了大批更聪明的人类时,现有员工会发生什么。英仕曼集团的首席执行官卢克·埃利斯(Luke Ellis)不那么乐观了:"我的希望始终是有些工作只有人类可以胜任而AI不行,但我绝不会拿生命作为赌注。"[116]

P. 235

其他专家也同意。另一家使用AI的对冲基金公司Two Sigma的创始人戴维·西格尔(David Siegel)表示,"人类的思维并没有比100年前更好,使用传统方法的人很难将全球经济的所有信息都放在他们的头脑中。没有一位人力投资经理能够击败计算机的时代将会到来。"[117]

投资公司Protégé Partners的杰夫·塔兰特(Jeff Tarrant)认为该技术处于采用的早期阶段,而"未来若干年资产管理领域将出现大规模失业"。[118]

"算法交易"在金融界遭到很多人的批评。这些批评家指出机器人会跟踪虚假的相关性(例如缅因州的离婚诉讼一直跟踪人造黄油的销售情况),以及机器人能以难以理解且有潜在危险的方式推动市场发展。但是,在一个人类再也跟不上节奏的极其复杂的金融世界中,机器人不仅是不可避免的,而且是必要的。戴维·西格尔说:"人们谈论机器人将如何毁灭世界,但我认为机器人会拯救世界。"

2017年7月,全球最大的投资银行摩根大通(JP Morgan)宣布,它在欧洲试行的一项用于交易执行的深度强化学习系统已经取得成功。这一名为 LOXM 的系统将被推广至美国和亚洲。交易的执行在以前被认为是人类擅长的技术性任务，它不涉及应该选择买入哪些股票，而是涉及决定何时进行交易以及多少交易量可以显著影响所达到的价格。摩根大通声称，此举将使其领先竞争对手两年，这将使竞争对手损失数百万美元[119]。

顶级分析师是投资银行中薪酬最高的人群之一，但他们现在是 Kensho 等许多金融科技公司取代的目标。这些金融科技公司通过对数千个数据集进行分类，在几分钟内就能生成报告，而这原本将花费娴熟的分析师几天的时间。例如，向系统询问叙利亚危机，系统将产生一份报告，显示其对许多国家的公司、货币和商品的影响。Kensho 的创始人丹尼尔·纳德勒(Daniel Nadler)认为，三分之一到一半的财务人员将在10年内被裁掉[120]。

P. 236

13.3.6.2 合规

驱使金融服务公司使用 AI 的因素之一是政府和监管机构强制施行的日益复杂的合规要求网络体系。像 IPSoft 旗下的 Amelia 这样的系统可以帮助保险公司和其他金融服务公司适应这一体系，并确保员工使用的表格和程序是最新的[121]。

全世界的银行都很难避免因进行非法或受制裁的交易而被罚款数亿美元。渣打银行2015年的监管成本上升了44%，达到4.47亿美元，因为它不得不雇用数千名额外员工来处理合规要求。2016年3月，它宣布将投资一大笔资金用于 AI 系统的建设，以监督交易者的行为并使他们的活动符合监管规范[122]。

金融服务业的管理人员似乎开始意识到他们生计面临的潜在威胁。咨询公司埃森哲(Accenture)在2015年秋季对17个不同行业的1700名管理人员进行了调查，结果显示他们对自动化很是担心。总体而言，1/3的管理人员担心智能机器将威胁到他们的工作，而在高级管理人员中这一比例更高达39%。科技行业管理人员的焦虑人数比例不出所料是最高的(50%)，但银行业的焦虑人数比例也高达49%[123]。

13.3.7 软件开发

你可能认为最安全的工作之一就是软件开发，但谷歌的自动化机器学习项目和许多其他类似的项目一样，试图通过机器学习软件来开发机器学习软件，以克服机器学习开发人员短缺造成的阻碍。首席执行官森达尔·皮查(Sundar Pichai)解释说："尖端的 AI 系统是由机器学习科学家亲手打造的，而世界上只有几千个科学家才能做到这一点……我们想让数十万的开发人员都能够做到这一点。"[124]

P.237

13.4 怀疑论

13.4.1 反向卢德谬论

正如我们在第12.4节中看到的那样,卢德谬论存在争议的地方在于,我们已经实现了几个世纪的自动化并未导致持久的大面积失业,所以按此推断永远也不会。多年来人们多次担心失业问题,但事实证明他们总是错误的。因此他们就像是在《伊索寓言》中哭着说狼来了的男孩一样[125]。

当这一观点被直白地表达出来时,它的错误之处是很明显的:这类似于说因为我们从来没有派人到火星,所以我们以后永远也不会派人到火星。或者类似于1902年有人说,尽管出现了多次错误警报,但我们还是没有实现动力飞行,因此我们永远不会实现动力飞行。

如果你把马算作雇员的话,这一观点在历史上也是不准确的。正如我们之前看到的那样,1915年美国有2150万匹马,它们主要是在农场工作;而现在农场几乎没有一匹马。即使你只将人类视为雇员,你对"持久"失业的定义也必须极端化:至少在19世纪上半叶的英国,恩格斯停顿指的是劳动力在国民收入中占比减少这一事实。

至于"狼来了"的故事,值得我们记住的是,在故事的最后,狼确实出现并咬死了所有的羊。自动化已持续了几个世纪,过去声称它导致永久性的大面积失业已被证明是错误的。但是如果有充分的理由认为这次可能会有所不同,我们就不应该自负。

过去几轮的自动化进程中,人类和动物的肌肉力量被取代了。这对于被取

P.238

代的人来说是件好事,因为他们可以继续从事更有趣且危险性更低的工作,使用

的是他们的认知能力而不是肌肉力量。

智能机器正在复制和(在许多情况下)提高我们的认知能力。正如我们在第 13.1 节中看到的那样，我们在工作中做的是获取信息、处理信息并将其传递给其他人。智能机器在这方面比我们做得更好。在图像识别方面，它们已经比我们做得更好了；在语音识别方面，它们正在超越我们；在自然语言处理方面，它们正在追赶我们。与我们不同的是，它们的进步很快：由于摩尔定律作用(这一定律正在进化，并没有失效)，它们每 18 个月左右就会变好 2 倍。

如果你仅仅因为技术性失业在过去没有发生就认为它在未来几十年内不会发生，那么你犯的是一种逻辑上的谬误：反向的卢德谬论[126]。

13.4.2　无穷无尽的需求

有些人认为人类不会失业，因为存在无穷无尽的潜在需求。在 2014 年 6 月马克·安德烈森(Marc Andreessen)的博文中，他写道："这种思维是教科书式的卢德谬论。它基于劳动总量谬论认为有固定数量的工作需要完成。经济学家米尔顿·弗里德曼(Milton Friedman)则对工作有限论进行了反驳，他认为人类的需要和需求是无限的，这意味着总是有更多的事需要去做。"[127]

是有可能存在很多需求，但如果一台机器可以随时提供更省、更好、更快的供应，那么让它代替人类去做这项工作将始终具有经济上的吸引力。

13.4.3　自动化悖论

我们在上一节中看到，可以将 AI 系统应用于被律师称为发现或者披露的过程，看起来我们已经不再需要初级律师了，但事实证明机器带来了一大批潜在的新工作。以前被认为不经济的项目现在是可行的，而且初级律师仍然需要进行初步培训。这被称为自动化悖论，或者说是冰山现象：有人认为初级律师站在薄薄的冰面上，但事实证明他们站在了大量新工作的顶端。他们的处境看起来又开始变得安全。

在医学诊断中可能会出现类似的现象。还是在 3.9 节中，我们看到智能手机的廉价附件很快将使我们所有人都能比现在更频繁、更便宜地接受检查。智能手机上的 AI(或它在云端访问的服务器)将评估您的血压、血糖、呼吸、声音和其他更多指标，并在大多数情况下提供即时判断。至少在最初阶段，结果会是我们将获得更好的医疗状况信息，我们需要更多而不是更少的医生向我们解释检查结果。

P. 239

然而，随着时间的推移，机器将继续变得更快而且更有效，并沿着冰山前进，因此所有这些新工作将再次消失。

13.4.4 人性化

一些观察家认为,我们从机器智能自动化中解脱出来的关键就是我们的人性。我们的社交技巧和我们同情、关心的能力意味着我们以与机器不同的方式执行任务。这种观点认为机器从定义上来说是非人性化的,这使得它们不适合某些类型的工作。

美国国家经济研究局的研究员戴维·戴明(David Deming)认为,我们已经看到了这种情况的影响。在2015年发表的一份报告中,他声称自1980年以来美国就业增长最快的就是需要良好社交技能的工作。需要强大的分析能力但不需要社交技能的工作一直在下降——这意味着这些工作已经自动化了[128]。

不幸的是,如果可能的话,人类并不是任何时候都想与其他人打交道。第一台自动存款机Bankograph于1960年被安装于纽约的一家银行,但遭到了目标客户的排斥。它的发明者卢瑟·西姆吉安(Luther Simjian)解释说:"使用这些机器的人只有妓女和赌徒,因为他们不想面对面地与柜员打交道",而且当时没有足够的消费者来使这些机器成为一项有价值的投资[129]。第一台自动取款机(ATM)于1967年6月被安装于伦敦北部的一家银行里。起初,人们对是否去使用它们犹豫不决,但当他们意识到不再需要为现金排队时,情况发生了变化。即使银行关门了(当时银行在大多数时间里都是关门的),他们都可以使用。很快,相对于人类银行出纳员,人们表现得明显更喜欢机器[130]。

护理是一种与长期照顾人相关的职业。弗洛伦斯·南丁格尔(Florence Nightingale)在护理克里米亚战争受伤者时饱含深情的形象植根在了这一职业的自我形象中。但越来越多的证据表明,机器人能为病人提供完全可以接受的陪伴,有时甚至比人类更受欢迎。Paro是为在医院使用而开发出来的机器海豹。它有着可爱的外形和一对黑色大眼睛,全身被柔软的皮毛覆盖,体内包含2个32位处理器、3个麦克风和12个触觉传感器,并能通过静音电机系统进行动画处理。它通过吸吮假的安抚奶嘴来充电。

P. 240

开发Paro花费了1500万美元。它能区分人类个体,还会重复看似能够取悦他们的行为[131]。事实证明,它特别受阿尔茨海默病患者的欢迎。正如圣塔克拉拉大学哲学教授香农·瓦洛尔(Shannon Vallor)所说:"人们已经表现出非凡的能力,可以将他们对其他人的思想、情感和感受的心理期望转移到机器人身上。"[132]

日本是试验老年人对机器人护理接受程度的试验台。由于出生率一直很低,日本人口呈老龄化趋势,而且日本长期以来一直对通过引进大规模移民解决劳动力短缺的问题持抵制态度。此外,其人口通常是技术型的,所以日本最大的公司之一软银现在拥有几家包括Aldebaran和波士顿动力公司在内的世界领先的机器人公司，这很可能并非巧合。到目前为止，所有的证据都表明，老年人对机器人护理的接受度很高。东京老人院的一位经理说："很多人认为老年人会对机器人感到害怕或不舒服，但他们实际上非常感兴趣，而且能与机器人自然交流。他们非常喜欢与机器人交谈，而且当他们使用康复机器人时他们会更有动力，这使得他们能够更快地恢复行走的能力。"[133]

因此，人们比我们直觉上所预期的更乐意与机器进行更频繁的交互。此外，机器在理解人类方面比我们预期的也要好得多。

13.4.5　机器人治疗师

美军的退伍军人普遍患有"创伤后应激障碍"，但他们中的很多患者并不愿意坦陈病状。DARPA 对南加州大学开发在线治疗服务的研究进行了资助。最新研究成果是创造出一位名为 Ellie 的在线虚拟治疗师[134]。事实证明，它在诊断创伤后应激障碍方面比人类治疗师做得更好。

这有两个原因。首先，士兵们在知道是跟一个不会评价他们的实体讨论他们的感受时不会觉得那么尴尬。在一项测试中，100 名受试者被告知 Ellie 由人控制，另有 100 人被告知这是一个机器人。第二组在口头和表情上都能更坦率地表达他们的感受[135]。

其次，也许更有趣的是，Ellie 从士兵的面部表情而不是其所说的内容中收集了大部分关于士兵大脑内部的信息。在与人类治疗师交谈时，士兵可能成功地给人类治疗师造成他没得什么病的假象，因为人类治疗师在仔细倾听他们所说的话，所以可能错过与他所说的话相矛盾的微妙面部信号。与我们的直觉相反，抑郁症患者笑得跟快乐的人一样频繁，但他们的笑容更短暂、更生硬。Ellie 非常了解这一点[136]。 P.241

大多数人可能会同意戴维·戴明的观点，他说："阅读别人的思想并作出反应是人类数千年来进化出的一种技能。"工作场所中的人际互动涉及团队协作生产。在生产活动中，工人们互相激发各自的优势并灵活适应不断变化的环境。这种非常规的互动是人类优于机器的核心，但我们可能很快就要重新考虑这一点了。

在所谓的护理职业中，是否可能有足够的工作岗位来雇用上一代从事司机、医生、律师、管理顾问等职业的人，这个问题还远不够明朗。特别是如果机器也将强势打入护理行业的话。

13.4.6　人工制造

人们建议保留人类就业的另一种方式是，我们把人工制造的物品的价值定得比机器制造的物品更高。但除了手工制作蛋糕等一些利基领域之外，很难在当今世界看到更多证据[137]。例如,现在又有多少人愿意选购手工制作的收音机或汽车呢?

人们可能更喜欢手工而不是机器制造的产品和服务有四个原因:质量、忠诚、变化和地位。

如果人工生产出更好的产品或提供比机器更好的服务,那么其他人就会从他们那里购买。但本章的论点是,在许多领域,或许在大多数领域,机器将更省、更好、更快地生产商品和服务。

对我们的物种保持忠诚可能是抵御机器人的更好方式。"购买手工制品,拯救人类!"听起来似乎是一种合情合理的口号,或至少是一个营销口号。往昔并不能作为未来的可靠指南,但它是一个很好的起点。不幸的是,呼吁大家保持忠诚可能没有多大作用。20 世纪 60 年代后期,随着大英帝国的解体和德国的经济实力复苏,英国感到不安。始于 1967 年 12 月的"我支持英国"活动试图让英国人购买国货而非进口货,但活动在几个月内就消失了[138]。

P. 242

汽车制造长期以来一直是一个国家制造业活力的象征。20 世纪 50 年代,英国是仅次于美国的世界第二大汽车制造商。但在 20 世纪 60 年代,其设计和制造质量首先落后于欧洲的竞争对手,然后又落后于日本。尽管英国多次呼吁购买本国产品,但销售额不断下降。1975 年剩下的国家级制造商英国利兰(Leyland)被国有化。英国的汽车制造业此后就没有复苏,英国现在也没有一个全球重要汽车品牌。幸运的是,它有许多为外国品牌服务、蓬勃发展的创新型汽车设计和零部件业务。

如果机器制造的产品质量更好、价格更便宜,那么吸引人们出于对某种产品的忠诚而购买手工制品可能不会产生巨大的经济作用。在就业率下降的世界里,大多数人都必须尽可能购买高性价比的商品。

购买手工制品的第三个原因可以用"手艺变化"这个短语来概括。我们喜欢古董,因为反映年代的铜绿赋予它们个性:每一件都是独一无二的。艺术家的原创作品也是如此,即使它不是弗米尔(Vermeer)或罗本斯(Rubens)的作品。但对于大多数人来说,这是奢侈品的特权,是一些我们不断展出的精选作品。我们的大部分财产都是批量生产的,因为它们便宜得多,可以一次性使用,我们可以通过这种方式获得更好的生活方式。

在 19 世纪下半叶,我们已经见过这种情况。随着工业革命的全面展开,威廉·莫里斯(William Morris)帮助发起艺术和手工艺运动,以生产手工制作的家具和装饰品。他关心的是提高质量而不是降低失业率,但实际上他最终制造了只有富人才能买得起的奢侈品[139]。

最后,由于地位原因,有些人可能会选择从人而不是从机器那里购买商品和服务。但根据定义,这只能算是一种利基活动,不会使我们大多数人免于失业。

13.4.7　企业家

如果机器接管重复性的工作，人类将会做那些需要创造力、直觉和追求反直觉路线的事情。符合该描述的一个职位是企业家。

根据我的经验有两种类型的企业家。两者都足智多谋、有决心，并且其智力通常高于平均水平。第一种也是最常见的类型，是在一个某方面水平低下的机构中工作的人。这类人注意到了这一点，并决定改善其水平。他们利用在为原单位工作时获得的基本技能和行业知识，逐步改进新单位在这方面的水平。这些人才华横溢、勤奋工作，但他们也是有幸在合适的时间、合适的地点找到了合适的机会。如果他们没有担任这个职位，他们就会把自己的职业生涯用于为他人工作，而且因为他们勤劳而聪明，所以他们可能也会做得很成功。 P.243

第二种类型的人，无论生活将他们置于何种境地，他们都命中注定是一个企业家。他们永远不会因为为别人工作而感到高兴。他们设想自己处于一个对其他人来说难以想象的未来世界，但他们选择相信它，并凭借纯粹的意志力去将未来变为现实。他们将不顾重重障碍去实现它，并且可能经历不止一次的破产。他们很有魅力，精力充沛，而且经常很难相处。用领英创始人里德·霍夫曼(Reid Hoffman)的话来说，他们会很高兴地从悬崖上跳下来，在下落的过程中组装一架飞机[140]。

这两种类型的企业家都很少见，特别是第二种——这对我们其他人来说可能是一件好事。无论如何，这可能不是一项可以挽救大量人员免于技术性失业的职业。关于将企业家作为职业，另一件你需要记住的事是大多数初创企业都失败了。

13.4.8　“半人马”

1997 年，一台计算机首次击败了国际象棋中最优秀的人类。深蓝计算机是世界上最强大的计算机之一，它击败了卡斯帕罗夫(Kasparov)。比赛难分伯仲，结果引起争议。今天在笔记本电脑上运行的程序可以击败任何人。

但卡斯帕罗夫声称，一个非常优秀的人类国际象棋选手与一台强大的国际象棋计算机合作，可以击败另一台国际象棋计算机。人类可以通过一些在短期内意义不大的下法或凭直觉地部署策略来破坏计算机的布局。人和计算机合作的国际象棋比赛被称为高级国际象棋比赛或“半人马”国际象棋比赛。卡斯帕罗夫本人于 1998 年在西班牙莱昂发起了第一次“半人马”国际象棋比赛。此后，这个比赛一直固定在那里举行。泰勒·考恩(Tyler Cowen)在他的《平均就是结束》(*Average is Over*)一书中广泛探讨了这种形式的国际象棋。 P.244

有些人认为人类与计算机合作形成“半人马”的这种现象是一个隐喻，暗示我们如何避免大多数工作被机器智能自动化代替。计算机将处理工作(或任务)

中的那些常规的、逻辑的和枯燥的环节,而人类将从这些工作中解放出来并施展自己的直觉和创造力。工程师并没有因为计算机取代算尺而变得多余。《连线》(*Wired*)杂志的创始人凯文·凯利(Kevin Kelly)说得就更富诗意了,"机器寻觅答案,人类寻觅问题"[141]。

问题在于,我们人类在开展任务和工作时所表现出的直觉和创造力在很大程度上是与模式识别有关的,而机器在这方面正以指数级的速度变得更好。如果医生能够保留更有趣和更具挑战性的诊断工作,医生可能会乐意将感冒或流感的常规诊断委托给能够做得更好的机器。但是,在更困难的情况下,有什么能阻止机器超过医生呢?律师的处境也是一样的:通过筛选大量文件寻找证据的繁琐业务已经外包给机器了。更有趣也更艰巨的制定法律策略的任务也有可能会随之而来。

不可否认,在机器获得一定程度的常识之前,人类可能需要对机器的工作进行一定程度的人工监督。在此之前,当数据故障或软件错误产生了一个不可行或危险的奇怪结论时,机器的盲目逻辑思维过程是无法意识到的。但正如我们在第3章"AI的指数级增长"中看到的那样,深度学习的创始人认为具有常识的机器将在10年左右出现。这并不意味着它们将获得意识,而仅仅意味着它们将创建外部世界的内部模型,以使自己能够像我们一样理解故障和错误的影响。

机器已经在将程式化任务实现自动化方面取得了相当大的进步,尤其是所有工作都是程式化的那些职业。随着机器表现的提高,它们还将越来越多地接管非程式化的任务和工作。

为回应2016年5月发布的一项调查,经验丰富的AI研究员尼尔斯·尼尔森(Nils Nilsson)简明扼要地提出,不久之后,机器将演唱欧文·柏林(Irving Berlin)1946年为百老汇音乐剧《安妮,拿着你的枪》(*Annie Get Your Gun*)创作的歌曲,歌词是"你能做的任何事情,我可以做得更好。我做任何事情都比你做得更好"[142]。

P. 245

13.4.9 神奇的工作抽屉

如果机器要抢占我们现有的许多工作,也许是大部分工作,那么我们能否创造一大批新的工作,也许是整个行业,来取代这些工作呢?那些认为我们可以做到的人指出,许多我们今天所做的工作在100年前都不存在。我们的祖父母不会理解我们所说的网站建设者、社交媒体营销人员、用户体验设计师和首席品牌传播者是什么意思。当然,有人认为,我们所讨论的所有这些新技术都会创造出许多我们今天无法想象的新型工作。

在这个问题上,由于塞巴斯蒂安·特龙(Sebastian Thrun)将担任谷歌自动驾驶汽车项目的最高负责人,因此他的话值得一听。他乐观地说:"随着新技术的出现,我们总能创造新的就业机会。我不知道这些工作会是什么,但我相信我们会找到它们。”[143]

不幸的是，过去的经历（再次）并不像你想象的那样令人鼓舞。杰拉德·赫夫(Gerald Huff)是硅谷的一名高级软件工程师，硅谷是我们探讨的发展的起点。由于对技术性失业的前景感到紧张，他对1914年和2014年的美国职业进行了比较分析。根据美国劳工部的数据[144]，他发现2014年80%的职业在1914年就已经存在。此外，20%的新职业的就业人数并不多，只占了工作人口的10%。今天的美国经济比1914年要庞大得多，雇用的人数也多得多，但这些职业并不是新的。

当然，有些人认为今时不同往日，以往的数据不足以支持对今天变化的判断。这次可能会有所不同，因为大量新工作将被创造出来，包括普通技术人员的工作，而不仅仅是社交媒体营销等相对高级技术人员的工作。但那些认为我们正陷入卢德谬论的人并不能说，历史表明在经过一段时间的调整后，每个人将会获得更有趣和更安全的新型工作。历史并没有表明这点。

如果我们要创造大量新工作，那么它们会是什么？也许我们中的一些人会成为梦境牛仔，在清醒的梦中引导彼此做个顺畅的美梦。其他人可能成为情感教练，互相帮助彼此克服抑郁、焦虑和沮丧。也许将来有一些工作是我们现在无法用语言描述的，因为技术尚未发展到可以使它们出现的地步。

P.246

不难想象，虚拟现实(VR)会创造出许多新的工作。如果它真的像热衷者认为的那样会让人上瘾，那么很多人会在VR世界中花费大量的时间。在这种情况下，人们对虚构或模拟出来用于栖息的新世界有巨大需求，而有需求就意味着就业机会。

但这是否意味着会有人类的工作机会？虽然最新的超级英雄大片致谢名单无比庞大，因为它将每位参与超现实外星人军队的转描人员和创作人员都写入了名单，但是最新的计算机生成图像(CGI)技术也使两个拥有手机的青少年能够制作出可以在剧院发行的电影。日益强大的软件和硬件使得好莱坞导演能够创作出让其前辈们难以置信的复杂而迷人的视觉世界，它也使核心人员能够开发出大量的沉浸式内容。总会有一些高级导演很可能被高薪聘请去挑战想象力和创造力的极限，但软件将在VR制作中扮演越来越重要的角色。

游戏行业已经不是第一次向我们展示各种可能性。2014年推出了一款名为《无人深空》(*No Man's Sky*)的游戏，它仅仅依靠算法和随机数生成器创造出的虚构世界就比你在有生之年能看到的要多得多。你可以大胆地前往程序员或设计师都没去过的地方[145]。

历史记录告诫我们不应该在发明大量新工作来取代已经被机器接管的工作这个问题上过于自信。虽然这可能会发生，但坚信其会发生跟盲目地相信“神奇的工作抽屉”没有多大区别：我们可以在需要的时候打开它，然后成千上万令人兴奋的新工作就会从抽屉里飞出来。

13.4.10 艺术家

在所有这些明显令人沮丧的预测之后,让我们说一个更加乐观的方面。直到AGI完全具有意识之前,有一种职业可能永远不会被自动化。这个职业就是艺术。要理解其原因,区分艺术和创造力这两个概念是很重要的。

P.247

创造力是利用想象力创造出独创性事物的能力。想象力是获得原始想法的能力,似乎没有理由说想象力需要清醒的头脑。创造力可以仅仅指以一种新颖的方式将两个现有的想法(可能来自不同的专业领域)结合起来的行为。

19世纪杰出的化学家奥古斯特·克库勒(August Kekule)在凝视一团火时做起了白日梦,在梦中破解了苯的分子结构之谜[146]。没错,他已经花了很长时间思考这个问题,但根据他自己的说法,当创造性的火花点燃时,他的有意识的头脑肯定不在工作。你可能会反驳道,克库勒的潜意识是洞察力的创造者,而潜意识只能存在于有意识的地方,但在我看来这一断言是需要证明的。

我们在第2章"技术现状——弱人工智能"中看到,机器是可以有创造力的。2015年中期,谷歌研究人员在图像识别神经网络中安装了反馈回路,结果是产生了一系列令人难以置信的引起幻觉的图像[147]。否认它们具有创造力就是歪曲了创造力这个词的意思。

艺术是不同的。诚然,这是个人的看法,也许不是每个人都会同意,但艺术肯定涉及运用创造力来表达对艺术家个人来说重要的事物。它可能是美景、情感或对何为人类的深刻理解。如果这使得目前打着艺术旗号的许多在售的艺术品都丧失了资格,那也是没办法的事——事实上这是值得庆贺的。

清楚地说出你自己的经历显然需要你有一些经历,而且需要意识。因此在有意识的AGI到来之前,AI可以是具有创造力的,但不具备艺术性。这反过来意味着唐娜·塔特(Donna Tartt)和石黑一雄(Kazuo Ishiguro)在几十年里很可能都算是合格的艺术家。当今成功的流派作家,每年都会组织手底下的一批助手大批量创作犯罪小说和爱情小说。他们对于职业生涯时间节点的选择是非常专业的,而他们的出版商最好能找到别的工作。

P.248

2016年4月,来自微软、荷兰一所大学和两家荷兰艺术画廊的研究人员创建了一个AI系统来分析伦勃朗(Rembrandt)的绘画方式。该系统认出了作者足够多的技巧和习惯,使其能够完全按照伦勃朗的风格作画——比任何人伪造得都要好。他们用它设计了一幅伦勃朗从未参与过的但是具有其风格的新画作,并通过3D打印以三维方式表现前辈大师的技巧。因为机器能够比人类更好地识别模式,所以它很可能会教我们一些关于对伦勃朗创作方式的新奇有趣的见解。但它不是在艺术创作[148]。

13.4.11　教育

令人惊讶的是，有许多聪明人认为教育是机器智能自动化的答案。微软首席执行官萨蒂亚·纳德拉（Satya Nadella）在 2016 年 1 月表示："我认为正确的重心应放在提升技能，而不是过多地担心失去的工作。我们将不得不花钱来教育人——不仅是孩子，还有职业生涯中期的成年人，这样他们就能找到新工作。"[149]

慕课（massive open online courses，MOOCs）被推广为每次机器抢走旧工作时我们为得到新工作而重新参加培训的方式。慕课很重要。结合翻转课程、基于能力的学习以及大数据的使用，慕课能提高教育质量，并为所有人提供良好的学习机会。

通过翻转课程，学生观看家庭作业讲座的视频，然后将课堂上老师讲授的内容付诸实践。教师充当的是教练和导师这一比讲课更具互动性的角色。基于能力的学习要求学生在进入下一阶段学习之前掌握一项技能或一门课程。一个班的学生的进步速度可能不同。大数据使学生和教师能够了解学习过程的进展情况，以及需要额外支持的地方。

虽然这些技术令人兴奋和强大，但是它们不会保护我们免受技术性失业的影响。我们已经看到，机器逐渐能够执行目前由受过高等教育的高薪人员来执行的许多任务。这些机器不仅适用于砌砖的工作，它们也能完成外科医生和律师的工作。

这些有关教育的言论有一个非常重要的补充说明。如果我们在经历重重困难后抵达了许多人或大多数人将面临的永久性、不可逆转性失业的新世界，那么教育将更为重要，而不是相反。我们需要良好的教育才能更好地安排我们的休闲生活，而且比工作中需要的还要多。但是我们将来需要的是休闲度假教育，而不是职业技能培训。

P. 249

13.5　结论：是的，这次不同

在第2章“技术现状——弱人工智能”中,我们考虑了AI的现状,在第3章“AI的指数级增长”中,我们看到了指数级增长的影响有多大。(必须重复这一点:它很重要。)然后在4.5节中,我们回顾了与AI相关并由其引起或启用的技术的可能演变。

在第12章“自动化的历史”中,我们看到工业革命的前几轮自动化从长远来看并没有导致人类失业——尽管在这种背景下的时间相当长:我们在12.4节遇到的恩格斯停顿持续了至少一代人的时间(1/4个世纪)。马儿们没那么幸运。

在13.2节和13.3节中,我们讨论了各种职业如何实现自动化,最先讨论的是驾驶车辆的典型代表,最后讨论各职业和高级金融领域的特权精英。

最后,在13.4节中,我们回顾了怀疑论者的观点,他们认为技术性失业不会发生。

是时候回答这个问题了:这次真的不一样吗?机器智能可否在未来几十年内使大部分人类工作自动化,并使很多人,可能是大多数人无法获得有偿就业机会?

在我看来,如果你承认以下三个前提,你必须接受这个命题至少是可能的:

1. 机器智能可以自动执行我们为完成工作而执行的认知和体力任务。

P. 250

2. 机器智能正在接近或超越我们获取、处理和传递以视觉形式和自然语言呈现数据的能力。

3. 机器智能正在以指数级的速度改善。这个速度在未来几年可能会稍微放缓,也可能不会;但它仍将是非常快的。

毫无疑问,仍有可能拒绝接受这些前提中的一个或多个,但对我来说,本章中汇集的证据将很难拒绝上述前提。我无法逃避这样的结论:持久的大面积技术性失业很可能会在一两代人之内出现。

它尚未开始:美国和英国非常接近充分就业(尽管有些人认为有大量失业者假装自己是自由创业者)。当它真的到来时,可能以海明威在他1926年的小说《太阳照常升起》(*The Sun Also Rises*)中描述的方式破产:“你是怎么破产的?”比尔(Bill)问道。迈克(Mike)说:“两种方式,先是渐渐地,然后突然地。”公司不喜欢解雇很多人:这对士气和公关都不利。只要他们能够做到,他们将重新部署那些工作已经被自动化取代的人,并削减招聘的总人数,这将暂时掩盖失业现象,但人们会注意到找新工作变得越来越难。每当出现危机时,公司都会抓住机会让一些人离开。最终,他们将无法隐藏正在发生的事情,涓涓细流将成为一股洪流。

这个过程中的某个地方可能会出现恐慌。我们将在下一章中讨论这个问题。

13.5.1 信心

请注意,我并不认为技术性失业肯定会发生。我没有水晶球。但这似乎有可能，而且看起来似乎足够合理，我们应该制定如果技术性事业发生该如何应对的计划。

我经常对那些坚决认为技术性失业不会发生的人的激烈态度感到惊讶。例如，在 2017 年 5 月，埃里克・施密特（Eric Schmidt）自豪地宣称自己是“工作淘汰论的否定者”，他说我们正在经历的转变与以前的经济革命没有什么不同[150]。对我来说，这种视角似乎很危险。

如果技术性失业永远不会到来，而我们已经花费了适量的资源制定应急计划，正如我将在 17.2 节中所建议的那样，那么我们的损失将不会太大。相反，如果技术性失业确实发生了，而我们什么也没做，那么后果可能会很严重。我们应该避免这种情况。 P. 251

13.5.2　乐观

认为技术性失业可能即将到来的人通常被描述为悲观主义者。其中一些人正在偏远地区建立安全的藏身之所，因为他们认为社会即将崩溃。但这不是唯一可能的反应。

我是一个乐观主义者。我认为在机器完成大部分工作的世界中，人类生活中的重要部分仍将继续，它们包括玩耍、娱乐、学习、探索、创造、运动、社交和发明事物。

当然，悲观主义者是那些坚持认为所有人必须永远继续工作的人。许多人确实喜欢他们的工作，但大多数人都不喜欢。2013 年盖洛普（Gallup）在 142 个国家进行的民意调查发现，只有 1/8 的人积极参与他们的工作[151]。对于大多数人来说，他们的工作就是为自己和家人的食物、衣服和住房买单的方式。

《金融时报》（*Financial Times*）的专栏作家马丁・沃尔夫（Martin Wolf）主张我们应该“奴役机器人并解放穷人”[152]，谁不欢迎这样的结果呢？

不幸的是，顺利过渡到休闲社会可能不是默认的结果。我们将在下一章讨论我们在实现这一目标时将面临的一些挑战。但是，让我们停下来喘口气，并沉浸在理查德・布劳蒂冈（Richard Brautigan）于 1967 年写的诗里：

我喜欢想象
（必须是这样！）
人类身处一个机器操控的生态环境。
在那里，我们不用劳作，
我们重归大自然的怀抱，
我们与其他哺乳类兄弟姐妹重聚，
一同享受机器的呵护和宠爱。[153]

P. 252

注释

1. 假设劳动正在地球上进行。维基百科提供了一个更普遍但不那么好听的定义："劳动是力的作用结果，是力的作用点沿力的方向的位移。"
2. http://www.mckinsey.com/insights/business_technology/four_fundamentals_of_workplace_automation.
3. 2013 年的数据：http://www.ons.gov.uk/ons/dcp171778_315661.pdf.
4. https://www.invespcro.com/blog/global-online-retail-spending-statistics-and-trends/.
5. 这导致了"减材制造"这一形容传统制造形式的术语的产生。这种命名方法有一个特别好的名字，叫作返璞。
6. https://en.wikipedia.org/wiki/Fax.
7. http://money.cnn.com/2017/05/24/news/economy/gig-economy-intuit/index.html.
8. 世卫组织，《2013 年道路安全全球状况报告：支持十年行动》(*Global Status Report on Road Safety 2013: Supporting a Decade of Action*).
9. http://www.japantimes.co.jp/news/2015/11/15/business/tech/human-drivers-biggest-threat-developing-self-driving-cars/#.Vo7D5fmLRD8.
10. http://www.theatlantic.com/business/archive/2013/02/the-american-commuter-spends-38-hours-a-year-stuck-in-traffic/272905/.
11. http://www.reinventingparking.org/2013/02/cars-are-parked-95-of-time-lets-check.html.
12. http://www.etymonline.com/index.php?term=autocar.
13. http://www.digitaltrends.com/cars/audi-autonomous-car-prototype-starts-550-mile-trip-to-ces/.
14. http://www.reuters.com/investigates/special-report/autos-driverless/.
15. http://www.wired.com/2015/04/delphi-autonomous-car-cross-country/.
16. http://www.reuters.com/investigates/special-report/autos-driverless/.
17. https://www.theatlantic.com/technology/archive/2017/08/inside-waymos-secret-testing-and-simulation-facilities/537648/.
18. http://techcrunch.com/2015/12/22/a-new-system-lets-self-driving-cars-learn-streets-on-the-fly/.
19. http://www.bloomberg.com/news/articles/2015-12-16/google-said-to-make-driverless-cars-an-alphabet-company-in-2016.
20. https://spectrum.ieee.org/cars-that-think/transportation/self-driving/google-has-spent-over-11-billion-on-selfdriving-tech.
21. https://mondaynote.com/the-sd-cars-gold-rush-winner-bee2b5ae7b21.
22. http://venturebeat.com/2016/01/10/elon-musk-youll-be-able-to-summon-your-tesla-from-anywhere-in-2018/.
23. https://www.washingtonpost.com/news/the-switch/wp/2016/01/11/elon-musk-says-teslas-autopilot-is-already-probably-better-than-human-drivers/.
24. http://electrek.co/2016/04/24/tesla-autopilot-probability-accident/.

P. 253

25. https://techcrunch.com/2017/09/21/baidu-announces-1-5b-fund-to-back-self-driving-car-startups/?utm_medium=TCnewsletter.
26. http://www.pcmag.com/article2/0,2817,2370598,00.asp.
27. http://www.nytimes.com/2015/11/06/technology/toyota-silicon-valley-artificial-intelligence-research-center.html?_r=0.
28. https://www.yahoo.com/autos/google-pairs-with-ford-to-1326344237400118.html.
29. http://uk.businessinsider.com/bmw-says-cars-with-artificial-intelligence-are-already-here-2016-1?r=US&IR=T.
30. http://www.bbc.co.uk/news/technology-35280632.
31. http://www.zdnet.com/article/ford-self-driving-cars-are-five-years-away-from-changing-the-world/.
32. http://cleantechnica.com/2015/10/12/autonomous-buses-being-tested-in-greek-city-of-trikala/.
33. http://www.businessinsider.com/toyota-gill-pratt-unveils-self-driving-plans-concept-car-at-ces-2017-1.
34. http://recode.net/2015/03/17/google-self-driving-car-chief-wants-tech-on-the-market-within-five-years/.
35. https://www.recode.net/2017/9/8/16278566/transcript-self-driving-car-engineer-chris-urmson-recode-decode.
36. https://www.cnbc.com/2017/05/23/ford-panicking-self-driving-cars-because-alphabet-google-is-way-ahead.html.
37. https://arstechnica.com/cars/2017/10/report-waymo-aiming-to-launch-commercial-driverless-service-this-year/.
38. https://www.navigantresearch.com/research/navigant-research-leaderboard-report-automated-driving.
39. https://media.ford.com/content/fordmedia/fna/us/en/news/2016/08/16/ford-targets-fully-autonomous-vehicle-for-ride-sharing-in-2021.html.
40. https://www.cnbc.com/2017/09/25/gm-developing-autonomous-vehicles-at-a-fast-pace-deutsche-bank-says.html.
41. https://electrek.co/2017/09/06/tesla-semi-all-electric-truck-biggest-catalys/.
42. http://www.wired.com/2015/12/californias-new-self-driving-car-rules-are-great-for-texas/.
43. http://www.reuters.com/investigates/special-report/autos-driverless/.
44. 有人建议电动汽车应该发出噪音，因为这样人们就不会从车子前方的人行道上走到机动车道上去了。一位朋友告诉我，他想让他的汽车发出类似两个椰子撞在一起时的碰撞声，以致敬《巨蟒与圣杯》中的场景。在该场景中，买不起马的亚瑟王让仆从通过撞击椰子壳来模仿马蹄声。
45. http://www.wsj.com/articles/SB10001424053111903480904576512250915629460.
46. http://fortune.com/2014/05/04/6-things-i-learned-at-buffetts-annual-meeting/.
47. http://www.thenewspaper.com/news/43/4341.asp.
48. http://www.alltrucking.com/faq/truck-drivers-in-the-usa/.

P. 254

49. http://www.bls.gov/ooh/transportation-and-material-moving/bus-drivers.htm.
50. http://www.bls.gov/ooh/transportation-and-material-moving/taxi-drivers-and-chauffeurs.htm.
51. http://www.joc.com/trucking-logistics/truckload-freight/driver-wage-hikes-could-raise-truckload-pricing-12-18-percent_20150325.html.
52. http://bbc.in/2uTK2PD.
53. http://www.abc.net.au/news/2015-10-18/rio-tinto-opens-worlds-first-automated-mine/6863814.
54. http://www.mining.com/why-western-australia-became-the-center-of-mine-automation/.
55. http://www.npr.org/sections/money/2015/02/05/382664837/map-the-most-common-job-in-every-state.
56. http://www.huffingtonpost.com/entry/pittsburgh-uber-self-driving-cars_us_59caa91ae4b0d0b254c4fcdf?ncid=inblnkushpmg00000009.
57. 该计划创立于2015年1月，是受世界上最大的金融机构之一的花旗银行资助的项目。牛津大学马丁学院于 2005 年成立，是牛津大学的一部分，致力于研究 21 世纪人类面临的威胁和机遇。该学院以作家、顾问和企业家詹姆斯·马丁(James Martin)的名字命名。詹姆斯·马丁捐出了当时校史上最大一笔款项以创办这所学院——这很不平凡，因为牛津大学成立于 1000 年前，是世界上最古老的大学(在意大利博洛尼亚大学之后)。
58. http://www.oxfordmartin.ox.ac.uk/downloads/academic/The_Future_of_Employment.pdf.
59. https://www.ndtv.com/world-news/face-scans-robot-baggage-handlers-airports-of-the-future-1742507.
60. https://www.technologyreview.com/s/608811/drones-and-robots-are-taking-over-industrial-inspection/.
61. https://en.wikipedia.org/wiki/Horn_%26_Hardart#Automated_food.
62. http://www.computerworld.com/article/2837810/automation-arrives-at-restaurants-but-dont-blame-rising-minimum-wages.html.
63. http://blogs.forrester.com/andy_hoar/15-04-14-death_of_a_b2b_salesman.
64. http://www.nuance.com/for-business/customer-service-solutions/nina/index.htm.
65. http://www.zdnet.com/article/swedbank-humanises-customer-service-with-artificial-intelligence-platform/.
66. https://spectrum.ieee.org/automaton/robotics/industrial-robots/autonomous-robots-plant-tend-and-harvest-entire-crop-of-barley.
67. https://www.fastcompany.com/40473583/this-strawberry-picking-robot-gently-picks-the-ripest-berries-with-its-robo-hand?partner=recode.
68. https://www.technologyreview.com/s/601215/china-is-building-a-robot-army-of-model-workers/.
69. https://www.cnbc.com/2017/09/11/new-york-times-digital-as-amazon-pushes-forward-with-robots-workers-find-new-roles.html.

P. 255

70. https://www.invespcro.com/blog/global-online-retail-spending-statistics-and-trends/.
71. https://www.wired.com/story/grasping-robots-compete-to-rule-amazons-warehouses/.
72. http://www.theguardian.com/technology/2014/sep/12/artificial-intelligence-data-journalism-media.
73. http://www.arria.com/.
74. https://www.youtube.com/watch?v=HXKDnqM9Ulw.
75. http://www.chinadaily.com.cn/china/2015-12/24/content_22794242.htm.
76. http://persado.com/.
77. http://markets.businessinsider.com/news/stocks/artificial-intelligence-could-make-brands-obsolete-2017-9-1002515382.
78. http://www.techtimes.com/articles/127526/20160126/ai-politics-how-an-artificial-intelligence-algorithm-can-write-political-speeches.htm.
79. http://www.ravn.co.uk/.
80. http://www.legalweek.com/legal-week/sponsored/2434504/is-artificial-intelligence-the-key-to-unlocking-innovation-in-your-law-firm.
81. http://linkis.com/www.theatlantic.com/SoE5e.
82. http://www.legalfutures.co.uk/latest-news/come-americans-legalzoom-gains-abs-licence.
83. https://www.fairdocument.com/.
84. http://msutoday.msu.edu/news/2014/using-data-to-predict-supreme-courts-decisions/.
85. http://uk.businessinsider.com/robots-may-make-legal-workers-obsolete-2015-8.
86. http://www.telegraph.co.uk/news/2017/08/04/legal-robots-deployed-china-help-decide-thousands-cases/.
87. http://www.kurzweilai.net/machine-learning-rivals-human-skills-in-cancer-detection.
88. http://uk.businessinsider.com/deepmind-cofounders-invest-in-babylon-health-2016-1.
89. http://singularityhub.com/2016/01/18/digital-diagnosis-intelligent-machines-do-a-better-job-than-humans/?utm_content=bufferb9e5d&utm_medium=social&utm_source=twitter.com&utm_campaign=buffer.
90. http://forbesindia.com/article/hidden-gems/thyrocare-technologies-testing-new-waters-in-medical-diagnostics/41051/1.
91. http://www.ucsf.edu/news/2011/03/9510/new-ucsf-robotic-pharmacy-aims-improve-patient-safety.
92. http://www.qmed.com/news/ibms-watson-could-diagnose-cancer-better-doctors.
93. http://www.ft.com/cms/s/2/dced8150-b300-11e5-8358-9a82b43f6b2f.html#axzz3xL3RoRdy.
94. http://www.ft.com/cms/s/2/dced8150-b300-11e5-8358-9a82b43f6b2f.html#axzz3xL3RoRdy.
95. http://www.theverge.com/2016/3/10/11192774/demis-hassabis-interview-alphago-google-deepmind-ai.

P. 256

96. http://qz.com/567658/searching-for-eureka-ibms-path-back-to-greatness-and-how-it-could-change-the-world/.
97. http://www.forbes.com/sites/peterhigh/2016/01/18/ibm-watson-head-mike-rhodin-on-the-future-of-artificial-intelligence/#24204aab3e2922228b9c30cc.
98. http://www.dotmed.com/news/story/29020.
99. http://www.mckinsey.com/global-themes/future-of-organizations-and-work/the-evolution-of-employment-and-skills-in-the-age-of-ai.
100. http://www.wsj.com/articles/SB100014240527023039839045790932525738 14132.
101. http://www.outpatientsurgery.net/outpatient-surgery-news-and-trends/general-surgical-news-and-reports/ethicon-pulling-sedasys-anesthesia-system--03-10-16.
102. http://www.wired.co.uk/news/archive/2016-05/05/autonomous-robot-surgeon.
103. http://www.scmp.com/news/china/article/2112197/chinese-robot-dentist-first-fit-implants-patients-mouth-without-any-human?utm_source=t.co&utm_medium=referral.
104. http://www.thelancet.com/journals/lanonc/article/PIIS1470-2045(17)30572-7/fulltext?elscal=tlpr.
105. https://www.edsurge.com/news/2016-04-18-gradescope-raises-2-6m-to-apply-artificial-intelligence-to-grading-exams.
106. http://www.wsj.com/articles/if-your-teacher-sounds-like-a-robot-you-might-be-on-to-something-1462546621.
107. https://www.sigfig.com/site/#/home.
108. http://www.nytimes.com/2016/01/23/your-money/robo-advisers-for-investors-are-not-one-size-fits-all.html?_r=0.
109. https://itunes.apple.com/gb/podcast/exchanges-at-goldman-sachs/id948913991?mt=2&i=361020299.
110. https://www.theguardian.com/business/2017/sep/06/deutsche-bank-boss-says-big-number-of-staff-will-lose-jobs-to-automation?CMP=share_btn_tw.
111. https://www.thenational.ae/business/mashreq-to-shed-10-per-cent-of-headcount-in-next-12-months-as-artificial-intelligence-spending-pays-off-1.628437.
112. http://www.businessinsider.com/r-technology-could-help-ubs-cut-workforce-by-30-percent-ceo-in-magazine-2017-10?IR=T.
113. http://www.bloomberg.com/news/articles/2015-02-27/bridgewater-is-said-to-start-artificial-intelligence-team.
114. http://www.wired.com/2016/01/the-rise-of-the-artificially-intelligent-hedge-fund/.
115. https://next.ft.com/content/c31f8f44-033b-11e6-af1d-c47326021344 (Paywall).
116. https://www.bloomberg.com/news/features/2017-09-27/the-massive-hedge-fund-betting-on-ai.
117. http://www.ft.com/cms/s/0/5eb91614-bee5-11e5-846f-79b0e3d20eaf.html#axzz3zEmSvuZs.

P. 257

118. https://www.bloomberg.com/news/features/2017-09-27/the-massive-hedge-fund-betting-on-ai.
119. https://www.ft.com/content/16b8ffb6-7161-11e7-aca6-c6bd07df1a3c.
120. http://uk.businessinsider.com/high-salary-jobs-will-be-automated-2016-3.
121. http://www.fiercefinanceit.com/story/will-regulatory-compliance-drive-artificial-intelligence-adoption/2016-01-05.
122. http://www.liverpoolecho.co.uk/news/business/liverpool-fc-sponsor-standard-chartered-11104215.
123. http://www.cnbc.com/2015/12/30/artificial-intelligence-making-some-bosses-nervous-study.html.
124. https://www.wired.com/story/googles-learning-software-learns-to-write-learning-software/?mbid=social_twitter_onsiteshare.
125. http://www.eastoftheweb.com/short-stories/UBooks/BoyCri.shtml.
126. 这个有用的短语最初是由我的朋友在“奇点兄弟”播客中创造的，http://singularitybros.com/.
127. http://blog.pmarca.com/2014/06/13/this-is-probably-a-good-time-to-say-that-i-dont-believe-robots-will-eat-all-the-jobs/.
128. http://uk.businessinsider.com/social-skills-becoming-more-important-as-robots-enter-workforce-2015-12.
129. http://www.history.com/topics/inventions/automated-teller-machines.
130. http://www.theatlantic.com/technology/archive/2015/03/a-brief-history-of-the-atm/388547/.
131. http://www.wsj.com/articles/SB1000142405274870446350457530105184493 7276.
132. http://kalw.org/post/robotic-seals-comfort-dementia-patients-raise-ethical-concerns#stream/0.
133. http://www.scmp.com/week-asia/business/article/2104809/why-japan-will-profit-most-artificial-intelligence.
134. http://viterbi.usc.edu/news/news/2013/a-virtual-therapist.htm.
135. http://observer.com/2014/08/study-people-are-more-likely-to-open-up-to-a-talking-computer-than-a-human-therapist/.
136. http://mindthehorizon.com/2015/09/21/avatar-virtual-reality-mental-health-tech/.
137. http://www.handmadecake.co.uk/.
138. http://www.bbc.co.uk/news/magazine-15551818.
139. http://www.oxforddnb.com/view/article/19322.
140. http://www.inc.com/john-brandon/22-inspiring-quotes-from-famous-entrepreneurs.html.
141. https://www.edge.org/conversation/kevin_kelly-the-technium.
142. https://www.singularityweblog.com/techemergence-surveys-experts-on-ai-risks/.
143. http://www.ft.com/cms/s/2/c5cf07c4-bf8e-11e5-846f-79b0e3d20eaf.html#axzz3yLGlrr1J.
144. http://www.bls.gov/cps/cpsaat11.htm.
145. https://en.wikipedia.org/wiki/No_Man%27s_Sky.
146. http://www.uh.edu/engines/epi265.htm.

P. 258

147. http://googleresearch.blogspot.co.uk/2015/06/inceptionism-going-deeper-into-neural.html.
148. http://www.bbc.co.uk/news/technology-35977315.
149. http://www.ft.com/cms/s/2/c5cf07c4-bf8e-11e5-846f-79b0e3d20eaf.html#axzz3yLGlrr1J.
150. http://uk.businessinsider.com/googles-eric-schmidt-im-a-job-elimination-denier-on-the-risk-of-robots-stealing-jobs-2017-5.
151. http://www.gallup.com/poll/165269/worldwide-employees-engaged-work.aspx.
152. http://www.ft.com/cms/s/0/dfe218d6-9038-11e3-a776-00144feab7de.html#axzz3yUOe9Hkp.
153. http://www.brautigan.net/machines.html.

挑 战

P. 259

到目前为止，本书的写作目的在于说服你接受一个事实：未来几十年内许多人可能会因机器智能而失业。如果这个目的没有完全实现，那么希望你至少有这样的思想准备，即这种可能性的重要程度足以让我们不得不去考虑其影响，以及如果发生这种情况，我们应如何应对。

如果你并没有想到那么远，那么你可能会放下这本书。如果是这样，请不要把它扔掉——当自动驾驶车辆开始对就业数据产生严重影响时，你可能想重新拿起这本书。

如果我成功地达到了我的目的，或者在此之前你已经被说服了，那么欢迎进入下一阶段。如果我们正走向休闲社会，我们需要做些什么来使未来社会变得美好，并且实现顺利过渡？

P. 260

我们将面临挑战。我预计会有六种挑战:意义、经济、收入、分配、凝聚力和恐慌。让我们依次分析。

14.1 意义

14.1.1 生活的意义

在科幻小说《银河系漫游指南》中讲到生命的答案是42[1]。

现在我们已经解决了这个问题,你是否同意如下说法:人们的生活需要有意义,以使他们感到充实、满足和快乐。我对此深信不疑,也同样适用于我身边大多数的人。你可能也是如此,不然你也不会读这本书。许多人在首次认真面对持续的大面积技术性失业的可能性时,最初的反应是“我们将如何充实今后的日子?没有工作,我们将如何在生活中寻求意义?”

P.261

我遇到过一些声称自己是纯粹的享乐主义者的人——沉迷于眼前的快乐。他们中的一些人确实如此。但我们中的大多数人在发现生活变得毫无意义时会感到无聊。这不仅仅是你在超市收银台排队时感受到的那种无聊,还有极度的不安和沮丧。为了避免产生这种感觉,我们在思想和制度方面进行深度的情感投资,例如家庭、友谊、工作、忠于国家、家族和事业等。如果这些东西被剥夺了,我们将陷入迷茫和孤独。

公元前4世纪的希腊哲学家苏格拉底(Socrates)最著名的一句名言也许是"未经审视的人生不值得过"。这是一句强有力的话。为什么不说未经审视的人生或者没有哲理的人生不如经过审视的人生?难道未经审视的人生真的比死亡还要糟糕吗?他在审判会上,面临放逐与自杀之间的选择时(他选择了后者),说出了这句话,或许是因为他迫于压力而说出的夸张的话。这句话经常被理解为字面上的意思,但或许苏格拉底的原意正是如此。

这句话也是一个精英主义宣言。许多人太过专注于谋生、养家、摆脱网瘾或者他们面临的所有直接挑战,而无法参与深奥的哲学讨论。难道他们的生活就没有意义吗?你可以反驳说苏格拉底和古雅典人有奴隶来负责这些粗活,但我们也有节省劳力的工具,所以这不是借口。

当然,是什么构成了美好、有价值、有意义的生活,这是一个令人烦恼的问题,没有简单的答案,而且可能答案也不唯一。哲学家约翰·达纳赫(John Danaher)区分了主观的解释和客观的解释,前者包含"感觉"有价值,而后者包含帮助"使"某件事有价值,或者"做"有价值的事[2]。

尽管不清楚(或者至少不统一)什么是有意义的生活,尽管平常没有每天花太多时间去思考它,但是我们大多数人都认为我们需要有意义的生活。我们中的许多人都在工作中找到了生活的意义。所以如果我们停止工作,那将是个问题。

真是这样吗?

14.1.2 意义与工作

西蒙·西内克(Simon Sinek)凭借一些书而出名,这些书里提出了一个简单而重要的事实:如果你有一个激励他人的明确目标,那么你就可以取得伟大的成就。他最著名的一句话是"为我们不关心的事情努力工作叫作压力;为我们所热爱的事情努力工作叫作激情。"

P.262

这就不难理解几年前在美国通过的一项法律,要求商界领袖以及想成为商业领袖的人们,谈谈他们对所在行业的热爱。虽然大多数人假装热爱他们的工作,但内心并非如此。事实上,许多人对自己的工作很反感。他们觉得工作毫无意义并且无聊。

然而即使这些人也通常把自己局限于养家糊口。如果你在聚会上问到一些人他们是做什么的,他们很可能会回答自己是会计师、出租车司机或者电工,而不太可能说他们是孩子的足球俱乐部教练、一个影院常客或者一位读者。毫无疑问,这在很大程度上是由于我们的工作占据了大量的时间,但我们也没有把自己定义为睡眠者。这还与工作是我们的收入来源有关,这就是为什么家庭主妇(夫)常常羞于将持家称为自己的工作。他们不应该这样想,而应该认同"养育子女是我做过的最难但最有回报的工作之一!"

因此,工作有助于认清自我,也为许多人提供了目标。工作甚至为一些人找到了意义。但是,如果我们失去工作会造成多大的伤害?失业的人经常与抑郁症抗争,但是他们抑郁是因为他们生活在一个似乎其他人都有工作的社会环境中。他们的收入也低于身边的其他就业者。试想,如果其他人也失业但却拥有可观的收入,这将会是多么糟糕的事?

幸运的是,我们可以从几个地方寻找这个问题的答案。

14.1.3 富人与退休人员

大约 12000 年前的农业革命创造了食物和其他基本资源的持续盈余。这使得部分人可以停止觅食和狩猎的工作——这可是自人类在地球上诞生以来,几乎所有人必须做的工作。这些人成为部落领袖、国王、战士、牧师、商人,等等。有时他们在各自事务上花费的时间与继续觅食和狩猎的人花费的时间一样多,但有时他们会计划性地或偶然地休假,并享受休闲生活。

在欧洲,这些人被称为贵族,这个词来自希腊语,意为"最好的"。这个词最初用在军事领域,后来延伸到政治领域。贵族们负责这些工作:他们解决农业问题,他们参与政治,并且在一些国家他们统治帝国。偶尔他们中的一些人(女性非常少见)成为我们现在所谓的科学家。众所周知,贵族们蔑视贸易和商业,将这些活动视为他们的次等阶级的行为,即中产阶级的行当。

P. 263

许多贵族不需要工作,包括几乎所有的女性贵族。他们过着悠闲的生活。作为年轻人(包括少数的年轻女性),他们游览地中海地区的古希腊和罗马遗址。回国后,他们大多是参加社交活动。他们的生活重心围绕着舞会、打猎和拜访当地的贵族展开,如果他们乐意,其间还会穿插着战争的元素与悲剧。他们的这种生活方式被记录在小说中。小说这种艺术形式最早在 18 世纪早期获得了现在的现实主义形式[3]。

英国作家简·奥斯汀(Jane Austen)及其同时代的人所描绘的生活,对于现代读者来说可能平淡无奇,因为现代人体验过跨国旅游,并期待同时进行全球交流。但与同时代的穷人必须忍受的生活相比,他们的生活已经相当惬意。赌博和酗酒上瘾是一种危险信号,这个娇贵的阶级中的一小部分人因为这些恶习毁掉了自己以及他们的家庭。但这种情况并不常见,因为似乎大多数 18 世纪和 19 世纪的欧洲贵族离世前都没有过多担忧他们的生活缺乏意义。虽然这些生活是否有价值，是否有意义，我们很难判断，但没有证据表明贵族中普遍存在生存焦虑。

事实上，正是这些特权阶层在过去几个世纪中取得了人类思想和艺术的大部分进步，恰恰是因为他们不需要为谋生而工作，或者作为自给自足的农场主不需要维持生计。如果他们自己不能创造出令人难忘的作品，他们通常会聘请才华横溢的工匠。因此，对于他们游手好闲的生活，似乎还有待商榷。

我们可以从另一个群体寻找失业产生的影响，他们是高收入的退休人员。人们过去的传统观念认为变老完全是一场灾难，正如贝特·戴维斯(Bette Davies)所说："老年人中没有怯懦者"[5]，尽管这种观念明显比目前唯一的选择要好，但是从 20 世纪 90 年代开始，研究人员开始质疑这种观念，并发现一生中幸福感的变化是 U 形的。我们在少年时最快乐而充实，在青年和中年时变得紧张和不满，而在老年时却感到更快乐和更放松，尽管在变老时身体开始出现不便和局限之处[6]。研究人员已从许多社会群体中观察到了这种模式，而且在很长一段时间内都是如此。

P.264

造成这种影响的原因可能有很多，包括逃避照顾孩子的责任、获得了智慧，也包括接受了生活给我们带来的变化。但不用工作是退休人员生活中的主要影响因素。即使它没有引起幸福感的增强，它至少没有使其减弱。

一贫如洗的退休并不是一件好事。但是，如果你在居住着经济情况较好的退休人员的城镇和村庄待上几天，你会发现他们拥有固定收益的最终薪资养老金，还会看到他们在非常忙碌地组织节日活动和晚宴，在桥牌游戏和老年大学的课程之间来回奔波。如果你问他们如何打发自己的时间，他们会说自己也不清楚过去是如何适应正常工作的。

14.1.4 虚拟的快乐

在迄今为止的人类历史中，我们必须在我们所生活的三维世界或者我们想象的世界中找到各自的意义。科技即将为我们开辟一个能够共同探索的全新空间——虚拟现实(VR)。我们还不清楚将如何面对这个全新的世界，将在这个世界中有何表现，以及这个世界对我们有何意义。但我们坚信它将产生重大影响。

在 *Diaspora*，这本格雷格·伊根(Greg Egan)的未来小说中，有一种有特色的称为"真理矿山"的环境。它是数学定理的实体呈现(即使是在 VR 中)，似乎可以永远探索下去，而又不会穷尽所有可能的发现。同时 VR 能够创造出让大脑如此信服，以至于让我们几乎忘记了它是人造世界的虚拟世界，这或许能让我们极大地拓展我们可以找到幸福和意义的空间。

14.1.5 辅助

正如我们之前所见,世界上只有 1/8 的人积极投身自己的工作。但对于许多工作赋予了他们生活目标(而不是意义)的人来说,将来在适应失业时可能需要一些帮助。许多人在开始时可能需要一点帮助,之后就会慢慢变好;其他人则需要持续、定期帮助;还有些人可能会受到重挫,并需要大量的长期帮助。我们可能需要做大量的研究和实验才能得出这一结论。但是退休人员和贵族的例子告诉我,生活失去意义并不是大范围技术性失业造成的最大问题之一。

P.265

14.2 经济

美国工会主席沃尔特·鲁瑟(Walter Reuther)讲述了他在 20 世纪 50 年代访问一家福特制造厂的故事,在那里他对机器人组装汽车留下了深刻印象。带他参观的福特高管询问鲁瑟,如何让机器人支付工会会员会费。鲁瑟回答说,更大的问题是机器人如何购买汽车。这个故事中通常说的是亨利·福特(Henry Ford)二世担任公司高管的事,但几乎可以肯定的是,事实并非如此[7]。

这个故事要说明的一个基本经济问题是,如果没有人赚钱,那么所有人都不能购买商品,甚至那些有钱有资源的人的商品也卖不出去。最终,经济陷入停滞,每个人都要挨饿。

当然,生活永远不会像刚说的那样黑白分明。经济也不会在一夜之间从运行完好变到彻底崩溃。即使是灾难性的下滑也不会像从悬崖上跌落那样。它更像是从斜坡滚落,并在撞到岩石时出现停顿。但很显然,严重的经济萎缩形势是相当严峻的,如果可能的话我们应当尽量避免。

如果机器智能造成越来越多的人失业,那么在其他条件不变的情况下,人们的购买力较之以前将会枯竭。商品的产量还在——仅仅是生产者由人换成了机器。随着需求下降而供应保持稳定,价格将下跌。起初,价格下跌对公司及其所有者来说可能不是一个太大的问题,因为机器的效率比被取代的工人更高,并且随着它们以指数级的速度改进,效率会越来越高。但随着越来越多的人失业,随之而来的需求下降损失将超过效率提高所带来的成本下降收益。经济萎缩几乎是不可避免的,而且可能严重到必须采取措施的地步。 P.266

但在政策制定者被迫采取措施解决经济萎缩之前,他们将面临一个更为严重的问题:如何应对所有那些不再有收入来源的人?成功解决这个问题也能解决经济萎缩的问题,因此我们可以继续往下讨论。

14.3 收入

在20世纪30年代初大萧条最严重的时期,失业率达到了劳动适龄人口的25%[8]。当时的社会保障体系还较为原始,而发达社会也比现在贫穷得多,因此失业率也比现在高许多。目前欧洲部分地区总体上已经下滑到与过去类似的水平[9],一些地区的青年失业率已达50%[10]。 P.267

今天发达国家失业率最高的是希腊和西班牙等地中海国家。对于家族网络足够强大的家庭，父母可以稳定地为子女提供数月乃至数年的经济支持，反之亦然。但对于这种情况造成的社会压力也有其释放的通道。欧洲北部的经济体面临的困难较小，因此可以吸纳许多欧洲南方失业青年，来发挥他们的才智和青春活力。

当自动驾驶车辆和其他形式的自动化设施导致发达国家的所有阶层人员失业时，这些安全网络将不再可用。能言善辩、人脉广、有实力的中产阶级专业人才将与职业司机和工厂工人站在同一战线上，要求国家采取措施保护他们及其家人。

14.3.1 普遍基本收入

如果社会发展到我们必须承认相当大比例的人口永远不再需要工作时——他们自身没有错——我们必须找到一种新的机制来养活他们。在过去几年越来越流行的一种方案是，所有人都可以无条件获得普遍基本收入（universal basic income，UBI），只要是公民，凭借公民身份就能获得生活津贴。

倡导 UBI 的机构中时间最长的大概是基本收入地球网络（Basic Income Earth Network，BIEN）。BIEN 早在 1986 年就已成立，2004 年从“基本收入欧洲网络”更名而来。BIEN 将 UBI 定义为“无条件地（无需经济调查或工作要求）为所有个体提供的收入”。UBI 也被称为无条件基本收入、基本收入、基本收入保障（basic income guarantee，BIG）、年均保障收入和公民收入。

支持者倡导不同程度的 UBI，但总的来说，他们选择的 UBI 是在国家贫困线上下的水平。部分原因是他们明白水平越高，国家越负担不起；另一个原因是为了避免有人批评 UBI 会让人变得懒惰，丧失生产能力。

据称，UBI 带来的益处将解决左翼和右翼政治家所关心的问题。左翼支持者将其视作消除贫困和纠正他们认为的社会上日益加剧的不平等的机制。他们有时争论说，UBI 会解决所谓的性别工资差异，并使收入分配更倾向于按劳分配而非按资本分配。它也被视为解决所谓的代际“偷窃”问题的手段之一。代际偷窃指的是相对富裕的人正在从没有资产的年轻工人的税收中获得养老金，而这些年轻人在晚年生活中可能得不到类似的福利，因为社会越来越负担不起福利制度[11]。

P. 268

右翼倡导者将 UBI 视作一种消除政府官僚主义的方法：废除就意味着尝试摆脱对发明并实行这项制度的公务员群体的需求。人们没有理由将福利制度作为赌注，以此减少政府造成的浪费和不公平现象。他们希望 UBI 将有助于推动大规模的税收结构简化，或许还可转向统一税制。他们认为，更多的低收入人群会选择工作，因为他们将不会再陷入福利陷阱，即涨了一点工资却降低了福利。这意味着在没有人工作的家庭中抚养长大的孩子将变少，而这是右翼的牵挂[12]。

目前 UBI 的支持者多数是左翼,但过去它曾得到了著名的右翼政治家和经济学家的支持,特别是理查德·尼克松(Richard Nixon)总统和经济学家弗里德里克·海克(Friedrich Hayek)与米尔顿·弗里德曼(Milton Friedman)。

14.3.2 实验

迄今进行了数量惊人的 UBI 实验:Reddit 的基本收入页面列出了 25 个实验[13],并给出了其中的 6 个目的和结果的简略描述[14]。所有参与的研究人员都认为获得了满意的结果:实验对象均体验到了更健康幸福的生活,并且没有陷入懒惰的生活方式或将钱浪费在酒精或毒品上。然而,令人好奇的是,这些实验都没有后续。

许多 UBI 实验的公开目的都是调查如果可以不劳而获,人们是否不会再去工作这一问题。迄今为止,加拿大曼尼托巴省多芬小镇开展的实验是目前最大的实验之一,涉及了全部 10000 名小镇居民。结果发现,只有青少年和年轻母亲两个群体会停止工作,这被视为一种积极的实验结果[15]。

当然,如果机器抢走了我们所有的工作,那么交辞职信的人就不会有所顾虑了。但一个更微妙的问题仍然存在:不劳而获的人会停止做有价值的事情吗? P.269 他们是否会成为沙发上整天看电视的懒虫,或是堕落成酒鬼和瘾君子?考虑到我们之前在工作和劳动之间所做的区分,因此在智能机器使大部分经济活动自动化的时代里,问题不是人们是否会放弃工作,而是他们是否会放弃劳动。

遗憾的是,迄今为止进行的 UBI 实验都不属于严格测试。从分配的收入应足够满足人们生活的意义上讲,严格测试应该具有普遍性、随机性、长期性和基础性特性[16]。因此,需要进行更多的测试。

事实上,在撰写本书期间,全球已经在准备或正在进行许多重要的 UBI 实验。2015 年在芬兰宣布的一项实验曾引起巨大轰动,但其目标与之前提及的右翼问题有关。此次实验的设计者,芬兰研究人员奥利·坎加斯(Olli Kangas)希望给出当前芬兰福利制度存在的三个问题的解决方案:第一,从事兼职的人(可能是打零工的)既得不到工作津贴,也不能领取失业金;第二,一些人陷入了收入上涨但福利下降的福利陷阱中,这让他们丧失了努力工作、为经济做出更多贡献的动力;第三,现有的福利制度成本高昂,依赖太多的官僚机构来管理它。

选择接受 UBI 的芬兰人样本正在与未接受 UBI 的对照样本进行比较。坎加斯将探索他们继续工作的倾向,他们反馈的快乐感和幸福值,以及使用医疗和社会服务过程中出现的任何变化。他希望的是招募更多志愿者——可能是 100000 人,以便他能够发现不同年龄、居住地、人口特征和就业历史的志愿者之间的差异[17]。但在实验过程中,实验规模缩减至只有 2000 人,每人每月得到

560 欧元的微薄补贴。在 2018 年 12 月实验结束之前不会发布任何结果[18],但很明显,UBI 的概念不会被它验证或削弱。

另一个有趣的 UBI 实验是由德国人资助的计划,该计划是由柏林的企业家迈克尔·博恩迈尔(Michael Bohnmeyer)在 2014 年发起的[19]。截至 2015 年 12 月,通过抽签选出的 26 人每月会收到来自公众捐款的 1000 欧元。大多数受资助者反馈说,虽然这并没有极大地改变他们的生活,但他们感受到了压力的减轻,并且在许多情况下能够着手从事具有创造性的活动。

不少地区都热衷于 UBI 实验。荷兰的乌得勒支、格罗宁根、瓦赫宁根和蒂尔堡等城市正在要求本国政府批准进行实验。所有举措的目的都是为了寻找解决现有社会福利制度问题的方法。

P. 270

我们必须前往硅谷,寻求设计一个专门用于探索 UBI 的影响的实验,实验的大背景是:未来机器智能将使我们目前为谋生而从事的大部分工作实现自动化,人们将面临失业。2016 年 1 月,创业孵化公司 Y Combinator 的总裁萨姆·奥尔特曼(Sam Altman)宣布了为 Reddit、Airbnb 和 Dropbox 注入生机的这样一个实验。该实验项目将从美国两个州随机挑选出 3000 人。其中 1000 人将在 5 年内每月获得 1000 美元,而为了比较,剩下的 2000 人每月将获得 50 美元[20]。这是一个严肃的项目,总成本达到 6600 万美元。同时奥尔特曼的任务也同样重要:他必须找到一种方法来量化志愿者们从 UBI 中获得的满足感,以及追踪记录他们是否在利用自己的时间做一些有用的事情[21]。

14.3.3 社会制度

随着所有这些实验的涌现,UBI 的概念已成为热门的媒体话题,但它仍存在争议。许多反对者,特别是在美国,将其视为社会主义的一种形式。

马丁·福特(Martin Ford)的《机器人崛起》(*The Rise of the Robots*)一书表达了他希望 UBI 成为解决技术性失业的一种办法。但这种希望被蒙上了阴影,因为他担心"保障收入一般被认为'社会主义'",并且引入它将是一场"惊人的挑战"。福特并不是唯一有此疑问的人,我听说许多有见识的美国朋友也提出了类似的问题。

这些疑问可能被夸大了。当然,美国是一个庞大的国家,它更像是一个大洲而非一个国家,所以概括美国的特点并非易事。但美国人民通常不会思考太多或怀有恶意。如果到了必须承认许多(甚至是大部分)公民在没有犯任何错误的情况下将永远不能再从事有偿工作的时候,那么其他人就不可能看着他们饿死。

P. 271

根深蒂固的社会观念有时可以而且确实会快速地发生改变。如果机器智能让我们许多人永久失业,那么人们似乎有理由预期,对长期失业者提供援助的反对意见将会消失。毕竟,另一种选择是大规模饥荒,以及几乎肯定会发生的社会崩溃[23-26]。

14.3.4 通货膨胀

UBI的反对者也担心UBI将会引发通货膨胀。在其他条件相同的情况下，向经济市场中注入大规模资金很容易抬高物价，从而导致突发的通货膨胀，甚至是恶性通货膨胀。但正如UBI活动家斯科特·桑滕斯(Scott Santens)指出的那样，UBI并不一定意味着给经济注入新的资金。最有可能的方式是对富人增加税收，以及通过与执行机构合作来取代现有的福利制度[27]。他还声称，在引入基本收入的地方，如1982年的阿拉斯加和2011年的科威特，通货膨胀实际上有所下降。

P.272

14.3.5 税收争议

一个反对UBI的更实质的原因是负担不起。一些人认为可以通过提高对近几年进入极富行列的小部分人征税来筹集资金。毕竟，这些富人中的一些人(比如比尔·盖茨(Bill Gates)和沃伦·巴菲特(Warren Buffet))也认为自己所缴的税过少。

大富豪也确实在将大量财富陆续捐赠给慈善事业。比尔·盖茨(Bill Gates)(又是他)和马克·扎克伯格(Mark Zuckerberg)就是明显的例子。正如我们在2.2节所看到的，19世纪晚期的许多强盗大亨向慈善基金会捐赠了大量资金。

超级富豪决定捐献他们的大部分财富可能是出于自我保护和慈善的原因。我们甚至可能将这类税收称为NBFATW税，也称革命税[28]。不然，他们可能会怀疑我们其他人会有多感激，并决定生活在漂浮的堡垒上同时受到能力非常强大的AI防御系统的保护。

如果人们真的捐了钱，他们通常更想由自己决定如何分配这笔财富，主要是因为他们相信自己会比政治家和官员把这笔资金用得更好。

因此，即便是最乐善好施的富人，也往往会抵制以税收的形式大规模征收他们的资产。正如2016年4月揭露的“巴拿马文件”事件所表明的那样，富人们有充分的能力这么做，要么是聘请聪明的律师和会计师去寻找税法漏洞和逃税方法，要么将他们自己和资产转移到税收要求较低的司法管辖区。

此外，那些并不特别富有但渴望财富的企业家和其他能力出色的商业人士，很可能会决定离开大幅增税以支付UBI费用的司法管辖区。或者如果他们选择留下来，他们也会失去斗志，认定没有必要冒险把必需的时间和精力花在可以实现他们自己抱负的项目上。这些人是资本主义国家大部分的活力来源，抑制他们的热情或促使他们搬走可能会对经济造成很大的损害。

P.273

这听起来像是常识,但实际上极具争议。政治左派认为,不平等是一种社会罪恶,并认为向富人征税不会阻碍经济发展[29]。政治右派认为,轻微的不平等不是坏事,而且无论如何,在繁荣的经济中不平等是不可避免的。报告认为,对富人增税确实阻碍了经济发展,实际上可能导致政府收入下降,因为富人们会极力寻求减轻税负的方法[30]。

14.3.6 拉菲尔曲线

不幸的是,数据是混乱的,这导致双方都很难提出有说服力的论据。就像经常发生的那样,事实往往介于两者之间。我们确实知道,在一定的税收水平上,进一步提高税率是无效的,甚至会事与愿违。拉菲尔曲线绘制了税率与收入关系的对比图。当税率达到 100%,没有人会工作,这是一个无效的比率;99%也同样如此。遗憾的是,无论是在一般情况下,还是在某个特定国家的特定时间,我们根本无法确定最佳效益是在哪个点[31]。

2010 年,英国的工党政府对收入高于 15 万英镑的人群实行了 50%的最高税率。2013 年,保守党政府将这一税率降至 45%,并声称其将推动财政收入大幅增长。当然,工党认为这将适得其反[32]。

在这场辩论中,你选择支持哪一方很大程度上取决于你的政治倾向。就个人而言,我认为在具有良好监督机制的市场中,相互竞争的机构比垄断的政府更有效,我相信较低的税收制度会激励创业。我还认为政府更倾向于向那些他们认为可能会逃税的公民征税,这解释了为什么他们的税收很多是通过微妙、间接、通常是完全隐形的税收来实现的。因此,通过大幅增税来为 UBI 提供资金可能会对经济造成损害。

如果你是左派,你很可能持否定意见。幸运的是,我或许不需要说服你去议会大厦(这对我们双方都是一种解脱)。因为 UBI 的支持者认为他们有两种潜P. 274在的收入来源来支持这个计划,这意味着他们不一定必须要"敲富人竹杠"(这是富兰克林·德拉诺·罗斯福(Franklin D Roosevelt)在 1935 年为支持新政,将富人所得税的最高税率提高到 75%时提出的一种说法)。这两种节省资金的方式是消灭官僚机构和向机器征税。

14.3.7 福利陷阱

UBI 的支持者引用莎士比亚(Shakespeare)的观点称[33],废除大部分乃至全部现有福利制度,以及落实这些制度的众多官僚机构,可以抵消 UBI 的巨额成本。他们描述了一幅诱人的图景——一个不需要经济状况调查,没有贫困陷阱,在就业中心没有凶神恶煞的"顾问"迫使申请人申请不合适的工作,没有福利欺诈,并且没有必要去钻制度的空子的世界。

可惜的是,这个世界可能不存在这样一个美好、自律的社会。人们的需求因为他们的能力、生活阶层、地理位置和其他因素的不同而不同。如果残疾人的收入与身体健康的人的收入相等,那么残疾人很可能在承受着更大的痛苦。有孩子的单身父亲可能需要额外的补贴。住在伦敦或旧金山的人肯定比住在阿尔伯克基或奥克特穆奇的人需要更多的住房福利。若是由于 UBI 的纯粹性而辞退了所有的官员,那之后我们将不得不向他们道歉并恳请他们回来。

英国智库 RSA 在 2015 年 12 月发布了一份关于 UBI 的报告,这是在经过整整一年的研究和讨论后得出的结果[34]。它提议废除英国现有的大部分福利制度,并用向 25 岁到 65 岁的所有人支付 3692 英镑的方式来代替。这意味着每月支付 307 英镑,每周 71 英镑,每天 10 英镑,相当于英国平均工资的 14%,2015 年的平均工资是 26500 英镑[35]。每个 5 岁到 25 岁的人将获得 2925 英镑,每位退休老人将获得 7420 英镑,同时为幼儿支付额外的费用。

RSA 估计其提议的系统的总成本为 2800 亿英镑,其中包括 30 亿英镑的运营成本。RSA 还宣称,通过取消大部分现有福利和养老金基础设施,包括个人所得税津贴和对高税率纳税人的养老金减免税收,可以省下 2720 亿英镑用来抵消成本。

RSA 称,因为摆脱了福利陷阱,有孩子且收入低的家庭每年将多获得 2000～8000 英镑的补助。为防止穷人的处境恶化,所需的调整将花费 100 亿～160 亿英镑,约占 GDP 的 1%。这笔资金将通过向高收入群体征税来获取,而高收入群体则成为改革中收入减少的一个群体。 P.275

RSA 提出的计划不是一个成熟的 UBI 提案,因为对于收入超过 7.5 万英镑的人群而言,收入越高,补助越少;而对于 10 万英镑及以上的人群,将没有补助。补助的金额也设定在只够人们生存,但提供不了体面生活的水平。同样重要的是,该提案忽略了住房和残疾基金这样的重要问题,并且至少还需要政府召回一些官员。

与芬兰的实验一样,这个想法更有价值的地方在于它试图精简英国错综复杂的福利体系。

各国并非是孤立的经济生态系统。引入 UBI 将极大地影响相关国家的竞争地位,并会产生其他意想不到的后果。偏右派报纸《每日电讯报》(*Daily Telegraph Newspaper*)在 2015 年 12 月的一篇文章出乎意料地对 UBI 持肯定态度,该文章推测,如果芬兰的 UBI 实验取得成功,除非它离开欧盟,否则它将被经济移民淹没[36]。

14.3.8 向机器人征税

如果我们不能通过向富人征税或解雇管理现有福利基础设施的官员来为

UBI提供资金,那么我们能否通过向机器人征税来实现这一目标?

在2017年2月发表的一篇文章中,比尔·盖茨提出了对取代人工的机器人征税的一些想法[37]。这篇文章附带了一段简短的视频,在视频的最后,盖茨对支付更多税收的想法情不自禁地笑了起来。虽然这种想法让很多人非常兴奋,但它肯定不会成功,而且盖茨可能明白这一点(毕竟他是一个相当聪明的人)。

假设有两家公司提供相同的服务。其中一家已经经营了好几年,最近用机器取代了一千名工人。另一家是初创企业,直接采用机器人。前者将会受到税收的冲击,而后者将免于税收。这不仅非常不公平,更意味着前者可能会倒闭,再也不能缴税了。

机器很少会一对一地取代人类。例如,人类将从电话服务中心消失,取而代之的是一个在配备巨大空调的大型建筑中运行大量服务器的AI系统。政府是对一个实体(即AI系统)征税,还是对每个服务器征税?或者,它是否估算了被系统解雇的人数,并以此为基础计算税收?

P.276

事实上,盖茨可能是为如何应对经济奇点作出了一个设想。如果AI系统正在让数以百万计的人失业,那么某个地方的某个人就正通过实现该技术而大笔赚钱。如果(这种假设还需要打上一个大大的问号)我们可以阻止他们跑到开曼群岛或者其他税率很低的地方,那么也许我们可以对他们征税,向那些被解雇的人提供收入。

不幸的是,即使是这种更普遍的方法也存在致命的缺陷。这项技术取代了人类,因为它便宜。它也可以提供更好的产品和服务,而且生产速度更快,但成本降低几乎总是这些系统被采用的原因之一。这意味着整体产生的利润越来越少,税基越来越小。随着机器的效率越来越高,税基受侵蚀的速度也越来越快。

对税基的侵蚀还不止于此。如果一家公司通过替换一批工人赚取了巨额利润(尽管由于效率提高,这部分经济中的流动资金越来越少),那么竞争对手就会试图通过创造更好的AI系统来替代它。如果他们成功了(他们往往会成功),他们将进一步压低税基。

也许盖茨也清楚地看到了这一点,而他的真正目的或许只是让更多的人思考和讨论如何为失业后的人们提供所需的收入。

14.3.9 负担不起

通过向富人征税、辞退官员或向机器人征税似乎很难为UBI提供资金。英国《金融时报》(*Financial Times*)记者蒂姆·哈福德(Tim Harford)写道,在目前的情况下,UBI吸引了三种人:那些乐于看到穷人收入减少的人,那些乐于看到国家通货膨胀(并冒着大量资本外流风险)的人,以及那些攒不了钱的人[38]。

伦敦政治经济学院经济学教授约翰·凯(John Kay)在2017年3月写道:

“要么基本收入低得离谱,要么支出高得离谱。”更通俗地讲,如果 UBI 在今天的任何一个国家(或多个国家)中被充分推行,它都会产生极大的负面效应,因为管辖区内的许多富人会离开,以避免付出惩罚性税收[39]。

14.3.10 三点中满足一点不太好

P. 277

除了负担不起,UBI 这一概念还有另外两个严重的问题,与其名字缩写有关:普遍性和基本性。

1977 年,美国歌手密特·劳弗(Meat Loaf)发行了经典专辑《地狱蝙蝠》,而“ear worm”(耳朵虫)一词可能就是为其中一首单曲《三点中满足两点还不错》创造的。UBI 有三个组成部分:普遍性、基本性和收入。其中两部分是有问题的,而就像密特·劳弗唱得那样,三点中满足一点不太好。

14.3.11 普遍性

UBI 的三个特点中第一个是普遍性。它向所有公民支付,无论他们的经济状况如何。它的支持者之所以想要 UBI 具有普遍性,有几个原因。经验表明,如果福利制度能够让所有目标民众都获得的话,人们才会接纳它。经过经济情况调查的福利可能会在目标民众中获得较低的支持率,因为这些福利太复杂而无法申报,或者受益人对申报这些福利感到不舒服,又或者根本就不知道这些福利。英国的儿童福利就是一个很出名的例子。人们还担心,UBI 在任何情况下都不应该被污蔑为失败的标志。

但就 UBI 而言,比起这些担忧,普遍性导致的普遍低效性是一个严重得多的问题。比如说,在失业率高达 40%的情况下,向鲁珀特·默多克(Rupert Murdoch)、比尔·盖茨和其他数百万拥有可观收入来源的人支付 UBI,将是对资源的严重浪费。

14.3.12 基本性

UBI 的第二个特点是它是基本的,这也是它最大的问题,甚至比负担不起成本的问题更严重。“基本”的意思只能是最基础的,如果未来的社会中很大一部分人或大多数人都将在他们的余生中失业,我们必须做得更好,而不仅仅是给他们提供维持生计的收入。

这不仅仅是一个社会公正的问题,尽管这很重要。对于那些仍在挣钱的人来说,这也是一个自我保护的问题。在发达国家的社会中,如果很大一部分人的生活从合理的标准水平下滑到仅能维持生计的水平,并且他们已经认为其生活水平将不会再有好转,那这个社会就可能崩溃。

P.278 UBI的支持者认为,这笔钱将防止我们所有人挨饿,同时我们将选择自己喜欢的工作来补充基本收入,而不是像今天许多人那样成为工资的奴隶。但这里设想的情景是,许多人或大多数人根本拿不到工作报酬,因为机器可以更低廉、更好、更快地完成工作。人类会继续工作:他们将成为画家、运动员、探险家、建筑工人、VR游戏顾问,他们将从中获得巨大的满足感,但不会因此得到报酬。

14.3.13 渐进式舒适收入

尽管UBI存在缺陷,但它至少在尝试积极地解决问题:如果机器接替了我们的工作,我们如何才能拥有高水平的生活。讨论这个问题具有积极意义,因为它有助于引起人们对这个问题的关注。我们可以采纳UBI好的一面,改进不好的一面。也许我们需要的不是UBI,而是渐进式舒适收入PCI(progressive comfortable income)。该收入应分配给那些有需要的人,而不是把资源浪费在那些不需要的人身上。它将为人们过上富裕而满意的生活提供足够的收入。

我们仍然需要解决如何支付这笔收入的问题,即如何使得社会可以负担得起这笔支出。如果我们不能通过压榨富人、向机器人征税或辞退官员的方式解决资金问题,或许可以通过让我们需要的所有商品和服务变得非常便宜这一方式。

14.3.14 《星际迷航》经济

人们常说,科幻小说向我们讲述更多的是关于现在而不是未来。大多数科幻作家实际上并没有去试图预测未来,尽管他们可能会付出巨大努力让自己创造的世界看起来更可信。一般来说,他们只是想叙述一个有趣的故事,或者也许是利用这类体裁提供的机会来探索我们生活的本质(优秀的科幻小说像是穿上奇装异服的哲学)。

但无论是有意还是无意,当我们思考未来时,科幻小说对我们所有人都起着非常重要的作用:它为我们提供了隐喻和前景。许多非常流行的科幻小说都展现了反乌托邦的场景,例如,《终结者》(*Terminator*)、《银翼杀手》(*Blade Runner*)、《1984》、《美丽新世界》(*Brave New World*),等等。但也有光明的前景,其中最受欢迎的是《星际迷航》。

《星际迷航》(*Star Trek*)以24世纪为背景,描述了一个充满无限可能的世P.279界,一个星际旅行充满冒险和无限分裂,同时也是一个没有金钱和贫穷的世界。在1996年的电影《星际迷航:第一次接触》(*Star Trek: First Contact*)中,船长让·卢克·皮卡德(Jean-Luc Picard)解释说:"24世纪不存在钱。赚钱不再是我们生活的动力,我们努力工作是让自己和其他人生活得更好。"

这并不是原剧中的设定,在原剧中曾多次提到货币和信用体系。但是在船长死前，吉恩·罗德伯里(Gene Roddenberry)下令从此以后联邦将取消货币[40]。

虽然货币被取消，但在后来的《星际迷航》故事中，人们还是为了得到声望和他人的认可、为了更多的责任和职业发展而相互竞争。詹姆斯·泰比里厄斯·柯克(James Tiberius Kirk)之所以成为杰出的星际舰队指挥官，原因之一就是他的竞争意识很强。他在一个极度精英化的环境中工作，并愿意为胜利作出巨大牺牲。

这不是什么新鲜事。男人和女人总是在他们的群体和社会中竞争，为此我们也在不断地运用我们的聪明才智寻找新方法。中世纪的骑士们冒着生命危险为荣誉和荣耀而战，而他们的后代为民族独立而战。今天，许多人付出了大量的汗水和眼泪(如果不需要流那么多血)来展示他们在编写优秀开源软件或编辑维基百科页面方面的能力。

《星际迷航》中的行星联盟不需要钱，因为能源基本上是免费的，生产产品可以用所谓的复制器——这种设备可以利用任何可得的物质制造有用的(包括可食用的)物品。

另一部广受欢迎的科幻小说系列是已故的伊恩·M. 班克斯(Iain M. Banks)的文学书籍，其文笔乐观(如果被定义为黑色幽默)。故事设定在遥远的未来，一个拥有发达科技的人类族群已经执掌了银河系的大片地区，而且与许多外星文明基本保持和平的关系。在高度智能化和极度宠爱他们的机器智能的陪伴和帮助下，人类过着永远放纵的生活。正如班克斯在2012年的一次采访中所说，当你处在一个后稀缺社会时，你可以完全放纵自己。文明中没有失业问题，没有人必须工作，所以所有的工作都是一种游戏[41]。

14.3.15 富裕

《星际迷航》中的经济是后稀缺经济，是极度富足的经济。彼得·迪亚曼迪斯(Peter Diamandis)和斯蒂芬·科特勒(Stephen Kotler)在2012年出版的《富裕:未来比你想象的更好》(*Abundance: The Future Is Better than You Think*)一书中认为，这种社会在不远的将来就能实现，这在很大程度上要归功于科技的指数级进步。 P.280

他们是正确的吗? 经济奇点所带来的收入问题的解决方案是否可以是:由于我们过上富裕而充实的生活(而且显然不是一种只能基本维持生计的生活)，所需的所有商品和服务都能由机器高效地生产出来，所以它们几乎都是免费的?

乍一看，这听起来难以置信，但只要稍加想象，你就能明白这是怎么回事。首先，我们现在花钱买的大部分东西都是数码产品，所以可以免费复制和分发。我们大多数人会花时间、精力和金钱去寻找和获取我们想要的媒体资源:新闻、信息、电影、电视、音乐和书籍。这其中的许多已经是免费的了,而有些只需要少量的订阅费:只要每月支付一点费用,Netflix 就能让你获得电影和电视剧的资源库,Spotify 则为你提供世界上大部分的音乐资源。大部分成本是支付给原创内容创作者的,如果没有人必须去谋生,这一成本可以大幅降低。

下一步是我们应该认真思考 21 世纪能源价格将大幅下降这一观点。目前,尽管绿色组织定期声称太阳能比化石燃料更有竞争力,但我们一方面向化石燃料征税,另一方面又对太阳能提供补贴。然而,随着太阳能发电的成本呈指数级下降趋势,我们储存和运输太阳能的技术正在突飞猛进地发展。虽说用太阳能和风能发电取代化石燃料发电不会像我们所希望的那么快实现,但这终究会实现的。

一旦你把司机和燃料的成本从汽车中除去,交通运输就会变得非常便宜。从内燃机换成电力大大降低了成本:运转的零部件更少,而且不会有燃烧带来的损耗。如果未来的交通工具自动驾驶电动车是由应用程序召集的、所有权在制造商而非乘客,那么从 A 地到 B 地的成本可能会变得微不足道。在一些大城市,优步有时会设法使其服务成本低于公共交通成本,而且这是在使用人力司机的情况下实现的[42]。

住房和其他建筑、家具、服装及食品似乎不太容易受到这种成本削减的影响。最终,纳米技术可能会给我们带来类似《星际迷航》里的复制器,因此商品将真的可以变成免费的。这在今天看来似乎是一个遥远的梦想,但在未来,在有了 P.281 非常便宜的能源、非常高效的机器,以及省去生产过程中昂贵的人工成本之后,我们可能会惊讶于过上充实的生活所需的成本是多么的低。

要说明 AI 和相关技术可以在多大程度上提高我们生产方法的效率,农业提供了一个很好的例子。出于成本和良好的土地畜牧业的原因,农民迫切希望尽量减少用于防治害虫和杂草的杀虫剂和除草剂的使用。农业设备制造商约翰·迪尔(John Deere)斥资 3.5 亿美元收购了 Blue River Technology 公司,该公司可以利用计算机视觉识别一株植物是杂草还是作物的一部分。杂草上被精确喷洒上杀虫剂,并且昂贵的化学药品只在有需要的地方使用[43]。

如果这种后稀缺的富足经济在现实中可能实现,我们能否在不发生重大社会动荡、甚至可能崩溃的情况下过渡到这种经济?彼得·迪亚曼迪斯谈到建造一座通向富足的桥梁,这可能成为 21 世纪上半叶人类面临的最重要挑战。

可以想象,如果任其发展,我们的经济将朝着富裕的方向发展。自动化的根本目的是在保持或提高质量的同时降低成本。但我们不能保证这一点,我们也不应该依赖这一点。

14.3.16 保持创新

技术性失业并不意味着每个人都会失业。很可能在很长一段时间内(至少在超级智能到来之前),我们中的一些人或许是多数人能够找到工作。我们这些仍在工作的人很可能还将在某种形式的竞争性市场经济中工作。本书并不主张完全自动化的奢侈共产主义——将一切事物自动化,并共享自动化产品所有权[45]。

市场经济的关键,或者说它如此有效的主要原因,在于决策是由最有资格的人做出的。市场促使(实际上是迫使)我们每个人真实传达个人喜好和价值标准的信号。之所以我们选择购买某辆车而非其他车,是因为我们喜欢那辆车(考虑到我们的预算限制)。毫无疑问,因为我们是在自己花钱,所以我们传达了准确信号。

供应商受到竞争的高强度激励,通过提供尽可能最好的商品和服务来响应这些信号。虽然这会带来一定数量的浪费,因为竞争对手仿造设备来开发和生产他们的产品,但是竞争激发了创新,并且比我们迄今为止尝试过的任何其他系统都更有效地提高了产品和服务质量。

P.282

相比之下,在中央计划经济体制下作出决策时,每个层级的人都在猜测下一层级的人想要什么、需要什么。不管他们的数据收集系统有多好,不管他们的意图有多好,他们总是过时的,而且他们经常是完全错误的。腐败也很有可能发生。套用阿克顿爵士的一句话就是[46],权力导致腐败,绝对权力导致绝对腐败,而腐败绝对是中央计划经济的核心问题。

经济奇点不会在一夜之间发生。它可能是一个跨越数十年的过程。在早期,当出现大量失业但仍有许多人在工作时,我们应该保留自由市场提供的创新支持和创造财富的机制。

关于这一切将如何运作,有一种设想借鉴了一种已经存在了几十年的建议:为获取数据支付小额费用。对于大多数机器学习系统来说,数据是必不可少的,而科技巨头们之所以能建立起利润丰厚的帝国,部分原因在于它们能获取大量的数据,而且在很多情况下,这些数据只属于它们自己。认为这些数据是偷窃而来的论点很难站得住脚,因为我们非常重视他们的服务,因此很少有人提出抗议。那些抗议的人可以自由选择不使用这些服务,但我们绝大多数人不会做出这种选择。

目前,我们能从我们的数据中获得的报酬大多都是无益的,也不会对我们的生活方式做出有意义的贡献。但如果大多数商品和服务的价格大幅下跌,上述情况可能会发生变化。数据是“新石油”的说法在今天似乎有些言过其实,但在极度富足的社会中,这种说法可能会变得更贴切。

14.3.17 关于资产的解释

本节关注的是收入而不是财富,这是有原因的。大多数人几乎没有财富,因此依赖于收入。2015 年 1 月,美国一家个人金融网站公布的一项民意调查印证了美联储[48]一年前的调查结果,即 2/3 的美国人的储蓄不足 3 个月的收入。其中一半人无法在不负债的情况下支付 400 美元的紧急开支。2007 年开始的经济衰退加剧了这种情况:美国家庭的平均净资产从 2007 年的 13.6 万美元降至 2013 年的 8.1 万美元。

P. 283

在考虑经济奇点时,重要的衡量标准是收入而非财富。在当今世界,财富不平等远比收入不平等更为严重,无论是在全球范围内还是在个别国家内部。

慈善机构乐施会(Oxfam)在 2014 年 1 月的声明"世界上最富有的 85 人和世界上 50%最贫穷的人拥有的财富总和一样多[49]"引起了轰动。这句话在筹款方面被广泛重复引用并且非常有效,以至于乐施会从那时起每年都要重复这句话。这个数字可能是对的,也可能是错的,但它具有很强的误导性,乐施会每年都大肆宣扬这个数字是缺乏诚意的。缺少财富不等于贫穷。纽约一名过着奢侈生活的年轻职场人士可能没有净资产,但如果把她说成比一个没有债务但只拥有几件塑料器皿的某国家农民还要穷,那就有悖于常理了。此外,即使有可能消除这种财富不平等,贫困问题也难以解决了。如果最富有的亿万富翁把他们的财富分给世界上最贫穷的一半人,那么这相当于给每人一次性支付大约 500 美元[50]。

然而,如果你是拥有大量净资产的少数幸运儿之一,你可能会想,如果技术性失业现象持续下去,你会受到怎样的影响。在新经济形势下,你的房子会升值还是贬值?你的阿斯顿马丁车子或者你收藏的美酒会怎么样?除非我们转向一种完全不同的经济模式,否则一些富人,尤其是那些控制着创造大部分附加值的 AI 的人,很可能仍将富有,甚至可能变得更富有。也许斯特拉迪瓦里小提琴和高档房地产的价格将继续上涨——至少在一段时间内是这样。

人数不断增多的中产阶级又将如何?他们的净资产只有几万或几十万美元,最多达到 100 万或 200 万美元。除非我们迅速而平稳地转向一种非常慷慨的福利体系,否则这些中产阶级通常所拥有的资产(如郊区住宅和量产汽车)的价格很可能会下滑,因为其所有者试图通过清算财产来弥补收入损失。这种情况可能很快就会发生,因为人们会放眼未来,对未来发生的事进行预判,并决定在真正开始下滑之前套现。众所周知,资产价格难以预测,因为它们取决于无法预见的事件,也取决于对可能发生的事情的看法,以及对这些看法的态度。这是我们应该尽早认真考虑这些问题的另一个很好的理由[51]。

P. 284

14.4 分配

14.4.1 海景房

想象一下，我们成功地跨越了“彼得·迪亚曼迪斯桥梁”，来到了一个富足的经济体中。我们都过着舒适而充实的生活。我们中的大多数人都享受着爱心机器提供的几乎免费的商品和服务，而我们必须支付的任何额外费用都是由对仍在工作的人的收入和资产征税(非惩罚性的)来支付的。那些仍在工作的人大概率收入不错，或许非常高。

并不是所有的东西都是完全或几乎免费的，很多东西总是稀缺的。令人遗憾的是，在空旷的白色沙滩上，环绕着棕榈树的一直延伸到碧蓝大海的大房子为数不多；又或者是曼哈顿第五大道的顶层公寓也是稀缺的；Vermeers 珠宝和阿斯顿马丁 DB5 汽车的供应量非常少。

我们将如何分配那些完全或几乎不能免费提供的商品和服务？乍一看，答案似乎简单明了：我们仍将有资金，仍将有市场。供应和需求仍将像以前那样运作下去。

但是大多数人的钱很少，因此很少有机会获得稀有和昂贵的物品。远在第五大道公寓的水平之下，我们使用和享受的资产的质量将会千差万别。在每个村庄、城镇和城市，住宅的质量参差不齐。

富裕的社会将为大量没有工作的人提供平等的收入，但绝非平等的资产基础。至少在一个特定的地区或管辖范围内，每个人获得的新商品和服务基本是相同的。但有些人将生活在城镇繁华地段的大房子里，而其他人则住在落后区域的肮脏街区中没有隔音的公寓里。 P.285

这会不会变成一场抢椅子游戏？在经济奇点出现之前，我们都努力工作以改善自己的命运,但当机器取代我们的工作时,游戏音乐停止了,我们都坐在我们已经到达的椅子上?我们就永远原地不动地待在那里?这似乎既不公平也不可持续。

我们是否认为没有人可以占有这些珍贵的东西?也许我们可以把所有漂亮的房子都变成博物馆,把稀缺的可移动物品陈列在那里。如果我们要参观(或者使用)这些物品的话,我们可以支付一定的费用,或者进行预约。

与此同时,我们将使用高效的机器更新或替换质量较差的房屋(以及汽车、船只、家具和衣服等),但确实需要很长时间来为每一个一开始就没有房子的人建造一所漂亮的新房子。即使我们完成了这项艰巨的任务,有些房子的位置仍然会比其他房子好得多。

谁来决定人们可以继续居住的房子和不属于私人财产的房子之间的分界点是什么呢?

这是分配问题。

14.4.2 VR的作用

2016年2月,在脸书旗下的一家VR软硬件制造商Oculus VR担任主要高管的帕尔默·勒基(Palmer Luckey)和约翰·卡马克(John Carmack)谈到,使每个人都可使用VR可看作是一项"道德义务"[52]。

"每个人都想拥有幸福的生活,但给每个人他们想要的一切是不可能的……"VR可以让任何人在任何地方都能拥有这些体验。"你可以想象一下,世界上几乎每个人都拥有(好的VR设备)……这意味着富人的部分理想体验可以被合成,并复制给更广泛的人群。"

其他人也思考过这些问题,对于VR可以缓解稀缺、匮乏带来的挫折感这一说法,并不是所有人都开心叫好。有些人认为这是不可能的,而另一些人认为这可能实现,但很丢脸。

P.286

哈佛大学政治哲学家罗伯特·诺齐克(Robert Nozick)在1974年讲述了一项思维实验。实验中有一台"体验机器",它可以重现你选择的任何感觉。你的大脑相信这种体验是真实的——这意味着你也相信它是真实的,但实际上你的身体正躺在一个漂浮池里,失去了所有的感官输入,同时你的大脑被连接到机器上。哲学家通过研究他们的直觉做了很多工作,诺齐克的直觉是没有人愿意使用这台机器,因为我们太看重现实了。我感到很惊讶,他在1974年就得出了这一结论,而在今天得出的结论将会令人更加惊讶:如此多人在模拟的现实中度过了大量的时间,尽管它只是不完美的模拟。当然,聪明的人正在积极投资,因为他们相信我们会对VR趋之若骛。诺齐克于2002年去世,所以他不必自己去寻找答案——也许他会松一口气。

其他批评家认为Oculus创始人对未来的看法虽然是可能的，但令人害怕。伊桑·朱克曼(Ethan Zuckerman)是麻省理工学院(MIT)公民媒体中心主任，他认为“我们可以通过给(穷人)虚拟面包、开展娱乐项目来淡化总体经济不平等的想法是邪恶的，是妄想”。贾伦·拉尼尔(Jaron Lanier)是一名计算机科学家和作家，他创立了VR先锋VPL研发公司，并因推广了“虚拟现实”一词而广受赞誉。他嘲笑富人长生不老的想法是“邪恶”的，而“其他人将得到一个模拟的现实……我更愿意看到这样一个世界：每个人都是一等公民，我们没有人生活在黑客帝国中。”

只有时间才能证明，VR在使我们能够生活在一个人类因机器而失业的世界中是否有益甚至不可或缺。本人的猜测是，VR将在大多数人的生活中发挥重要作用，它将使人们生活得更有效率、更加快乐、更有成就感。正如Oculus的约翰·卡马克所说：“如果人们正过着虚拟的幸福生活，那么他们正过着幸福的生活。”

然而，朱克曼和拉尼尔发现了一个关于这一愿景的重要问题，它与VR关系不大，而与人类将可能被分为两个或更多不同阵营有关。我们将在下一节详细讨论这一点。

P. 287

14.5 凝聚力

14.5.1 书中的情景

尤瓦尔·哈拉里(Yuval Harari)在其著作《人与神》(*Homo Deus*)一书中提出了一个残酷的建议:大多数人迟早会失业,其后果将是一个由精英和无用之人组成的双重经济体。随着算法将人类挤出就业市场,财富可能会集中在拥有全能算法的少数精英手中,而这将造成前所未有的社会不平等。21世纪的经济学中最重要的问题很可能是如何安置这些多余的人。

想象一下,在一个绝大多数人过着悠闲生活的社会中,他们的收入由一个慈善国家或一个庞大的慈善组织提供。虽然他们不富裕,不坐头等舱,不常去昂贵的餐馆,也没有多套房子,但他们没有迫切的需求,事实上他们想要的很少:他们喜欢社交、学习、运动和探索,而许多这类活动都是在几乎与现实没有什么区别的虚拟世界中进行的。

这个社会中有一小部分人有工作。他们的工作既愉快而又不需要太多知识,并且没有压力。这些工作包括监视、偶尔指导或重置使他们的社会运行的机器顺利地完成操作。

P.288

比方说,这个少数精英群体对于这样一群人中的大部分是慷慨的:这些人居住在他们的封闭社区之外,不去他们的豪华度假胜地,也不会和他们一起乘坐私人直升飞机旅行。他们实际上是温和的统治者,尽管两个阵营都不同意这种说法。

现在,在这个未来的世界,所有的智人都在改变。他们正在使用新技术来提高自己的认知能力和身体素质。他们使用智能药物、外骨骼和基因技术等在尝试改变。也许他们会对自己进行改造,使得自己需要更少的睡眠[53]。

每个人都可以使用这些技术,但精英阶层享有特权:他们更早地得到技术,这可能至关重要。我在第4章"未来的AI"中提出,对"数字鸿沟"的担忧被夸大了。公司向几乎所有人销售大量相对便宜的汽车和智能手机赚取的利润,要远远高于向超级富豪销售少量镶钻手机赚取的利润。

但是我们不能忘记技术正在加速发展。在我们所展望的未来社会中,每周、每月、每年都会公布在身体和认知能力提升方面的重要突破。随着AI变得越来越发达,它推动了这一进步——尽管它仍属于狭义AI,远未达到人类水平以及AGI。

要想迅速推广这些关于认知和身体的技术进步,以避免那些享有特权的人与其他人之间产生很深的鸿沟,可能会变得非常困难,甚至无法做到。

因此,精英将比其他人做出更快的改变。由于这两个群体的生活在很大程度上是分开的,差距的扩大对大多数人来说可能并不明显,但精英阶层肯定知道这一点。他们决定必须把人们的注意力从事实上转移开,并采取预防攻击的措施,以防大多数人意识到正在发生的事情,并感到愤恨。他们将在封闭的社区周围安装具有惊人的防御能力和进攻能力的机器。他们会越来越习惯独处，越来越少地会见大多数人。当他们相遇时（几乎总是在VR中），他们的化身（他们在VR环境中所呈现的自己）不会暴露出两派人之间日益扩大的鸿沟。

当普通人谈到亿万富翁和电影明星的生活时，我们常常认为他们生活在一个不同的世界里。但与拥有AI的精英与失业的大多数人之间可能出现的鸿沟相比，他们与我们之间的距离微不足道。在一个经历了经济奇点、同时保留了私人财产的世界里，这种鸿沟可能会扩大。 P.289

14.5.2 美丽新世界

这不是一般科幻小说中的反乌托邦。好莱坞最常呈现的剧情场景是：技术拉上了掩盖资本主义制度背后的真正邪恶本质的帷幕，人类已沦为高科技的奴隶。在这种情况下，公司首席执行官、诡计多端的企业巨头和金融家的富裕后代们残酷地迫害了贫穷和受压迫的大多数人。

电影《极乐世界》(*Elysium*)就是充斥着这种陈词滥调的一个例子。像许多其他电影一样，这部电影中的社会实际上已经从资本主义倒退到某种技术封建社会。任何半睡半醒的观众都在想：既然机器可以做所有的工作，那奴役人类还有什么意义呢？

奇怪的是，好莱坞盛行的文化迫使他们发表了这些抨击资本主义的长篇大论，而好莱坞电影公司本身就是资本主义艺术的坚定拥护者。令人好奇的是，仅在一部电影中就要求获得数百万美元片酬的好莱坞明星们，却总是抱怨说企业的动力完全来自贪婪。

一个更有趣的场景是奥尔德斯·赫胥黎(Aldous Huxley)构建的微妙世界——《美丽新世界》(*Brave New World*)。几乎每个人都满足于可怕的军事冲突后发展起来的社会，但读者很清楚，人类失去了一些重要的东西，而且大部分退化到了几乎幼稚的状态。然而，当一个才华横溢的局外人到来时，他却无法想出一种方法来改善这个体系，或者让自己适应它。他本能地感到（而且作品鼓励读者同意），他自己的生活证明了他可以有更好的生活方式，但他无法表达或维持这种生活方式。

《美丽新世界》当然不能看作是一份蓝图[54]。即使这样，它还是平静的世界，经济和社会崩溃的幽灵似乎已被消除——至少目前如此。如果我们把那么多东西都视为理所当然，那未免有点愚蠢。新世界将是怎样的，这个问题值得我们每一个人思考。 P.290

14.5.3 经济奇点推动变革

私有财产是资本主义的一个基本特征，特别是生产资料、交换和分配的私有制。在市场经济中,大多数人靠出卖自己的劳动(其时间、体力和智力)来谋生。

被称为企业家的人雇用工人,并将他们的劳动与资本主义经济的另一个要素——资本结合起来。资本包括金钱、机器、土地、建筑和知识产权。资本家利用劳动力和资本来开发、制造产品和提供服务,他们希望这些产品和服务能被足够多的人购买,从而盈利。在这个过程中,资本面临风险,而利润是对承担风险的企业家和资本所有者(即资本家)的奖励和激励。

企业家配置的大部分资本为保险公司和养老保险公司等金融机构所有,这些机构的所有权通过养老金等计划得以广泛分配。多亏有员工持股计划,许多人也成为了他们为之工作的公司的股东。

在西方,在大多数人都在工作的资本主义经济中,一开始没有任何资本的个人可以通过储蓄一部分劳动报酬和自己创业来获得资本。与那些不鼓励创业,或因腐败、过度监管或缺乏基础设施而使发展受到阻碍的国家相比,那些容易做到这一点并给予支持的国家的经济状况往往更好。

同样,那些一开始就拥有资本的人可能会因为运气不好或判断失误而损失资本。一个家庭在三代之内由穷变富再由富变穷,这再常见不过了。

当今有些国家,这种社会流动(不管是向上还是向下)非常有限,精英阶层根P.291深蒂固。可以说,世界上没有哪个地方有足够的经济社会流动性,但在许多国家,这种流动性在某种程度上确实存在。

正如我们所看到的,在经济奇点之后,将会产生两大不同之处。首先,如果大多数人无法就业的预测情况成为现实,那么精英阶层和其他人之间将几乎没有交流,即没有经济和社会流动性。全世界都将如此。如果你不从事有偿工作,就很难积累资本。其次,如果技术进步的速度继续加快,精英阶层可能会利用提升认知能力和强化身体素质的方式在认知和身体两个层面都超越大多数人。

解决这一问题的明显但又困难的办法是结束私有财产制度。生产资料、交换和分配都将归入某种集体所有制,以防止社会和人类分裂的可能性[55]。

但是,资本主义已不适合一个富裕的经济体:机器在工作,大多数人失业,技术正在迅速地改变人类。我并不是在极力论证这个论点。它不仅让我感到不舒服,而且奇点的一个基本特征是,当出现事件视界时,预测未来比平时更困难。我们需要解决如何从我们已有的经济向我们所需的经济过渡的问题。这并不容易。

P.292

14.5.4 集体所有制

因此,也许成功驾驭经济奇点需要掌握 AI 的精英们将他们的资产转移到集体所有制中,他们也因此被誉为英雄。这在实践中是如何实现的呢?

我以前认为,计划经济有其不足之处,而市场经济的优势在于,决策是由最有资格做出决策的人做出的。在家庭、部落和小村庄等小群体中，共同所有制可以发挥很好的作用。但是，一旦一个社会达到某种规模和一定的复杂程度，亲属关系就会减弱，个人开始要求拥有土地和财产的所有权。社会开始受到权力结构的制约，权力结构最初是作为自卫的手段，后来演变成雄心勃勃的表现。

如果（这种可能性要打个很大的问号）度过经济奇点并避免破裂意味着要结束私人所有制，那么如何成功做到这一点而不至于沦落成一个不受欢迎的、实行中央计划的国家呢？

答案或许就是区块链。

14.5.5　区块链

首次代币发行（ICOs）是为数字货币和其他使用区块链技术的企业筹集资金的一种方式。2017 年 6 月，ICOs 募集的资金超过了风险投资行业的投资额[55]。尽管大多数人对区块链技术的了解仍然非常模糊，而且监管机构越来越担心 ICOs 可能成为庞氏骗局和大规模洗钱的手段，但这仍是一个了不起的里程碑。

区块链技术最大、最著名的应用是比特币。比特币于 2009 年作为开源软件发布，而在 2008 年发表的一篇论文中，笔名为中本聪（Satoshi Nakamoto）的人曾对比特币进行了描述。它的估值出现了快速且波动性很大的上涨。2017 年 3 月，比特币的价格达到 1268 美元，首次超过 1 盎司黄金的价值。2017 年 8 月，它突破 4500 美元[56]。

区块链是记录交易的公共分类账。重要的是，尽管没有像银行那样的中央权威机构来验证分类账，但它是完全可信的。值得信赖的是，你可以完全有信心，如果有人给了你一枚比特币，那么你就拥有了那枚比特币：给你比特币的人不会在其他地方把这枚比特币花掉，即使它完全是数字化的。 P.293

这种信心的产生，是因为交易记录在区块中，而区块是由称为矿工的人（或者更确切地说是计算机算法）添加到链中的。这些矿工在不断地研究数学问题，而这些问题的解决方法很难找到，但却很容易验证。每隔几分钟就会解决（“挖掘”）一个问题，每个解决方法都会创建一个块。新块被添加到链中，并合并自上一个块添加到链中以来所做的事务。一旦你的交易被同意，就会被发布在区块链的网络上，但是只有当矿工将其合并到一个块中时，交易才会被确认，因此是可靠的。

中本聪的创新解决了此前计算机科学领域的一个棘手的难题，即拜占庭将军问题。想象一下，一个中世纪的城市被 12 支军队包围，每一支军队都由一位强大的将军率领。如果军队发动协同攻击，他们肯定能胜利，但他们只能通过信使骑着马一个接一个地拜访将军来进行交流，而有些将军是靠不住的。区块链为每个将军提供了一种方法,让他们知道在特定时间发出的要求攻击的消息是真实的,并且在消息到达他之前没有被某个不诚实的将军篡改过[57]。

数字货币只是区块链技术可能的应用之一。它可以注册和验证各种事务和关系。例如,它可以用来管理汽车的销售或租赁等业务。当你拥有一辆车时,它可能会被标记上一个密码签名,这意味着你是唯一一个可以打开并启动这辆车的人[58]。

区块链的革命性好处在于所有类型的协议都可以在不设立中央机构的情况下得到验证。通过消除对中央中介机构的需求,区块链可以降低交易成本,还可以增强隐私:没有你的允许,任何政府代理都无权访问你的数据。

最重要的是,从我们现在的目标角度来说,区块链可能使集体资产的分散所有权和管理成为可能。

14.5.6 精英阶层的困境

想象一下这样一种未来:许多人都清楚地看到,我们正在走向成为无用之人的境况中。拥有这些机器的少数精英和我们其他人一样对此感到不安,或者至少有相当一部分人感到不安。他们不想把自己的资产交给政府机构,因为他们认为这只是把一个潜在的危险精英换成另一个。

P.294

但他们意识到,如果无用之人的场景成为现实,他们最终将沦为社会弃儿,让种族中的其他人感到恐惧,甚至憎恨。这个结果对无用之人来说可能是残酷的。

我不相信富人都是坏的、贪婪的和自私的这一普遍观点。我认识不少富人,也为其中一些富人工作过。在我看来,他们和我们其他人一样,是善与恶、贪婪与慷慨的混合体。他们往往聪明勤奋,但除此之外,他们和我们普通人一样。也就是说,这种奇特的人类混合了相似和不同,快乐和悲伤,可预测性和不可预测性。

在我看来,在有无用之人出现的情景中,拥有大部分资产尤其包括 AI 的少数精英群体,在抢椅子游戏停止时,宁愿与其余的人同进退、共命运,也不愿躲在坚固的门后,被其他的群体抛弃,这是完全可能的、合理的。

详细研究如何将资产转移到普遍共同所有权中,通过区块链验证并以一种分散的方式进行管理,将是一个非常重要的项目。不过,富裕的少数人是否会支持这一计划还尚未得出结论。但我认为这将是我们前进的最好方向。

当然,除非我们能够首先克服收入方面的挑战,否则我们不需要克服这个困难。而收入方面的挑战很可能会由一个关键障碍所预示:恐慌。

14.6 恐慌

14.6.1 恐惧

P.295

1933年3月，在经济大萧条最严重的时候，罗斯福(Roosevelt)宣誓就任美国总统。他那句著名的“我们没什么可恐惧的，除了恐惧本身”让陷入困境的民众感到安心，多年来一直引起共鸣。在经济奇点中，恐惧并不是我们唯一的问题，但它很可能成为我们的第一个非常严重的问题。

未来10年，全自动无人驾驶车辆将开始销售——也许是5年内，也许是10年内。由于商业车队运营商节省了大量成本，在接下来的10年里，驾驶出租车、卡车、面包车和公共汽车的人将很快失业。因此，在未来的15年或20年内，可能只会剩下很少的专职司机。

然而，在这个过程完成之前，人们就会明白它正在发生，而且是不可避免的。我们中的大多数人都会有一个曾经是专职司机的朋友、熟人或家人。夺走他们工作的技术将显而易见。关于自动驾驶车辆有趣而重要的一点是，它们不像谷歌翻译或脸书的人脸识别AI系统那样是隐形的。它们是有形的、实际的、不可忽视的东西。

今天，大多数人没有考虑到技术性失业的可能性。人们在媒体上看到关于这个可能性的报道，还会听到一些人说它即将到来，另一些人说它不可能发生。他们耸耸肩，或许是不寒而栗，然后继续自己的生活。当机器人自由驾驶，人类司机失业时，他们就再不可能有这种反应了。这会让人们觉得很不可思议。学习驾驶的过程很困难，是一种成年后才被允许在公共道路上进行的成人仪式。机器人突然能比人类做得更好，这一事实实在不容忽视。

毫无疑问，一些人会解释说驾驶毕竟不是判断智能与否的依据。试图通过这样的解释来否认这种现象，就像对国际象棋AI的评价一样，说它只是计算而已。将AI定义为我们还不能做的任何事情的泰斯勒(Tesler))定律，将继续存在。但大多数人不会被糊弄住。自动驾驶车辆可能会成为“煤矿中的金丝雀”，让人无法忽视认知自动化的影响。人们会意识到，机器确实变得很能干，自己的工作也可能很容易丢掉。

如果我们这时有一位像罗斯福总统这样的人执政(或许每个国家都有这样的一位领导人)，这可能就不是问题了。假如对于如何应对经济奇点有一个合理的计划，并由一个稳妥的人来实施，那么我们可能就高枕无忧了。不幸的是，我们目前没有一个计划。对于什么样的经济体制能够应对大多数人的永久失业，以及如何完成过渡，人们还没有达成共识。并非所有的高层职位都掌握在可靠

P.296

的人手中。

如果没有一个令人放心的称职领导来解释说明一个可靠的计划,那么很多人就会意识到自己的生计处于危险境地,其反应不难预测:将会出现恐慌。

这种恐慌何时会发生?几年内,也许是几个月内,自动驾驶车辆将开始让人类司机失业。换句话说,大约十年左右。

14.6.2 变革

在西方政府的历次竞选当中最著名的口号中都有相似之处:“让美国再次强大起来”和“夺回控制权”。特朗普(Trump)和英国脱欧是保守的、怀旧的竞选活动,都承诺回到原本存在于过去的一个更好的时代。是的,这些运动反对所谓的腐败而又骄纵的精英们(美国的纽约和华盛顿、英国的“都市精英”,以及两国的国家广播媒体),但首先最重要的是,这些运动反对变革。

P. 297

他们试图扭转什么变化?自2008年金融危机以来,美国和英国作为西方最开放、最成功的两大经济体,吸引了更多雄心勃勃的年轻外籍人士。在21世纪头10年的早期,如果你是年轻、有创业精神的波兰人、希腊人、墨西哥人或越南人,你很可能会认为,你的未来在伦敦、纽约或旧金山会比在自己的国家更有希望。即使以前没有,可你一旦到了那里,很可能会改变你以往的世界观,再加上你是外国人的简单事实,会让你成为不愿意改变的当地人眼中怀疑的对象,并害怕你对其就业前景和享受公共服务造成影响。

14.6.3 避免恐慌

特朗普当选和英国脱欧公投结果是政治地震。至少自柏林墙倒塌和20世纪80年代末冷战结束以来,政治就没有如此有趣过了。但与大多数人意识到自己很可能失业相比,其原因就相对来说不值一提了。即将到来的大范围失业的恐慌可能会带来巨大的影响,所以值得付出大量的努力来避免这种恐慌。

我们将在接下来的两章中探讨其中的一些影响,以及一些令人开心的场景。之后,在第17章“经济奇点:总结与结论”中,我们将就如何引导自己走向更好的未来给出一些建议。

注释

1. 万一你最近才来到地球,可以参考道格拉斯·亚当斯(Douglas Adams)的《银河系漫游指南》(*Hitchhiker's Guide to the Galaxy series*)。如果你还没读过,我建议你把这本书放下,改读那本书。我不会生气。但读完之后还请回到这本书。
2. http://philpapers.org/archive/DANHAT.pdf.

3. 小说有时被认为起源于18世纪初，但实际上它是一种更古老的艺术形式。之后，作家开始出版书籍，描述他们所看到的现实生活。https://en.wikipedia.org/wiki/Novel#18th_century_novel.
4. 我要感谢 AGI 研究者兰德尔·克内(Randal Koene)的这一评论。 P. 298
5. https://en.wikiquote.org/wiki/Bette_Davis.
6. http://www.economist.com/node/17722567.
7. http://quoteinvestigator.com/2011/11/16/robots-buy-cars/.
8. http://thegreatdepressioncauses.com/unemployment/.
9. http://www.statista.com/statistics/268830/unemployment-rate-in-eu-countries/.
10. http://www.statista.com/statistics/266228/youth-unemployment-rate-in-eu-countries/.
11. http://www.scottsantens.com/.
12. http://www.economonitor.com/dolanecon/2014/01/27/a-universal-basic-income-conservative-progressive-and-libertarian-perspectives-part-3-of-a-series/.
13. https://www.reddit.com/r/BasicIncome/wiki/index#wiki_that.27s_all_very_well.2C_but_where.27s_the_evidence.3F.
14. https://www.reddit.com/r/BasicIncome/wiki/studies.
15. http://basicincome.org.uk/2013/08/health-forget-mincome-poverty/.
16. http://fivethirtyeight.com/features/universal-basic-income/?utm_content=buffer71a7e&utm_medium=social&utm_source=plus.google.com&utm_campaign=buffer.
17. http://www.fastcoexist.com/3052595/how-finlands-exciting-basic-income-experiment-will-work-and-what-we-can-learn-from-it.
18. http://basicincome.org/news/2017/05/finland-first-results-basic-income-pilot-not-exactly/.
19. http://www.latimes.com/world/europe/la-fg-germany-basic-income-20151227-story.html.
20. https://www.cnbc.com/2017/09/21/silicon-valley-giant-y-combinator-to-branch-out-basic-income-trial.html.
21. http://www.vox.com/2016/1/28/10860830/y-combinator-basic-income.
22. https://en.wikipedia.org/wiki/Sodomy_laws_in_the_United_States#References.
23. http://blogs.wsj.com/washwire/2015/03/09/support-for-gay-marriage-hits-all-time-high-wsjnbc-news-poll/.
24. http://www.huffingtonpost.com/2009/05/06/majority-of-americans-wan_n_198196.html.
25. http://blogs.seattletimes.com/today/2013/08/washingtons-pot-law-wont-get-federal-challenge/.
26. http://www.bbc.co.uk/news/magazine-35525566.
27. https://medium.com/basic-income/wouldnt-unconditional-basic-income-just-cause-massive-inflation-fe71d69f15e7#.3yezsngej.
28. 来自我朋友马特·利奇(Matt Leach)的一个绝妙而又愤世嫉俗的想法。
29. http://www.forbes.com/sites/greatspeculations/2012/12/05/how-i-know-higher-taxes-would-be-good-for-the-economy/#5b0c080b3ec1.

30. http://taxfoundation.org/article/what-evidence-taxes-and-growth.
31. https://en.wikipedia.org/wiki/Laffer_curve.
32. http://www.bbc.co.uk/news/uk-politics-26875420.

P. 299

33. 莎士比亚(Shakespeare)的《亨利六世》(*Henry VI*)中的一个小角色是屠夫迪克(Dick)，他有句令人难忘的台词："我们首先要做的，便是杀死所有律师。"莎士比亚似乎不喜欢律师。http://www.spectacle.org/797/finkel.html.
34. https://www.thersa.org/action-and-research/rsa-projects/public-services-and-communities-folder/basic-income/.
35. http://www.icalculator.info/news/UK_average_earnings_2014.html.
36. http://www.telegraph.co.uk/finance/economics/12037623/Paying-all-UK-citizens-155-a-week-may-be-an-idea-whose-time-has-come.html.
37. https://qz.com/911968/bill-gates-the-robot-that-takes-your-job-should-pay-taxes/.
38. http://timharford.com/2016/05/could-an-income-for-all-provide-the-ultimate-safety-net/.
39. http://archive.intereconomics.eu/year/2017/2/the-basics-of-basic-income/.
40. http://fee.org/freeman/the-economic-fantasy-of-star-trek/.
41. https://www.wired.co.uk/news/archive/2012-11/16/iain-m-banks-the-hydrogen-sonata-review.
42. http://www.slate.com/blogs/moneybox/2016/07/11/uber_s_manhattan_commute_card_signifies_the_company_s_move_from_taxis_towards.html.
43. https://www.wired.com/story/why-john-deere-just-spent-dollar305-million-on-a-lettuce-farming-robot/?mbid=social_twitter_onsiteshare.
44. https://medium.com/@PeterDiamandis/a-bridge-to-abundance-6d83738d55dd.
45. https://www.theguardian.com/sustainable-business/2015/mar/18/fully-automated-luxury-communism-robots-employment.
46. http://history.hanover.edu/courses/excerpts/165acton.html.
47. http://www.marketwatch.com/story/most-americans-are-one-paycheck-away-from-the-street-2015-01-07.
48. http://www.federalreserve.gov/econresdata/2014-economic-well-being-of-us-households-in-2013-executive-summary.htm.
49. http://www.theguardian.com/business/2016/jan/18/richest-62-billionaires-wealthy-half-world-population-combined.
50. http://www.bbc.co.uk/news/magazine-26613682.
51. 我要感谢投资者贾斯廷·斯图尔特(Justin Stewart)博士，他敦促我更深入地处理资产问题。
52. http://www.wired.com/2016/02/vr-moral-imperative-or-opiate-of-masses/.
53. http://motherboard.vice.com/read/sleep-tech-will-widen-the-gap-between-the-rich-and-the-poor.
54. https://en.wikipedia.org/wiki/Sex_and_drugs_and_rock_and_roll.
55. https://www.cnbc.com/2017/08/09/initial-coin-offerings-surpass-early-stage-venture-capital-funding.html.
56. http://www.telegraph.co.uk/technology/2017/08/24/bitcoin-price-stays-4000-will-continue-rise-will-bubble-burst/.

57. http://www.dugcampbell.com/byzantine-generals-problem/.
58. http://www.economistinsights.com/technology-innovation/analysis/money-no-middleman/tab/1.

P. 300

四种情景

P. 301

15.1 马尔科夫的思考

2015 年 7 月，普利策奖得主、《纽约时报》(*New York*)资深记者约翰·马尔科夫(John Markoff)在接受在线杂志《前沿》(*Edge*)采访时，对技术进步的减速表示遗憾——事实上，他声称技术进步已经停滞。他报告说，2013 年，摩尔定律在降低计算机组件的价格方面已经失效；他还指出 2015 年 6 月，在由美国国防部高级研究计划局(Defence Advanced Research Projects Agency，DARPA)举

办的机器人挑战赛(我们在第2.3节进行了此赛事的回顾)中,机器人的表现令人失望。

他声称,自2007年智能手机发明以来,科学界没有任何深刻的技术创新,并抱怨基础科学研究基本上已经停滞,再也没能出现像施乐(Xerox)公司下属的帕洛阿尔托研究中心(Palo Alto Research Centre, PARC)那样的顶尖科研机构,能开发出今天我们认为理所当然的许多计算机基本特性,例如图形用户界面(GUI)和个人计算机(PC)等。 P.302

马尔科夫在硅谷长大,20世纪70年代,他开始撰写关于互联网的文章。他担心创新精神和企业精神已经不复存在,扼腕叹息顶尖技术专家或企业家的稀缺。那些伟大人物,如道格·恩格尔巴特(Doug Engelbart,鼠标及许多计算机部件的发明者)、比尔·盖茨(Bill Gates)和史蒂夫·乔布斯(Steve Jobs)等已再难寻觅,而今天的企业家们只不过是些模仿者,试图兜售下一个"X的优步"。

但他承认,技术发展的步伐可能会再次加快,这或许要归功于对超材料的研究,超材料的结构能以异乎寻常的方式吸收、弯曲或增强电磁波。他对人工智能不屑一顾,因为人工智能还没有产生真正的意识,但他认为,增强现实技术可能会成为新的创新平台,就像10年前的智能手机一样。但他最后的结论是,他认为"2045年将比你想象的更像今天的样子"。

人们很容易认为,马尔科夫在某种程度上是在作秀,他怀着六十年代的怀旧之情沉溺在已逝去的辉煌之中难以自拔。他的批评轻描淡写地忽略了深度学习、社交媒体和其他许多新技术研究的出现,并否定了世界各地科技巨头和大学正在进行的多项基础研究。

然而,马尔科夫确实表达了一个普遍存在的观点,即许多人认为工业革命对日常生活的影响要比信息革命大得多。在铁路和汽车出现之前,大多数人从未走出过所生活的村庄或城镇,更不用说去国外了。在电力和集中供暖系统出现之前,人类的活动受太阳的支配:即使你有足够的特权能够阅读,但在烛光下阅读却既昂贵又乏味,而且在冬季寒冷的月份里一切都会变得慢起来。

但是,人类却容易忽视信息时代所带来的变革。电视和互联网向我们展示了世界各地的人们是如何生活的,多亏了谷歌、维基百科等,我们才能拥有近乎无所不知的能力。在阅读、识别图像和处理自然语言的能力上,机器已与人类不相上下。而且尤其需要记住的是,信息革命还很年轻。相比之下,即将到来的剧变将使工业革命黯然失色,尽管它曾意义深远。

15.1.1 生产率悖论

P.303

这里的部分困难在于,经济学家对生产率的衡量存在着一个严重问题。诺贝尔经济学奖得主罗伯特·索洛(Robert Solow)在1987年曾有一句名言:"除了生产率的统计数据,你在其他任何地方都能看到计算机时代的影子。"经济学家抱怨说,近几十年来生产率一直停滞不前。另一位著名经济学家罗伯特·戈登(Robert Gordon)在他 2016 年出版的《美国经济增长的兴衰》(*The Rise and Fall of American Growth*)一书中指出,生产率增长在 1920 年至 1970 年期间处于高位,此后没有发生什么变化。

任何经历过 20 世纪 70 年代的人都知道这是无稽之谈。在那个年代,汽车总是会抛锚也不安全,黑白电视仍最常见,只能播出少数几个频道,而且每天还有好几个小时完全停播,国外旅行极少而且非常昂贵,生活中也没有全知全能的互联网。众多激动人心的技术进步改善了这种相当骇人听闻的窘境,然而却并没有在生产率或国内生产总值统计数据中得到体现。对变革的度量一直以来都是一个问题。

如果一名受理离婚案件的律师有意加剧客户间的敌意,这会让他收到更多服务费用并由于得到报酬提升了国内生产总值,但这名律师的行为只是在贬损人类的幸福总和。《大英百科全书》(*The Encyclopedia Britannica*)对国内生产总值有贡献,但维基百科却没有。你现在使用的电脑可能和十年前的价格差不多,因此对国内生产总值的贡献是一样的,尽管今天的版本与旧版本相比是一个奇迹。人类生活的改善似乎正日益脱离经济学家所能衡量事物的标准。深化并加速这一现象的将很有可能是自动化。

未来的细节总是未知的,所有的预测都充满风险。但在本章所述的情景中,认为 30 年后世界将基本保持不变的观点似乎是最不可信的。

15.2 充分就业

P. 304 在第 13 章"这次是不是不同呢?"中,我们回顾了两个反对认知自动化将导致持续广泛失业命题的论点,以及论述当机器人取代我们的旧工作时人类仍然可以被聘用的七个例子。

这些观点在我看来,是对反向卢德谬论和无尽需求的论证。反向卢德谬论认为，自动化在过去并没有造成持久的失业，因此在未来也不会。当如此直白地表述时，这个论点显然难以自立：过去的表现并不能保证未来的结果，而且无论如何，自动化确实在过去造成了大规模的失业。

"取之不尽，用之不竭"的观点并没有解释，当机器可以更便宜、更好、更快地完成大多数事情时，人类如何满足任何需求。如果人类和机器在满足需求的收入曲线上相互追逐，必将会到达一个临界点——人类将因为机器工作的高效能而失去了继续投入的意义。

但是，旨在表明技术失业不可能发生的论点很弱并不意味着技术失业不会发生。事实是我们还不知道。我的观点是，它肯定（实际上）也是可能的，因此我们应该为这种可能的情况做好准备，否则后果将是严重的。

人类将如何继续保有工作的七个例子可以总结如下：

1. 我们将与机器形成类似半人马的合作伙伴关系，它们将负责暴力计算和较低层次的认知任务，人类将提供想象力、创造力和天赋。

2. 人类能够在大量数据中搜索并找到所有可能的相关性，这样就可以执行以前不可能或负担不起的任务。我们已经在律师能够以低得多的成本条件下审查数以千计的就业记录案例中看到了这一点，我们称之为冰山效应。

3. 人类将完成所有需要同理心的工作，而机器做不到，因为它们没有意识。 P. 305

4. 人类会从其他人那里购买产品（或许还有服务），而不是机器生产出的产品，这是由于天生的本民族利益至上，或者是因为人类生产的产品具有不完美和略有不同的手工艺品质。

5. 企业家将永远是人类，而机器不可能成为企业家，因为它们没有人类的抱负。

6. 艺术家将永远是人类，这是机器无法做到的，因为艺术需要经验的交流，而无意识的机器没有经验。

7. 如果其他一切都失败了，我们将打开神奇的工作抽屉，那里会飞出各种各样我们今天无法想象的新活动，因为使它们变为可能的技术还没有发明出来。

正如我们所看到的，每个论点都有强有力的反证和反例，它们似乎不太可能让我们所有人都就业。但总体而言，它们为技术失业怀疑论者，以及像谷歌的埃里克·施密特(Eric Schmidt)这样的自称"否认者"的人提供了安慰。

15.3 反乌托邦

15.3.1 易碎品——小心轻放

文明是脆弱的。任何一个小学生都能说出许多崩溃的伟大帝国：希腊、波斯、罗马、玛雅、印加、莫卧儿、柬埔寨、奥斯曼、哈布斯堡王朝等。在长达3000年的非凡历史中,古埃及文明曾数次兴衰起伏。

P.306

从实验心理学的两个著名片段中,我们也能知道文明有多么脆弱。1961年,耶鲁大学心理学家斯坦利·米格拉姆(Stanley Milgram)招募了这所精英大学的若干学生,并告诉他们实验使用轻微的电击来激励一个本该学习单词组合的陌生人。电击是假的,但是学生们并不知道这一点。在实验者的催促下,有三分之二的学生都准备好把看起来会使人十分痛苦和有破坏力的电流释放出去[2]。这个实验在世界各地重复了很多次,都得出了相似的结果。

十年后,斯坦福大学心理学教授菲利普·津巴多(Philip Zimbardo)(米格拉姆的一位校友)开展了一项不同的实验。在这个实验中,学生被招募并在一个虚构的监狱中被任意分配担任囚犯和警卫的角色。令他感到震惊的是,被选中当警卫的学生变得如此的狂热和残暴,这令他不得不提前终止实验[3]。这个实验也曾被多次重复。

我们21世纪的全球文明表面上看起来非常强大,尽管我们刚刚经历了自20世纪30年代大萧条以来经常被描述为的最严重衰退。对于绝大多数人来说,这种经历就像二战的可怕岁月,造成了灾难性的后果。

但历史和实验心理学表明,我们不能自满。如果本书第三部分的论点是正确的,那么我们即将踏上一条我们尚未设计好的新型经济之旅。除非我们小心谨慎,否则民粹主义者和野心家们将会有很多制造失误、误解和彻头彻尾的恶作剧的机会。

如果技术性失业率急剧上升,而且我们还没有做好准备,很多人将会迅速失去收入。当民众为了维持生计而抛售财产时,政府可能无法采取足够快的行动,从而导致资产价格大幅下跌。如果一些国家收入的置换太过缓慢或搞砸了,由此产生的经济危机将导致政府被不负责任或愚蠢的野心家颠覆。此外,我们必须希望这一切不会发生在任何一个拥有大量核武器的国家里。

在发达国家,以及越来越多的其他地方,我们的生活相互交织,相互依存。特别是如果生活在城市(这是目前超过一半人口的现状),我们都依赖着实时的物流系统把食品和其他必需品送到我们当地的商店,如果所有的超市突然失去供应链,在忍受饥饿中我们还会存活多久?

P.307

15.3.2 生存者

有迹象表明,那些最善于预知未来形势的人强烈地意识到,那些对我们不利的变化最后造成的结局可能并不乐观。

2017年初,领英(LinkedIn)的联合创始人里德·霍夫曼(Reid Hoffman)向记者透露,他在硅谷的亿万富翁同行中,有一半在美国或国外以隐蔽的方式拥有一些“末日保险”[4]。新西兰是一个最受欢迎的地方，当世界其他地方都在把自己疯狂推向地狱时，当地人所称的“无情的距离”也就不失为一种美德了。

只要你说“想在新西兰买房子”，那么一切都已在不言中了，对方会立刻明白你在担心什么，从而达成交易。一旦通过握手完成身份认定后，他们就会说：“哦，你知道，我有一个经纪人，他卖的是老式的洲际弹道导弹发射井，而且是经过核防护加固的，看起来生活在这里将十分有趣。”

生存者即那些为最坏情况做准备的人，有自己的语言。他们为末日的到来——大难临头以及美国法治失控——不遗余力地准备着，并嘲笑着到那一天，还眼巴巴地指望着联邦应急管理局给予有意义的援助是多么愚蠢可笑。

如果在大规模、广泛的社会崩溃中幸存下来的一小部分人中，包括那些发明并部署了导致社会崩溃的技术的人，那就太讽刺了。

15.3.3　对社会制度造成的影响

崩溃不是唯一的反乌托邦结局。之前我认为，自动驾驶车辆可能会导致不可否认的广泛持久失业的开始，也许还有随之而来的恐慌。至少在某些国家，这可能会促进产生强大的领导者，他们会承诺确保安全、法律和秩序。

在这些国家，社会可能会因濒临崩溃而集体决定悬崖勒马。他们可能会做出权衡：放弃大部分自由，放弃他们过去认为理所当然的许多权利，以换取对某种法治的保障。

我们将不可避免地面临经济下行和困难，但同样的，与崩溃相比，这可能是一种可接受的替代方案。

这个故事我们已经看了太多遍了，在历史上屡见不鲜。它总是制造着痛苦，常常挑起战争。因此，从长远来看，上述做法可能根本不是崩溃的替代选择。 P. 308

15.3.4　先破裂后倒塌

另一个可以在未来几年实现的反乌托邦愿景是物种形成：在 14.5 节中我们所探讨的神和无用之人的场景。这可能是一种稳定的，但却令人生厌的安排，就像赫胥黎（Huxley）在《美丽新世界》（*Brave New world*）中设想的那样。但是，西班牙征服者与被征服的墨西哥阿兹特克人及秘鲁的印加人的相遇，虽是两种人类文明之间的相遇，但对于技术落后的文明来说，下场是悲惨的。这似乎是一种合理的预期，即神和无用之人的场景将会给一方或双方带来严重的麻烦。

15.4 进托邦

P. 309

15.4.1 乌托邦、反乌托邦、进托邦

凯文·凯利(Kevin Kelly)是一位作家,也是《连线》(*Wired*)杂志的创始编辑。他被称为世界上最有趣的人[5]。我不知道他是否喜欢这个称呼,但他确实提出了很多有趣的想法。其中一个好的想法是"进托邦"。

今天太多关于未来的思考是反乌托邦的,部分原因是太多人没有意识到智人在过去的几百年和几十年里取得了多么大的进步。对我们人类来说,不满是很自然的,而且实际上还是有益的:如果我们满足于现状,我们可能就不会为让世界变得更美好而努力奋斗。但是这也会导致危险的误解。

许多人认为所有的政客都是腐败的,所有的公司都是由贪得无厌、一心追求世界霸权的邦德恶棍们管理的。大多数人都会想出一些令我们怀疑、害怕或鄙视的群体、小集团或部落。但事实是,在世界上的大多数地方,今天是人类有史以来最美好的时光。如今,发达国家的大多数人比几个世纪前的国王和王后过得都要好。

我们比前几代人活得更长,吃得更好,拥有更好的医疗保健,更容易获得信息和娱乐。如果你对此表示怀疑,不妨看一看已故的汉斯·罗斯林(Hans Rosling)在 TED 演讲中令人愉快、鼓舞人心的一两段[6],或浏览下牛津大学研究员马克思·罗泽(Max Roser)所编制的"我们的数据世界"中的那些图表[7]。

当然,明天一切可能会变得很糟糕。甚至可能存在着一个自然铁律,当文明发展到一定阶段时,人类要么自我毁灭,要么创造出机器来毁灭人类。但从我们今天的立场来看,没有理由相信这一点。未来似乎更有可能是开放的,而且可能会前景光明。

乌托邦式的对未来的憧憬不太常见，且存在问题。在未来，如果生活的一切意图和目的都变得完美，这听起来将枯燥乏味。这也是极不可能的：我们对宇宙了解得越多，就越发觉自己的无知，因此，我们永远都无法彻底了解和掌握宇宙。也许这就是为什么对乌托邦的两个最著名的文学作品——托马斯·莫尔(Thomas More)的《乌托邦》(*Utopia*)和伏尔泰(Voltaire)的《老实人》(*Candide*)——进行的批判本质上是对他们所生活的社会的批判，而不是对理想未来社会的描述。

所以，凯利的话令人耳目一新："我是进托邦，不是乌托邦。我相信渐进式的进步，每一年都比前一年好，但变化不是很大，只是一点点而已。我不相信乌托邦，那是一个假想的没有技术困扰的世界。每一项新技术产生的问题几乎和它解决的问题一样多。但至关重要的是，它给了我们一种以前从未有过的选择，这个选择非常微妙地属于"善"的总和。"[8]

P. 310

15.4.2　美好生活

这种"善的总和"可能就是古希腊人所说的"幸福生活"：一种我们都在追求(或者至少应该追求)的美好生活，我们人类文明在这种生活中繁荣昌盛。

希腊人激烈地争论着"eudaimonia"一词指的究竟是幸福还是美德，亦或两者兼而有之。他们的美德概念包括擅长某件事以及其他一些信仰所推崇的道德品质。

苏格拉底(Socrates)以及后来的斯多葛学派(Stoics)，冒着过于简单化的风险，认为 eudaimonia 的实现只需运用美德，因为美德对于幸福来说既是必要的也是充分的。亚里士多德则不同意这种说法，他说幸福和美德对于 eudaimonia 而言缺一不可。

对于一个道德完美的人来说，如果她所有的孩子都死了，她就不会享受幸福。伊壁鸠鲁(Epicurus)又增加了一种转折，他认为幸福是 eudaimonia 的唯一必要组成部分，但如果没有过一种同样有道德的生活，幸福是不可能实现的。困惑吗？这就是人类的世界。

15.4.3　第四种情景

本章探讨的前两种情景是完全可以接受的，但我怀疑那是不现实的。第三个情景是反乌托邦。第四个情景——进托邦——会是什么样子？我认为可以把它划分为四个阶段：计划、大福利、星际迷航和集体主义。我们将在下一章具体讨论这些阶段。

注释

1. https://edge.org/conversation/john_markoff-the-next-wave.
2. https://en.wikipedia.org/wiki/Milgram_experiment.
3. http://www.prisonexp.org/.
4. http://www.newyorker.com/magazine/2017/01/30/doomsday-prep-for-the-super-rich.
5. http://fourhourworkweek.com/2014/08/29/kevin-kelly/.
6. https://www.ted.com/speakers/hans_rosling.
7. https://ourworldindata.org/.
8. https://www.edge.org/conversation/kevin_kelly-the-technium.

不可预测的进托邦

P.311

16.1 警告

16.1.1 正面情景的三个快照

本章提供了未来2025年、2035年和2045年可能的三个快照。目的是让技术自动化的可能性看起来更真实而不那么学术化，并探索如何呈现一个积极的结果，最终的愿景是，在没有大规模社会混乱的情况下，实现一个极端富足的经济。在每一节中，总结了认知自动化对社会的影响，并简要描述了许多行业的自动化水平。

在我们开始之前,有一个重要的警告。

P.312

16.1.2 不可预测也不可避免

我们知道所有对未来的预测都是错误的。我们唯一不知道的事情是多大的程度和朝哪个方向。未来通常不仅与我们的预期不同,而且更加陌生。记得在2005年,几乎每个人都认为手机将继续变小,而脸书仅限于在几千所大学和学校使用。如今,仅仅过去十年,更大的智能手机才刚刚出现,脸书的估值已经超过了全球最大的零售商沃尔玛[1]。人们试图预测2031年的世界会是什么样子,就像预测两个月后的周六天气一样,变量太多了。

然而,事后看来,发生的事情既顺其自然,又几乎不可避免。

智能手机就是一个很好的例子。30年前,几乎没有人认为我们能随身携带强大的人工智能电话,而且当时手机也只能用来偶尔打电话。毕竟,当时手机是一个相当笨重的设备,有一只小狗那么大。但现在它已经出现了,这似乎是显而易见的,合乎逻辑的,甚至可能是不可避免的。

这就是原因所在。我们人类是高度社会化的动物,我们的社会习惯是由语言促成的。因为我们有语言,所以可以交流复杂的想法、建议和指示:我们可以通过团队和组织形式合作;可以保护自己免受狮子和敌对部落的伤害;还可以生成经济盈余并开发新技术。

人们常说,没有一种物种比人类更野蛮,更暴力。美国人比其他民族更暴力的说法更能说明这一点,因为他们的谋杀率高于其他发达国家。人类比其他物种更善于杀戮的唯一原因是我们拥有更多更好的武器。

在拥有数百万人口的城市里,人们生活紧密相连。值得注意的是:没有其他食肉物种能够在有限的空间内聚集超过几十个成员,而不会为了争夺食物、性或社会支配地位的竞争而相互残杀。其他物种缺乏像我们一样的复杂的沟通和合作方式。我们更强大的大脑使我们能够建立起管理我们互动方式的法律和文化规范。我们编造故事,并愿意客观地相信它们,不管是否有证据来证明它们。这

P.313

些关于神灵与王权、国家与意识形态、金钱与艺术等抽象概念的故事,给了我们合作与共事的强大理由,甚至一起献出生命。

非人类灵长类动物每天花费数小时来给部落的其他成员理毛,以确保它们不会把牙齿和指甲掉入其中。这种方式是可行的,但效率低下。这意味着他们不能随时向自己的部落添加新成员。相比之下,人类可以在拥挤的街道上毫不犹豫地从完全陌生的人面前走过。我们的超能力是沟通,以及对那些我们知道是虚幻的,或者我们没有证据证明的事情(比如宗教、君主制、货币、民主和民族)保持相互信任。正是由于这些能力,我们才能控制这个星球,维护这个星球上大

多数物种的命运。

这意味着，与大多数陈词滥调不同，那种认为我们的主导地位是基于我们理性思维能力的陈词滥调是谬论。

因此，虽然事先没有预料到，但事后看来，我们最强大的AI技术将首先以通信设备的形式供我们大多数人使用，这完全合乎逻辑。

经济奇点的发展方式可能就是这样。我们试图预测技术失业的影响（假设它真的到来），但事后看来，这种预测很可能是荒谬的。但当我们走到那一步时，结果似乎不仅是自然的，甚至可能是不可避免的。

16.1.3 不可预测

我在考虑这一点，因为我想弄清楚。接下来对未来可能的描述并不是一种预测。我唯一可以肯定的是，未来不会是这样的。

相反，该时间表是为了提供两种功能。首先，它是一种修辞手段，使本书中一些看似古怪的想法变得更加合理。第13章"这次是不是不同呢？"中的论点"机器将我们的工作自动化"要么是抽象的，要么是零碎的，因此，一些读者可能会觉得它们难以置信。我希望时间表有助于使经济奇点可能的未来看起来少一些学术化，少一些理论化，但更真实，且更有希望。

其次，制定像这样的时间表应该有助于我们构建一个有价值的场景体系。即使当我们知道未来是不可预测时，制定计划仍然至关重要。有句老生常谈的话说得很有道理，没有计划就是计划失败。如果你有计划，你可能无法实现，但如果你连计划都没有，你肯定不会实现。 P.314

在复杂的环境中，场景开发是规划过程中有价值的部分。没有任何一个场景能完全实现，甚至很多场景会完全偏离目标，然而，其中部分内容可能接近部分结果。通过思考我们如何应对足够多的精心设计的场景，有助于我们在一旦遭遇我们认为的危险趋势时更快地做出反应。

16.1.4 超级不可预测

构建有用场景的艺术与预测相似，《超级预测：预测的艺术与科学》(*Superforecasting: The art and Science of Prediction*)一书的合著者之一，加拿大政治科学家菲利普·泰特洛克(Philip Tetlock)曾对此进行过广泛研究。他发现，最好的预测者都有一些共同特点。首先，他们把自己对即将发生事情的看法视为假设，而不是坚定的信念。如果证据发生变化，他们就会改变他们的假设。

其次，他们寻找数字数据。现在我们都知道，谎言、该死的统计数字及一些数据经常被用于公共辩论，就像醉汉靠在灯柱上一样：更多的是为了支持，而不是为了照明。但是，如果我们仔细而诚实地使用数据，数据就是我们的朋友。毕竟,正是科学革命的根源,让我们大多数人摆脱了贫困和肮脏。

最后,他们寻找背景。他举了一个婚礼上宾客的例子,他们见证了美丽优雅的新娘和时髦潇洒的新郎向彼此保证,他们将幸福地相伴终老。超级预测者是一个逆向者,会注意到大约一半的婚姻都失败了,失败率随着第二次和第三次婚姻而增加,尤其是当一方或另一方有不忠贞的历史时,今天这对看似幸福的夫妇也不例外。如果她是一个机智的超级预测者,她会保留这些想法。

具有讽刺意味的是,在有关未来的讨论中,我们通常不会倾听超级预测家所言。我们更倾向于关注那些说话自信、表达清晰和确定的人。那些含糊其辞、提供慎重建议的人往往无法在喧嚣中脱颖而出。

所以这里,尽量避免含糊其词。

P. 315

16.2 2025:避免恐慌

无人驾驶车辆正在成为全世界城市和乡镇的常见景象。职业司机开始被解雇,大家都清楚,他们中的大多数人在几年内将会失业。与此同时,随着越来越复杂的数字助手能够处理客户咨询,加快网购的步伐,呼叫中心和零售业的就业正在逐渐消失。仓库里的拣货功能已经实现了低成本高效率的自动化,我们开始看到通常没有灯的工厂,因为没有人在那里工作。

许多公司已经解雇了一些员工,但大多数公司主要是通过自然损耗来减少员工数量:不替换退休或离职的员工。因此,有关大规模裁员的头条新闻比一些人担心的要少,但与此同时,人们更难找到新工作。在许多国家,应届毕业生的失业率处于历史高位。

但大多数国家的民众并没有惊慌失措,这是因为政治和商业领袖告诉他们,他们有一个计划。这是可能发生的,因为政府和其他大型组织在几年前,也就是21世纪10年代末,开始赞助几家著名的新智库。渐渐地,这些团体内部之间形成了一种共识,即《星际迷航》(*The Star Trek*)所描绘的经济架构确实可以实现，而且已经发布了许多政策文件，解释了如何实现这一目标。

1. 交通：驾驶的完全自动化比最乐观的开拓者预期要长一些，但不会太长。监管和民众抵制并不像一些人担心的那样是一个障碍，而且这项技术一旦准备好，几乎在每个发达国家都得到实施，不久之后在大多数发展中国家也会得到实施。

埃隆·马斯克（Elon Musk）是对的：自动驾驶汽车的早期购买者通过优步（Uber）等应用程序在他们不使用汽车时将车出租给其他人，从而抵消了购买成本。许多人决定不升级自动驾驶汽车，而是依赖于汽车制造商和科技公司合作提供的自动出租车车队，以及优步等更成熟的车队推动者。那种将自动驾驶系统装配到老款汽车的技术看起来很可能会变得具有市场竞争力，各种汽车共享、拼车等尝试也会逐渐涌现。 P. 316

受影响最大的是商用汽车行业。车队经理们痛苦地意识到，他们的竞争对手正在削减或准备削减人力司机的成本，而且他们知道自己必须这样做，否则就会倒闭。驾驶员执行的非驾驶任务，例如检查他们的货物，保护货物免受抢劫，帮助装卸，已经证明可以通过其他方式实现。

2. 制造业：工业机器人足够便宜，而且易于编程和维护，因此在扩大生产线时，制造商通常选择购买机器人而不是雇用人类。最先进的汽车和电气设备制造商现在有一些“熄灯”工厂，通常不需要人，但这种情况仍然很少见。同样，尽管一些制造商已经解雇了大量工人，但大多数制造商还没有采取这一措施，而是依靠自然减员来降低成本。

3. 农业：农民们正在用机器人进行农作物和畜牧业的试验。在越来越多种植高价值作物的农场，小型轮式装置在巡查一排排的蔬菜，查看看上去不健康的植物，用除草剂或有针对性的热水喷射来除草。牛完全满足于由机器人挤奶，所以在日益减少的农场工人中，每天黎明前必须起床的人越来越少。

4. 零售：向在线购买商品和服务的转变仍在继续，商店内部的自动化程度也在不断提高。在许多超市，购物者不再需要卸载和重新装载他们的购物车：商品仍在篮子里时就会被扫描，在结账区需要更少的服务员。在快餐店里，所谓的“McJobs”正在消失，因为汉堡和三明治是在没有人工操作的情况下组装起来送给顾客的。 P. 317

5. 建筑：房地产建筑公司会越来越多地尝试使用预制构件，但大多数建筑项目仍然受制于现场条件的巨大变化，包括地基。能够处理这种不可预测性的机器人仍然过于昂贵，无法取代人类建筑工人。有针对建筑工人的外骨骼实验，但这些仍然很昂贵。

6. 科技：科技巨头仍在努力招聘和留住机器学习专家；在此之前，除了金融服务和职业体育之外，这些公司提供的薪酬和奖金此前是秘而不宣的。关于是否应以垄断为由拆分两个基于云的平台一直存在着激烈的争论,但到目前为止这样做的要求都被否决了,因为没有证据表明这些平台在实际运行中损害了消费者的利益。这些平台还能够证明,平台的拆分将摧毁平台与消费者之间的关联,而这种关联对消费者至关重要。

7. 公用事业:供水公司、发电和输电公司正在建造微型机器人和无人驾驶飞机编队,在管道和输电线路上巡逻,寻找故障的早期预警信号。

8. 金融:零售银行业务大多是自动化和基于网络的,消费者对服务质量的评价逐渐向好。富人现在可以直接从自动化系统中获得一些投资建议,但人力投资顾问仍然服务于大部分市场。在企业金融领域,人力顾问没有被取代的迹象,尽管他们的后台系统高度自动化。

9. 呼叫中心:向印度外包并随后撤回国内的查询处理业务现在又被外包了——这一次是置于寒冷气候下的机器上,在那里保持服务器冷却的成本更低。

P. 318

10. 媒体与艺术:虚拟和增强现实设备现在令人印象深刻,但仍在快速改进。在虚拟现实(virtual reality, VR)游乐场消磨时间是青少年和年轻人最流行的追求之一。但是,尽管出现了许多虚假的曙光,但面向消费者的增强现实(augmented reality, AR)和沉浸式 VR 对于大众市场来说还不够好,智能眼镜仍然是企业应用的利基业务。和往常一样,娱乐和体育似乎是消费者 VR 的杀手级应用,但也有一些意料之外的热门应用,比如关于育儿和增强人际关系的“操作方法”。

11. 管理:那些从事信息处理和传递的管理者正在寻找(并努力寻找)新工作,但许多与他人(员工或客户)打交道的管理者仍然在工作岗位上。

12. 职业:传统上为会计师和律师提供轮训的繁琐工作(针对审计员的“滴答和抨击”以及律师的“披露”或“发现”)越来越多地由机器来处理。关于技术失业的怀疑论者指出,专业公司开展的工作量实际上已经增加,而这种增加正是通过技术进步使原本“不经济”的工作岗位变得“经济”所导致的。专业人员一直很忙,因为机器仍然需要对每个新数据集进行训练。但雇用的受训人员较少,而且有思想的从业者正撰写文章发表在他们的行业杂志上,询问未来的合格律师和会计师将来自哪里。

13. 医疗:人工智能设备接收患者从智能手机发送的数据,并进行分类。有时他们会给出简单的诊断和治疗建议,有时他们会把问题交给人类医生。医学专业人士和监管机构会对这些实验感到不安,但越来越多的证据显示,这些实验取得了积极的成果。总的来说,医疗行业的工作量增加了,而不是减少了,因为患者在知情的条件下对自己的医疗保健采取了更加积极的方式。

日本的医院在使用机器人护士方面取得了巨大的成效,这些试验在其他地方也引起了极大的兴趣。旨在提高成年人智商的药物正在进行临床试验。

14. 教育：现在有充分的证据表明，翻转学习和基于能力学习等技术可以产生令人瞩目的结果，但它们远未被普遍采用。诸如英国的私立学校系统这样的竞争环境，正在试验人工智能辅助学习，在这种学习中，学生们都有个人的 AI 导师。这种模式目前还处于初级阶段。 P.319

15. 政府：世界各地的大多数政府都在努力提供在线“服务”，而且力求成本更低。

16.3　2035：过渡

现在大量人口失业，福利系统几乎在所有地方都加大了支出。现在几乎所有人都承认，全民基本收入不是解决问题的办法，因为向那些仍在高薪岗位上工作的人支付慷慨的福利是没有意义的，并且人们普遍认为基本收入不足以满足其他人的需求。新的福利制度有多种形式，有趣的新实验层出不穷。我们不仅在智库中讨论渐进式舒适收入（progressive comfortable income，PCI）和人类选择性休闲计划（human elective leisure programme，HELP）等概念，而且在世界各地的厨房、酒吧和餐馆中进行讨论。

1. 交通：大多数司法管辖区现在都有禁止人类驾驶的道路。保险费已经大幅下降，人们尚未意识到自动驾驶汽车经常被黑客攻击的潜在威胁。少数直言不讳的公民（令人大感意外的是，男女人数相等）对这种安排提出了尖锐的批评， P.320

他们将这种共享自动驾驶汽车称为“乏味的水平电梯机”(tedious horizontal elevator machines, THEMs)。

职业司机现在非常罕见。他们的消失遭到了一段时间的抵制——有时是激烈的。自动驾驶车辆经常在某些地方受到攻击，最常见的做法是在它们所依赖的摄像头和激光雷达(Light Detection and Ranging, LIDAR)上喷涂。一些引人注目的逮捕和监禁判决很快制止了这种做法。

在主要城市中，快餐和小包裹的递送现在主要是由自主的无人机在其指定的空域内完成。有时，最后一公里的递送是由自动轮式货柜实现。有一段时间，青少年喜欢故意“倾倒”这些运送机器人，但是有了全方位摄像头和其他传感设备来保护机器人，被发现和惩罚的风险变得太高了，这种情况逐渐变少。

在飞行汽车首次成为未来象征的多年后，飞行汽车最终成为一种真正的现象。它们飞越主要城市之间设计好的空中走廊，一般在高层建筑的屋顶起飞和降落。它们非常安静，由多个电动旋翼驱动。

2. 制造业：许多大型工厂和仓库现在都是黑暗的：不需要照明，因为没有人在那里工作。在小型网站上，人工操作也变得越来越罕见。

3D打印的发展速度低于许多人的预期，因为它仍然比大规模生产昂贵。但这在利基应用中很常见，包括急需的零件、设计复杂的组件以及定制产品的情况，比如建筑行业的某些领域。它们对企业和经济的影响，远远大于其适度的产出水平。

3. 农业：由于家庭和工作人员的角色被机器人所取代，农民正大量转向休闲服务业。

P. 321

4. 零售：网上购物占所有零售购物的75%，在国内或邻近地区，3D打印的商品数量虽少，但逐渐增多，而且往往带有消费者定制的元素。在现存的商业街商店中，人类店员开始渐渐被机器人所取代，但在利润率较高的行业，人类帮助创造一种体验，而不是促进交易。

5. 建筑：人工监督仍然是奠定基础的标准，但预制(通常是3D打印)墙、屋顶和整个建筑单元正变得越来越普遍。机器人被越来越多地应用到装配施工岗位。无人机在建筑工地上空，跟踪施工进度，并对计划和活动进行实时调整。

6. 科技：随着“可穿戴设备”、作为配件佩戴在身上或编织入衣服的电子设备的流行，第一批“可植入设备”(insideables)出现在人们的视野中，并由前足球运动员、时尚巨头贝克汉姆(Beckham)代言。物联网已经成为现实，每个人都在不断地从植入汽车、道路、树木、建筑等的数千个传感器和设备接收信息。幸运的是，这些信息由私人数字助手作为媒介，他们获得了“虚拟伴侣”的通用名，但他们的主人通常会给他们取昵称。

新型的人际关系和礼仪正在演变，以管理人们如何与自己和他人的虚拟伴侣互动，以及虚拟伴侣应该呈现什么样的性格。那些提供最友好的虚拟伴侣软件的公司的品牌忠诚度是非常高的。

关于与虚拟伴侣和其他电脑交流的最佳方式，存在着激烈的争论。隐蔽的麦克风可以处理大部分的通话，但数百万人也在学习如何使用单手键盘，这样他们就可以在声音不合适的时候摆脱传统键盘的束缚。一些人认为，这些新型键盘将很快被脑机接口（brain-computer interfaces, BCI）取代，但这方面的进展比早期发烧友们预期的要慢一些。

另一项很有前景的技术是在面部和喉咙周围纹上纹身，纹身上有微型传感器，可以探测和解释人们在默念时的微小动作，也就是说，说话时不会发出任何声音。这种纹身通常是看不见的，但有些人有看得见的纹身，这使得他们看起来像半机械人。

越来越多的娱乐和个人互动是通过VR实现的。高品质的沉浸式虚拟现实设备现在在大多数家庭里都能找到，而且在课余时间越来越少见到青少年出现于公众场所。 P. 322

民意调查显示，大多数人现在认为强人工智能（AGI——在所有领域等同或超过人类认知能力的机器）有极大的可能性在一两代人之内实现。大量的资金投入到如何确保结果是积极的研究中，道德和宗教影响也引起了激烈的争论。

7. 公用事业：在许多组织中，大多数操作现在都是自动化的。人类在这些组织中的主要角色是测试安全措施。数百人在两起重大黑客攻击事件中丧生，一起发生在美国，另一起发生在欧洲。这促进了在升级安全措施方面投入巨资。在另一起备受瞩目的事件中，AI系统完美地管理了灾难控制和恢复过程，而且比人类的速度要快得多。

8. 金融：零售银行业现在已经完全自动化，投资咨询也在朝着同样的方向发展。企业金融家们正在撤退，他们之前高得惊人的收入大幅下降。

9. 呼叫中心：现在几乎没有人在呼叫中心工作。

10. 媒体与艺术：好莱坞和宝莱坞制作的所有大片现在都是在VR中制作，同时还有所有主流的电子游戏。令人惊讶的是，读写水平——实际上是图书销量——并没有下降。在许多类型的书中，尤其是爱情和犯罪题材的，最受欢迎的书都是人工智能编写的。

主要体育竞赛在三类人中间展开：机器人、增强型人类和未增强型人类。最后一类的受众正在减少。

VR Skype极大地改善了远程通信。

交友网站已经变得出奇地有效。他们分析用户的视频，然后将其按类型分配，以便更好地相互配对。他们还要求成员提供衣服样本，从这些样本中提取关于他们的气味及信息素的数据。研究发现，人们可以用这些数据以惊人的准确 P. 323

度预测婚姻关系的结果,从而大大降低离婚率。

11. 管理:中层管理人员正在减少。股东们正在大力投资分布式自主公司(distributed autonomous corporations, DACs),这些公司是由无监督的 AI 组成,它们创造新的商业模式和战略,与其他公司进行交易且不需要任何人员参与。

12. 职业:律师事务所和会计师事务所的合伙人工作时间更短了。这些公司的人力投入正在减少。如今,大多数刑事案件都与数字犯罪有关:无处不在的微型、强大的摄像头,加上高效的面部识别技术,使得仅存的少数人身犯罪的嫌疑人通常很快就会被抓获。

13. 医疗:在大多数国家中,人们对智能手机医疗革命的反对情绪已经减弱,大多数人每周都会从虚拟伴侣那里得到几次诊断和例行健康体检。自动化护士越来越受欢迎,尤其是在老年护理领域。

一些强大的基因操作技术目前已被证明是有效的,但在公众不安的情况下,监管机构继续拖延它们的部署。认知增强药物在一些国家高度管制的情况下可以使用,但效果不如预期。一直有传言称,他们是故意这样设计的。老龄化正在成为一个可以战胜的敌人。

14. 教育:学习成果的数据将导致教师对新方法的抵触。基于持续数据分析的定制学习计划正成为一种常态。教师正逐步成为教练和导师,而不是讲师。越来越多的学校正在试验课堂 AI。

P. 324

15. 政府:随着越来越多的政府服务实现自动化,减少政治家和公务员人数的压力越来越大。许多司法管辖区正在讨论利用技术实现直接民主的优点,瑞士正在率先推行直接民主。但普通民众对此多持怀疑态度,担心临时多数表决权是否会被滥用。大多数国家的警察都记录了与公众的所有互动,公众对他们的满意度也普遍在上升。

16. 慈善机构:由于有能力的人无法在别处找到工作,人才的涌入使得非营利组织逐渐兴起。

16.4 2045:《星际迷航》经济成为现实

AI系统使得大多数非奢侈品和服务的生产成本接近于零。很少有人为娱乐或信息服务支付超过象征性金额的费用,这意味着教育和世界一流的医疗保健在质量和普适性方面大大提高。能源成本也大幅降低,因为太阳能现在几乎可以免费获取、储存和传输。交通运输几乎不需要人力,因此能源成本如此之低,人们几乎可以随时随地去旅行。虚拟现实中令人印象深刻的环境在很大程度上抵消了原本可能产生的旅行需求。

粮食生产几乎完全自动化,农业用地的使用效率惊人。垂直农场在高密度地区发挥着重要作用,大大减少了浪费。房屋、电器、家具的质量不断提高。对于大多数发达国家的公民来说,良好的居住标准可以得到保证,尽管他们总是抱怨实现保证的时间。个性化或更豪华的居住条件可以以合理的价格提供给那些还有额外收入的人。

在发达国家,现在几乎没有人生活在拥挤、潮湿、肮脏或嘈杂的环境中。在世界其他地方,情况也正在迅速改善。

其他实物商品,如衣服、珠宝和其他个人配饰,业余爱好和运动的设备以及令人困惑的电子设备系列,均以惊人的低成本提供。如《星际迷航》所述的经济几乎成熟了。但获得商品和某些服务的渠道仍然是按价格配给。至少在发达国家,基本没人缺乏文明生活的必需品,但没有工作的人肯定不能负担得起他们想要的一切。人们普遍认为这实际上是一件好事,因为这意味着仍然是市场机制发挥着重要作用。 P. 325

大多数发达国家的失业率已经超过75%。在那些还在工作的人当中,没有人讨厌自己的工作:人们只做自己喜欢的工作。其余人都从国家获得收入,失业或部分就业并不是耻辱。在大多数国家,公民的收入是由对拥有经济中大部分生产资本的少数富人,特别是对拥有AI基础设施的富人征税来提供资金的。这些收入足以负担很高的生活水平,几乎所有的数码产品都是免费的,大部分实体产品都非常便宜。

在许多国家,一些富人已同意将生产性资产转为公有,要么由国家控制,要么由使用区块链技术运营的分散网络控制。这样做的人享有以前只有电影和体育明星才有的那种受欢迎程度。

一些国家通过有效地将其立法范围内的资产国有化,早早地强制实施了这些转移,但大多数国家在意识到自己的经济停滞不前时,放弃了这一做法,因为许多最具创新精神和活力的人移居国外。在全球范围内,这一观点正逐渐得到认同,即关键生产资本的私人所有权阻碍了经济发展。大多数人并不认为这在道德上是错误的,也不希望它成为非法行为,但人们经常把它比作在不吸烟的人面前吸烟。这尤其适用于生产人类基本需求(如食品和服装)的设施的所有权,也适用于开发最基本技术的组织的所有权——这种技术为每个行业部门都增加了大部分价值,即AI。

P. 326

富国和穷国之间的收入和财富差距已显著缩小。这不是因为资产从西方转移到其他国家,而是因为采取了有效的经济政策,根除了腐败,以及技术在较贫穷国家的良性影响。

另一个稍显缓和的问题是,没有工作的生活将剥夺大多数人的生活意义。正如业余事画家,虽然他们知道自己的作品可能永远也达不到画家弗米尔(Vermeer)作品的水平,但他们仍然乐于绘画;同样地,尽管现在人们都知道在体育运动、写作、讲课和设计建筑方面,人工智能可以做得更好,但人们依然乐于做这些事情。

然而,在这个美丽的新世界里,并不是每个人都自由自在。在一些国家里,大约有10%~15%的人在遭受深深的挫败感和失落感,他们要么难以戒除赌瘾,要么几乎是永久沉溺于逃避现实的VR娱乐。世界各地正在进行各种各样的试验,设法帮助这些人与他们的家人和朋友一起生活,减少破坏性或限制性生活方式。当10%~15%之外的人感到生活有点漫无目的时,他们偶尔会求助于治疗服务。

一些国家的政府和选民抵制经济奇点,认为它是对机器统治的不人道投降。虽然他们一开始找到了经济上可行的替代方案,但他们的公民的生活水平很快就远远落后了。其他的预言似乎也将接踵而至——希望没有暴力。

1. 交通:人类不在公共道路上开车,商用车也极少有驾驶员。年轻人将不再参加驾驶考试。人类驾驶汽车将纯粹是为了运动,但就连赛车也成为自动驾驶汽车之间的较量。许多人会住在房车里过着游牧式的生活。他们在一个地方待上几天,然后,通常是在夜间,他们的自动化房车就会把他们送到下一个目的地——通常取决于他们熟识的人会去哪里,或者有一个特殊的有趣活动,下一个目的地的选择和在哪里和谁会面的安排通常由AI来协调,路线规划和驾驶亦是如此。

P. 327

2. 制造业:几乎所有的工厂和仓库都在黑暗中运作。3D打印虽仍然占制造业总产品的一小部分,但将与某些大规模生产形式相互竞争。

3. 农业:大部分农业工作由机器人来完成。一些国家有大型公共农业加工企业,它们用无人机送餐,这种服务通常被称为"网飞食品"(Netflix for food)。

4. 零售:现在绝大多数商品都是在网上购买。商业街和市中心的零售店大多是体验性而非交易性的,员工大多为AI和机器人。

5. 建筑:现在工地上大部分工作由机器人完成。

6. 科技:由于AI在大多数产品和服务中提供了很大比例的价值,因此资本和财富将主要汇集在这个行业的股东和核心雇员手中。它最重要的天赋现在用于开发AGI并确保它对人类的安全。物联网(Internet of things, IoT)无处不在,环境看起来更加智能化。

那些提供“虚拟伴侣”的公司有义务让他们的代码开源。虚拟伴侣对每个人的生活都至关重要，将其限制在任何一家公司的花园围墙里都是不可接受的。

7. 公用事业：绝大多数自动化。

8. 金融：绝大多数自动化。

9. 呼叫中心：不变。

10. 媒体与艺术：在体育运动中，机器人比赛比人类比赛吸引了更多的观众。国际奥委会取消了大约一半的人类体育项目。

触觉身体套装与虚拟现实耳机完美结合，提供了身临其境的“沉浸式”虚拟环境。一部分人需要 AI 的咨询帮助，因为他们很难在头脑中分清现实和虚拟现实之间的差别。

让人惊讶的是，人们仍然在阅读书籍，但它们现在已经是完全不同的产品了，配有全息插图，常包含由 AI 作者开发的若干替代故事线，读者可以在其中自由选择。

大多数的交友网站由个人数字助手进行访问，“我的虚拟伴侣喜欢你的虚拟伴侣”是一段时间以来的一句标准的开场白。

11. 管理：许多公司现在只由少数策略师组成，他们的主要职责是预测下一个财季的最佳商业模式，但他们很难跟上 AI 顾问的步伐。 P. 328

12. 职业：会计和法律业务基本实现自动化。

13. 医疗：对人类医生的需求正在减少，专业护理几乎完全实现自动化。发达国家每个人都由自己的虚拟伴侣不断检测自己的健康状况。大多数人每周都会花一定的时间去看望身体不适的家人、朋友和邻居，只是为了聊聊天。病残人士与会说话的 AI 伙伴之间的关系让他们感到极大的安慰，有些 AI 伙伴看起来像人类，其他的看起来像动物。

现在，大量的资金被分配到激进的寿命延长研究上，而且有人说“长寿逃逸速度”也指日可待——科学的进步每年都会让你的预期寿命增加一年。大多数形式的残疾都被植入物和外骨骼所抵消。通过药物和 BCI 技术增强认知能力显示出巨大的前景。

14. 教育：这个行业已经激增，人们把它视为娱乐而非工作。大部分教育服务由 AI 提供。

15. 政府：目前已找到保障措施，使许多地区能够实行直接民主。职业的政治家已经很罕见了。

注释

1. http://money.cnn.com/2015/06/23/investing/facebook-walmart-market-value/.

经济奇点:概括与结论

P. 329

17.1 论点总结

17.1.1 自动化与失业

我们不能肯定,但看来未来几十年机器智能的改进将使大多数人无法谋生。人们明智的做法是,投入一些资源研究如何应对这种发展,以防止这种情况发生——事实上,不这样做的话将会是愚蠢的。

在工业革命期间,人们担心自动化会导致永久性的大规模失业,但事实证明这些担忧是毫无根据的,除非你是一匹马。(恩格斯停顿的时间很长,但不是永久性的。)相反,自动化提高了整个经济的生产率和产出。这些毫无根据的担忧被称为卢德谬论。

P. 330

在信息革命,人类的第四次大变革浪潮(虽然肯定不是第四次工业革命)中,机器在认知任务上的表现越来越胜过人类。这可能会使人类陷入类似工业革命中的马匹所处的困境。

1900 年,40%的美国工人受雇从事农业,而现在这一比例已降至 3%以下。

农场工人在经济的其他领域找到了更好的工作——有时是他们的父母无法想象的工作。但是马没有找到工作。1915 年是“马匹高峰”,美国 2150 万匹马中的大多数都在农场工作,而现在几乎没有了。马和人的不同之处在于,当机器取代了肌肉的工作时,人类可以提供其他的东西:我们的认知、情感和社交能力。马儿们没有别的东西可供选择,它们的数量锐减到仅剩 200 万匹。

过去几轮的自动化主要是机械化,取代了人类和动物的肌肉力量。即将到来的自动化浪潮将取代我们的认知能力。机器不需要成为强人工智能来取代我们大多数人的工作,它们只需要在我们的谋生之道上比我们做得更好。在包括图像识别和语音识别在内的多种模式识别方式上,它们都与我们接近或不相上下。它们很快就会比我们做得好得多,并继续以指数级的速度变强大。它们正在赶上我们处理自然语言的能力,而且它们也将在这方面超过我们。

一旦机器能完成你的工作,它很快就能做得比你更快、更好、更便宜。机器不会吃东西、睡觉、喝醉、疲惫或脾气暴躁。与人类大脑不同的是,它们的能力将继续以指数级的速度提高。

17.1.2　怀疑论者

怀疑论者提出了两个论点来证明自动化不会导致持久的普遍失业。二者都不怎么有说服力。

首先,他们声称,由于自动化在过去没有造成持久的大规模失业,因此在未来也无法做到这一点。直截了当地说,这种论点的不足之处显而易见:过去的表现不能保证未来的结果。如果能保证的话,我们永远也学不会飞行。过去几轮自动化没有造成长期大规模失业这一观察甚至是不正确的——如果你考虑一下马的遭遇的话。

P. 331

其次,一些怀疑论者认为,由于人类的需求和欲望永远不会得到充分的满足,所以人类就永远会有工作。这也是一个薄弱的论点:我们的需求可能永远不会得到充分的满足,但这并不意味着人类能与机器竞争,试图做到这一点。

除了这两个论点外,怀疑论者还对机器取代我们现有的许多或大部分工作后,我们将要做的工作提供了一些选项。

首先,他们建议我们与机器赛跑而不是与它们对抗,成为“半人马”,占领机器制造出的新工作的“冰山”。但随着机器继续快速改进,这些可能只是暂时的喘息。

然后他们建议我们都要做那些机器不能做的护理工作,因为它们没有意识,因此没有同情心。事实证明,这也无法令人信服:人们实际上喜欢被机器照顾。他们还指出,我们将出于本位主义,从人类而不是机器那里购买商品和服务,我们都将成为工匠或企业家。这些想法都经不起仔细推敲。

最后,他们召唤神奇的工作抽屉,里面会飞出各种我们今天无法想象的工作,因为使这些工作成为可能的技术还没有发明出来。他们声称,这就是工业革命期间发生过的事情:1800 年,一位农业工人无法想象他的后代会成为一名网络体验设计师。但是,我们今天都在做我们的祖辈们无法想象的工作,这也不切实际。例如,今天在美国工作的 90%的人都在从事 1990 年已经存在的工作。即使今天我们创造了各种各样的难以想象的新工作,无论我们创造了什么样的新工作,机器都可能会取代其中的大部分工作(在中等长度期限内)。

简而言之,很可能在一代人左右的时间内,有很大一部分人,也许是大多数人,将无法通过工作来谋生。

的确,许多见多识广的人士对技术性的失业论持怀疑态度。其中包括戴维·奥特(David Autor)、戴维·多恩(David Dorn)和罗伯特·戈登(Robert Gordon)等经济学家,以及埃里克·施密特(Eric Schmidt)、桑达尔·披猜(Sundar Pichai)和马克·安德森(Marc Andreessen)等科技行业领军人物。但来自权威的论点应该总是被怀疑地看待,辩论的另一方同样也有很多见多识广的人士,包括 AI 专家,比如斯图尔特·拉塞尔(Stuart Russell)和吴恩达(Andrew Ng),以及科技行业领袖,比如马克·扎克伯格(Mark Zuckerberg)、埃隆·马斯克(Elon Musk)和萨姆·奥尔特曼(Sam Altman)。

P. 332

17.1.3 积极的一面

幸运的是,技术性失业如果发生了,不一定是坏消息;事实上,这应该是非常好的消息。有些人很幸运,他们热爱自己的工作并从中得到满足。对更多的人来说,工作只是为自己和家人创造收入的一种方式。它可以成全一些人的目的,但不是意义。一个由机器去做所有枯燥工作的世界可能是一件美妙的事情。机器可能如此高效,以至于商品和服务可能变得丰富,而且在很多情况下是免费的。人类可以继续投身于重要的事情,如玩耍、放松、社交、学习和探索。当然,这是我们应该追求的目标。

那些相信技术性失业可以带来自由世界的人是真正的乐观主义者。那些认为人类将不得已永远从事有偿工作的人是真正的悲观主义者。

17.1.4 挑战

实现这一积极成果,需要我们面对以下五个挑战:意义、经济萎缩、收入、分配和凝聚力。尽管我们可能还有相当长的时间才能在实践中艰难应对这些挑战,但当大多数人开始预见可能发生的变化时,恐慌就可能爆发,这意味着问题比最初看起来更为紧迫。

当人们第一次认真对待“经济奇点”这个概念时,他们常常担心失业的人会发现他们的新生活空洞、缺乏意义,甚至可能枯燥乏味。这种担心很可能是误会。几个世纪以来,大多数国家的贵族都不是为了谋生而工作的;在许多社会中,工作被认为是一种"有素质的人"应该避免的贬低人格的活动。贵族中的一些人因酗酒、吸毒和赌博而陷入困境,但只有一小部分人。他们中的大多数人似乎过着充实的生活,但我们可能会发现他们所经营的经济体系有问题。

同样,在发达国家,退休很少被视为灾难——只要你退休时有足够的收入。P. 333尽管我们中的大多数人只有在壮年过后才能享受它,但大多数退休人员找到了足够的项目和消遣来让自己保持忙碌和平静。无数的调查都发现,幸福是U型的:我们在童年和退休时最满足。这可能不是巧合,因为这正是在我们的生活中不是为了谋生而工作的两个阶段。如果我们在风华正茂的时候退休,我们就能更有能力享受惬意的生活。

经济奇点带来的第一个真正的大挑战是如何确保每个人都有良好的收入——或者更确切地说,充分获得良好生活所需的商品和服务。(这掩盖并且包含了经济萎缩的问题。)

许多人认为答案是普遍基本收入(universal basic income,UBI),但在一个商品和服务仍然昂贵的经济体中,UBI要么被设定得太低,不足以满足需求;要么就是负担不起。它不能通过向富人征税、根除官僚主义或向机器人征税来支付。它的两大弱点在它的名字中就清楚地说明了:普遍支付在不需要它的人身上浪费了大量的钱,而基本收入是不够的,不能创造一个稳定、可持续的社会。

解决收入问题的有效方法是将生活所需的所有商品和服务的成本接近于零。换句话说,要付诸实践的根本富裕经济,又被称为"星际迷航"经济。尽管乍一看这似乎难以置信,但有迹象表明,这实际上是可以实现的。

如果我们确实解决了收入问题,还有分配仍然是一个问题:在一个大多数人都不能改变他们的收入的世界里,我们如何决定谁来享受生活中稀缺的东西,比如更好的社区里令人向往的独立住宅、顶层公寓、海景房、(荷兰画家)维梅尔的真迹和阿斯顿马丁跑车?虚拟现实可能至少提供了一些答案。

经济奇点提出的最后一个挑战可能是凝聚力。合理监管的市场经济,对人类有着巨大的益处。P. 334一个只有少数人有工作,只有精英拥有智能机器的世界,可能是一个难以想象且根深蒂固的不平等世界。不平等往往被高估为当代社会的罪恶,但这个后经济奇点的世界也将是一个先进技术让我们的身体和认知表现得到根本性增强的世界。这些增强功能将越来越快地出现,拥有特权得到这些功能的群体可能开始与其他人分道扬镳,成为一个独立的物种。作家尤瓦尔·哈拉里(Yuval Harari)也曾提到这个场景。奥尔德斯·赫胥黎(Aldous Huxley)在1931年描绘的"美丽新世界"可能是这种情况最不错的结果之一。

如果后经济奇点世界需要一种不同类型的经济,那么我们现在就需要开始思考它可能是什么,以及如何实现它。向新世界的不平衡或暴力过渡可能造成巨大的破坏。

17.1.5 情景设想

我们考虑了这一进程的四个潜在结果:没有变化、充分就业、社会崩溃和“星际迷航”经济。

罗伯特·戈登和约翰·马尔科夫(John Markoff)声称,他们相信伟大的创新时代已经过去,而如今的技术进步只是在玩弄一些不重要的应用。尽管这些作家都是值得尊敬的,但这显然是谬论。谷歌搜索加上维基百科给了我们一些可能会被我们的祖先误认为是全知全能的东西,而且几乎每个人都清楚,越来越智能的机器的出现将对我们所有人产生巨大的影响。

充分就业是一个更合理的情景,但这种情景成真的情况还没有实现。很难理解,既然机器持续呈指数级改进,为什么它们在大多数有偿工作岗位上无法取代人类?这只是时间问题。

社会崩溃的情景,或者社会沦为某种极权主义控制的牺牲品,都是看似合理的。但这显然是不可接受的:我们必须确保这种情况不会发生。

现在就只剩下“星际迷航”经济,一种极端富足的经济。如果它能够实现,而且能够及时实现,它将为人类提供以我们的祖先做梦都想不到的方式蓬勃发展的潜力。这似乎是解决经济奇点带来的挑战的最佳方案,也是我们应该追求的目标。

P. 335

17.2 未来规划

17.2.1 计划

在2017年6月的一次会议上[1],斯图尔特·拉塞尔(Stuart Russell)教授建议我们应该把一群经济学家和科幻小说作家锁在一间屋子里不让他们出来,直到他们想出应对技术性失业的计划。这是一个绝妙的想法。我们需要一个如何驾驭经济奇点的计划,而制定计划既需要智力上的严谨,也需要不受约束的创造力和想象力。

几乎每天都有一篇文章出现在媒体上,讨论机器人是否会偷走我们的工作。通常,它们是印象派且论证不充分的作品——例如,反向卢德主义谬论的丑恶嘴脸出现的频率令人沮丧。令人担忧的是,很少有机构可以持续努力去解决这些文章所讨论的问题。最著名的是牛津大学马丁技术与就业项目[2],由卡尔·贝内迪克特·弗雷(Carl Benedikt Frey)博士和迈克尔·奥斯本(Michael Osborne)博士领导,他们在2013年发表了一篇颇具影响力的论文,指出47%的美国工作岗位将被取代。

正如我们在第10章"确保超智能是友好的"中看到的,至少有四个永久性的机构在研究超智能的问世可能对人类造成的风险[3]。这是一件非常好的事,技术奇点是对人类生存的威胁,而经济奇点可能不是。但是,经济奇点很可能来得更快,寻求解决它所带来的挑战应该是优先考虑的事情。

我们需要建立智库和研究机构来研究这些问题,引入各种不同的意见,提出各种想法并挑战它们。我们需要从现在就开始。2017年9月,联合国机构宣布将在海牙建立一个中心,以监控AI情报的发展,这可能是一个建设性的步骤[4]。硅谷名人皮埃尔·奥米戴尔(Pierre Omidyar)和里德·霍夫曼(Reid Hoffman)(分别是eBay和LinkedIn的创始人)出资2700万美元成立了一个基金,用于研究AI的影响,这可能是另一个例子[5]。 P. 336

认知自动化还没有开始引发技术性失业——或者至少在很大程度上没有。机器学习"大爆炸"仅仅发生在几年前,深度学习的巨大能量尚未被科技巨头以外的许多机构所利用。我们有时间解决这个问题,但绝对不能浪费时间。我们应该监测事态发展,制定预测和设想。在第16章"不可预测的进托邦"中,我们讨论了做出精确的预测有多么困难,但未能对即将到来的危险(和机遇)保持警惕是愚蠢的。

认为大多数人在未来几十年内将被机器智能淘汰导致无法就业的观点目前可能只是少数人持有的,但许多有能力理解未来的人确实认为未来很有可能就是这样。

当然,还有许多其他目标的支持者也会对我们所能利用的有限资源提出同样的主张:气候变化、不平等和海洋污染,不一而足。即使是最大和最富有的国家,也不可能花费足够的资源去消除某些地方的某些人认为影响巨大的每一个危险。我们必须考虑优先级。我希望这本书已经说服你,经济奇点应该是优先考虑的问题。

17.2.2 监测和预测

这些智库和研究机构的核心任务之一将是监测世界主要经济体内部的发展情况,并在重大趋势显现时向我们发出警报。但仅凭经验处理数据是不够的。我们将面临的挑战是在未来,而不是在过去,显然目前还没有关于这些挑战的数据。在监测的同时我们也需要预测,尽管预测存在很多众所周知的问题。

预测市场可能是答案的一部分。当人们对预测游戏有所了解时,他们会做出最好的估计。当人们看到自己的工作或别人的工作被自动化时,给他们提供一个真金白银打赌的机会,这可能是提高预测准确度的有效方法。这样做还利用了一股引人注目的力量:群体的智慧。

P. 337

在预测市场中,有人会提出问题,通常需要回答"是"或"否"。比如,"特朗普会在第一任期结束前被弹劾吗?"其他人可以买卖"是"或"否"的合同。如果问题的答案是肯定的,则赔付"是"合同;如果答案是否定的,则赔付"否"合同。合同价格的变动是由供求关系决定的,是对事件发生概率的预测。因此,如果"是"合同在市场上定价为80,这意味着市场认为特朗普在第一任期结束前被弹劾的可能性为80%。当特朗普的第一个任期结束,或者当他被弹劾时,无论哪个先发生,市场都会结束。如果他被弹劾,合同的价格就会变成100,否则就会变成0[6]。

17.2.3 情景规划

显然,我们缺乏足够的信息来制定我们所希望的经济和社会发展方式的详细计划。但我们可以并且也应该做详细的情景规划。

情景规划自古以来就被军事领导人所采用。这个名字是赫尔曼·卡恩(Herman Kahn)取的,他在20世纪50年代为兰德公司(RAND)工作时,曾写过关于美国军方未来发展的文章。(他的文章蕴藏了深刻的忧患意识,这使他成为1964年经典电影《奇爱博士》(*Dr Strangelove*)的灵感来源之一[7]。)在20世纪70年代,欧佩克(OPEC)的崛起让壳牌公司(以及其他石油公司)陷入灾难性的混乱之后,壳牌公司采取了情景规划[8]。

情景规划更多的是一门艺术而不是科学,但它可能是一门有价值的学科。当我们把对未来的想法写下来的时候,我们不得不认真考虑它们。由从事这项工作的聪明人组成的智库和研究机构可以做出有价值的贡献。

一个非正式版本是未来学家和未来学者的日常工作,他们经常遭到广大公众的怀疑。或许这种情况将会改变——事实上,或许未来学将被视为一种事关任务成败的职业。科幻作家和电影制片人在提供生动的隐喻和警告方面也扮演着重要的角色。如果他们(尤其是电影制片人)探索更乐观的场景,而不是重温同样的旧的反乌托邦场景,那将会很有帮助。例如,伊恩·M. 班克斯(Iain M. Banks)的《文化》(*Culture*)系列丛书尚未改编成电影,而在这些令人愉快的书中,人类已经繁荣昌盛。这是一个极大的遗憾。

P. 338

17.2.4　全球性问题及解决方案

技术性失业将影响到每个国家,尽管失业率不同,方式也可能不同。我们在与时间赛跑以找到解决问题的办法,但不是在互相赛跑。我们能够而且应该合作。目前,在政客们谈论 AI 的罕见场合,他们通常谈论的是确保他们自己的国家在某种类型的 AI 竞赛中处于领先地位,或者至少不要落后太多。当然,各个政府努力促进本国 AI 的发展是有意义的,因为这将在经济上造福于各国的人民。但当涉及重大问题——奇点时,他们应该一起工作,分享想法,互相学习。

AI 最发达的地区很可能会在这场辩论中占据主导地位。加文·纽瑟姆(Gavin Newsom)是 2018 年加州下届州长选举的领跑者,他将技术性失业的前景描述为"走向我们的是红色代码、消防水管、海啸",并承认"我正在努力解决……我没有那让人焦虑的答案"[9]。他并没有排除 UBI 和对机器人征税可以作为解决方案的一部分。他认为教育也很重要。细心的读者会知道我对这些"处方"有些意见,但至少他是在提出问题。2017 年 8 月,旧金山市议会的一名成员发起了一项名为"未来基金工作"(Jobs of the Future Fund)的活动,研究在全州范围内针对窃取工作机会的机器征收"工资税"[10]。同样,这可能不是正确的答案,但目前看到一个政治家提出这些问题就是鼓舞人心的。

来自其他国家的政治家应该接触这些人,看看他们学到了什么,转而看看他们能为讨论和寻求解决办法做出什么贡献。

17.2.5　好的一面、坏的一面和时机

技术性失业的论点可能会被证明是错误的。第 15 章"四种情景"中的第二种情景,可能会成为现实:人类在未来几十年仍在就业。如果我们分拨出资源来建立一些智库和研究机构,即便这些机构本来要解决的问题从来没有出现过,我们又能失去什么呢?最多几千万美元。

P. 339

另一方面,如果技术性失业理论被证明是正确的,但我们没有做任何准备,在这种情况下我们会失去什么?在第 14 章"挑战"中所描述的恐慌几乎是不可避免的,要么可能导致某种独裁,要么可能导致广泛的社会崩溃。

对技术性失业理论持怀疑态度的人或许是对的:第二种情景并非不可能。

但这仅仅是一种可能，因为他们没有令人信服的论据，所以他们很可能是错的。仅仅希望他们是正确的，看起来并不是一个明智的策略。

此事迫在眉睫。如果恐慌即将来临，它很可能在未来 10 年内到来。现在就是采取行动的时候了。

注释

1. http://lcfi.ac.uk/media/uploads/files/CFI_2017_programme.pdf.
2. http://www.oxfordmartin.ox.ac.uk/research/programmes/tech-employment.
3. 位于北加利福尼亚州的机器智能研究所（Machine Intelligence Research Institute，MIRI）、分别位于英国牛津大学和剑桥大学的人类未来研究所（Future of Humanity Institute，FHI）和生存风险研究中心（Centre for the Study of Existential Risk，CSER），以及位于马萨诸塞州的生命未来研究所（Future of Life Institute，FLI）。
4. http://www.unicri.it/in_focus/on/UNICRI_Centre_Artificial_Robotics.
5. https://techcrunch.com/2017/01/10/omidyar-hoffman-create-27m-research-fund-for-ai-in-the-public-interest/.
6. 这里有很多关于预测市场的有用见解：https://bitedge.com/blog/prediction-markets-are-about-to-be-a-big-deal/.
7. 保罗·博耶（Paul Boyer），“奇爱博士”，是《过去不完美：电影中的历史》（*Past Imperfect: History According to the Movies*）一书的一个章节，该书由马克·C. 卡恩斯（Mark C. Carnes）编著。
8. http://s05.static-shell.com/content/dam/shell/static/public/downloads/brochures/corporate-pkg/scenarios/explorers-guide.pdf.
9. https://www.theguardian.com/us-news/2017/jun/05/gavin-newsom-governor-election-silicon-valley-robots.
10. https://www.wired.com/story/tax-the-rich-and-the-robots-californias-thinking-about-it/?mbid=social_twitter_onsiteshare.

后 记

总结:两个奇点

P. 341

技术奇点是指当我们创造出第一个强人工智能(AGI)时,AGI 将不断提高自身的认知能力,并发展成为一个超级智能。确保在奇点到来时我们能够幸存下来可能是下一代或两代人面临的最重要的任务——同时也要确保人类不会用核武器毁灭自己,或释放致所有人死亡的病原体。

如果能引导技术奇点向好的方向发展,人类将拥有超乎想象的辉煌未来。正如 DeepMind 联合创始人德米斯·哈萨比斯(Demis Hassabis)喜欢说的那样,人类对未来的计划应该包括两个步骤:首先,解决 AGI 问题;其次,利用 AGI 解决其他一切问题。"其他一切问题"包括贫穷、疾病、战争,甚至死亡本身。

在技术奇点到来之前,我们将首先经历经济奇点。相比而言,经济奇点的风险并没有那么高,即使我们发现人类与机器相比已黔驴技穷,或者整个社会因未能从现代资本主义过渡到更适合新世界的经济模式中而崩溃,人类全部灭亡的可能性也微乎其微。(当然,也不是完全不可能,因为有人可能会发动灾难性的核战争。)文明可能会倒退,也许是急剧倒退,但我们人类这一物种一定会存活下来并重新开始。重新开始是我们擅长的。

P. 342

另一方面,假设经济奇点真的要来,那么它将比技术奇点来得更快。没有人知道创造出 AGI 要花多长时间,但看起来非常困难。这或许只是时间问题,但真正实现恐怕还要再等几十年。而经济奇点则极有可能在二三十年后出现,当无人驾驶汽车取代人类驾驶员时,大批人可能就会意识到技术奇点将在十年左右出现,这可能会引发恐慌,或导致一些非常危险的民粹主义政治,甚至更糟的后果。

因此,相对而言,技术奇点更为重要,但不那么紧迫,而经济奇点则不那么重要,却更为紧迫。

对于人工智能(AI)及它能为人类做什么、会对人类做什么,我们有足够的理由感到欣喜。AI 已经让世界变得更容易理解,也使我们的产品和服务更加优质高效。

还有许多原因值得关注。人们担心隐私、透明性、安全、偏见、不平等、孤立、杀手机器人、寡头垄断和算法统治等,但这些担忧都没有涉及到那些如果处置不当,会使我们的文明倒退,甚至人类都将灭绝的现象。如果我们愚蠢而不幸,经济和技术的奇点有可能会把这一噩梦演变成现实。

放弃也没有用

两个奇点中所蕴含的危险给我们留下了深刻的印象,因此叫停人工智能研究进展或许是个好主意,要么是永久性停止,要么是停下足够长的时间,好让我们研究出如何确保这两个奇点都是有益的。不幸的是,这根本不可能。

P. 343

首先,我们不知道应暂停哪些研究。AI 研究的进展来自多方面:例如,芯片的设计和制造、算法开发、数据的积累和统计分析。除非我们能够把几乎所有的科学家们都抓起来,否则就无法确定某人是否在某地正从事有关 AI 研究的工作。

其次,研发和部署比竞争对手更强的 AI 是所有机构的目标。对于谷歌和脸书等在 AI 研究领域处于领先地位的公司来说,这关乎短期关键商业业绩,也关系到中长期的经济生存;对于军事指挥官来说,这是一个生死攸关的问题。即使有一天奇迹出现,把世界上各国元首都能聚集在一起,并说服他们签署一份联合声明,宣布将停止一切 AI 研究,他们也不会遵守。

如果有可能创造 AGI,那么它就会被创造出来,而且会被尽可能快地创造出来。这同样适用那些将使大多数人失业的技术。

科技巨头的角色

谷歌、脸书、亚马逊、微软、IBM 和苹果,和他们在中国的竞争对手——百度、阿里巴巴和腾讯一起,正在塑造我们即将进入的新世界。他们的 AI 研发部门是出于商业动机:他们比任何人都更早认识到,AI 及相关技术将越来越多地贡献世界上大部分的经济价值。他们正积极地占领 AI 领域,并在人才和市场地位方面展开激烈较量。

虽然我没有特权,但在我看来,这个行业的许多领军人物也有其他动机:相信未来会比今天更好,以及急于让这一天更快到来。

今天,AI 日新月异的发展已牢牢地印刻在公众的脑海中。当自动驾驶汽车日益普及,智能手机能与用户进行合理的对话,家庭机器人能够完成我们的许多家务时,人们将越来越多地关心它的发展方向。如果没有乐观的答案,人们就会倾向于接受悲观的答案，好莱坞给了我们很多这样的答案。

我们需要强有力的新文化基因，来说明 AI 当下的益处和未来的前景。科技巨头正在创造这个新世界；即使只为了自保，他们也应该好好解释一下，一个辉煌的新世界究竟是如何产生的。P. 344

我应该学习什么？

关于经济奇点，年轻人（和他们的父母）自然会提出的一个问题是，我怎样才能做好应对未来的最充分准备？这对我来说也意义重大：在写作本书之时，我儿子 16 岁。

显而易见的答案是学习计算机知识。计算机是信息革命席卷世界变革的核心，因此了解它们的工作方式，以及理解它们究竟能做什么和不能做什么都将大有裨益。如果可能的话，学习机器学习，尤其是深度学习。目前，熟练掌握这些强大的技术可以帮助你赚到流行歌星才能得到的高薪，而且可以肯定的是，在未来数年内，这些技术仍然很重要。

然而，从长远来看，如果本书的论点是正确的，那我们中的大多数人很可能会失业。在一段时间内，富有可能是一种优势，但如果我们成功地做好转型管理，它可能就会变得不那么重要，也不那么有价值。如果我们不……好吧，事实上我们必须这么做。

除了经济奇点之外，你将渴望拥有尽可能丰富的内心生活，所以请尽可能多地让自己参加广泛的教育，学习人文学科能让你洞察我们的思维是如何工作的，学习社会科学能帮你洞悉社会是如何运转的，学习自然科学能启发你领悟世间万物运行的法则，所有这些知识将使得原本漫长的人生旅途变得妙趣横生。

最重要的几代人

每一代人都觉得，和先辈们相比自己面临的挑战更加艰巨。他们不可能都是对的。美国记者汤姆·布罗考（Tom Brokaw）将“最伟大的一代”（the greatest generation）的称号授予了那些在大萧条（Great Depression）时期长大、后来在二战中赴汤蹈火的一代人。作为一个“婴儿潮”晚期出生的人，我当然要向那一代人脱帽致敬。

在 1963 年的联合国大会上，美国总统约翰·F. 肯尼迪（John F. Kennedy）发表了一篇今日听来仍振聋发聩的演说：“人类从未有过这样的能力来控制自己的环境，结束干渴和饥饿，战胜贫穷和疾病，消灭无知愚昧并制止巨大的人道主义灾难。我们有能力将这一代人塑造成世界历史上最优秀的一代人，或是亲手P. 345

将其毁灭。”[1]

今天,正在崛起的是千禧一代,即出生于20世纪80年代初到21世纪初之间的那一代人,他们也被称为“Y一代”,他们之后的一代,即生于21世纪初到21世纪20年代的孩子们暂时被称作“Z一代”。让我们希望这不是一种糟糕的预言(字母顺序中Z是最后一个)。

千禧一代和“Z一代”人可谓生逢其时,他们拥有前所未有的预期寿命、健康、财富、教育信息获取和娱乐资源,有幸生在了人类有史以来最好的时代,这也是人类在地球上繁衍以来最有趣、最重要的时代。无论喜好或厌恶,这一代人的使命是带领我们穿越大规模失业的经济奇点,然后面对超级智能的技术奇点。如果他们失败了,人类的未来将黯淡无光;但如果他们成功了,人类的未来将无比辉煌。他们必须成功。

未来需要你

目前,我们当中很少有人认真关注AI未来将会带来哪些影响。媒体上不乏AI的报道,但它们杂乱无章且令人困惑。有些人似乎是末日预言家(尽管这往往是由于误报),而另一些人则声称这纯粹是炒作,没什么值得兴奋的。结果,大多数人会微微颤抖,耸耸肩,然后继续他们的生活。但谁又能责怪他们呢。

与此同时,政治家和政策制定者们却心神不宁。美国政府仍在坚持强硬政策,而英国的脱欧已吞噬了整个政治阶层。其他国家也有各自的烦心事,始于2008年的经济危机造成的伤痛仍在持续。虽然AI正酝酿着人类历史上最深远的变革,但在最近的选举中却毫无作为。

这一切必须改变。特别是,我们要开始为经济奇点的出现做计划。认知自动化的影响正以一种温和的方式四处显现,但美国、英国和许多其他主要经济体正接近充分就业,因为人类仍有大量工作可以做。有些工作虽报酬不高,但仍能提供就业机会,然而这种情况不会持续太久。

P. 346

自动驾驶汽车可能会在5年左右迎来它的黄金时代。这个时间也可能是7年,甚至是10年,但谷歌旗下的自动驾驶汽车公司Waymo负责人认为会更短,他们似乎处于最佳的判断位置。到那时,专业司机将很快被解雇。与此同时,经济领域的大部分行业都将受到影响。我们必须有一份令人放心的计划,好让人们相信美好的未来就在前方。

制定这一计划并就其达成共识其实并不难,可能只需要五年左右的时间,所以我们必须立即行动。我们要在世界各地建立智库和研究机构,雇用不同背景、专业多元化的聪明人,并为其提供充足的资金支持和全职岗位。和这项挑战的重要性相比,所需资金投入显得微不足道——可能只有几千万美元——但足以争取重大的政治支持。

政治家们对公众情绪做出回应。(最有才华的政治家们会有一点先见之明，不过他们会小心翼翼，不让自己走得太远，否则我们就会炒他们的鱿鱼。)如果我们要求他们关注 AI 即将带来的影响，他们会关注的。现在是时候提出这个要求了，请参与其中吧，和你的朋友或同事谈论这个话题：让对话继续。坚持让你的政治代表们听到你的声音吧！

如果我们能够迎接最强大技术的指数级增长所带来的挑战，并成功地驾驭这两个奇点，我们必将拥有一个美好的世界。

美好的未来就在我们手中！

注释

1. http://www.jfklibrary.org/Research/Research-Aids/Ready-Reference/JFK-Quotations.aspx.

附录:关注技术性失业的其他作家

A.1　关于变革的先知

A.1.1　马丁·福特

P. 347

在迄今为止出版的所有技术性失业问题书籍中,马丁·福特(Martin Ford)的著作首屈一指。其作品《隧道里的灯光》(*The Lights in the Tunnel*,2009)曾引发了激烈的争论,后续佳作《机器人的崛起》(*Rise of the Robots*,2015)充实了他的论点,并对第一本书所引起的批评做出回应,《金融时报》(*Financial Times*)编辑莱昂内尔·巴伯(Lionel Barber)将其评为2015年《金融时报》和麦肯锡年度最佳商业书籍,称之为“公共政策辩论领域写作严谨、研究深入的又一佳作……即便评委们并不同意书中所有的结论,但对该书的评价和影响持一致意见”。

福特完全有资格谈论技术将对工作领域产生什么影响。他有25年的软件设计经验,在硅谷生活和工作,在那里他经营着一家软件开发公司。他的作品沉稳而有分寸,谦逊迷人。

福特在《机器人的崛起》的开篇就戏剧性地展示了指数级增长的力量——正在驱动数字创新的累积倍增。在书中,他假设人先以每小时5英里(约8.05千米)的速度驾驶,然后把速度增加27次方,最终的速度将高达每小时6.71亿英里(约10.80亿千米)——这个速度足以在五分钟内从地球到达火星[1]。他指出,27次方的加速正是自1958年集成电路发明以来,计算机能力所经历的指数级增长。

P. 348

该书认为,AI系统即将实现传统白领工作的大规模自动化,包括模式识别、信息获取、处理和传输等涉及认知技能的工作。事实上,该报告认为,这一过程已经在进行中,而由于这一自动化进程,美国正经历着从2008年的“大衰退”(Great Recession)复苏以来的社会失业。福特声称,美国中产阶级的工作岗位正在被掏空,平均收入下降,不平等正逐渐加剧。他承认,很难将自动化的影响同全球化和离岸外包的影响区分开来,但他仍然相信,AI主导的自动化已经在损害大多数美国工薪阶层的前景。

事实上,自从福特的书出版以来,美国的就业数据有了很大的改善,失业率徘徊在5%左右,这被认为接近充分就业。然而,许多美国中产阶级确实感到了压力,被迫接受兼职工作或错过了加薪。这表明,技术失业还没有开始真正产生影响,但我们可能已经看到了早期的预警信号[2]。

福特停顿了一下,展望了迄今为止相对未受数字革命影响的两个领域——教育和医疗——受到AI影响后的前景。尽管在这两个领域,AI取代人类活动遭到了激烈的抵制,例如在论文评分方面。但福特认为,没有哪个行业能够长期忽视以更廉价、更快、更可靠的方式提供产品和服务的好处。他接着指出,今天仍处于萌芽阶段、发展迅速、明天将崛起为经济巨头的公司和行业,在雇用人员上都是极其吝啬的。例如,点对点房间租赁公司爱彼迎(AirBnB)在2015年3月实现了200亿美元的市值,而当时它只有13名员工。

《机器人的崛起》的最后几章探讨了福特所描述趋势的后果。如果绝大多数人找不到足够的工作,无法让自己和家人过上体面的生活,经济还能繁荣发展吗?随之而来的不平等加剧会对经济有害吗?更根本的是,这些失业或未充分就业的人将如何维持生计?对福特来说,最后一个问题的答案很清楚:政府需要对在职工作人员提高税收,为那些没有工作的人提供保障。但他敏锐地意识到这项提案所面临的政治困难:美国的政客们甚至不敢说出"税收"这个词,除非紧随其后的词是"削减"[3]。

P. 349

事实上,福特似乎被这种情况吓到了:"美国的政治环境已经变得如此有害和分裂,以至于就连最常规的经济政策讨论都几乎不可能达成一致意见",他写道。"收入保障一般会被打上'社会主义'的标签","在美国,实行全民医保的几十年努力可能会很好地预见到我们在试图应对任何全面经济改革时将面临的巨大挑战"。

福特认为,大多数人或许仍能找到各种各样的带薪工作——只是收入不足以过上体面的生活。他不愿放弃传统的美国理想,比如自由市场、资本主义经济,以及新教徒的职业道德,他提倡全民基本年收入只有1万美元——这一水平低到足以激励人们找到工作。即便如此,他对说服美国同胞采纳这一观点的前景感到悲观:"在可预见的未来,有保障的收入可能仍然无法实现。"

A.1.2 安德鲁·麦卡菲和埃里克·布林于尔松

麻省理工学院(MIT)的安德鲁·麦卡菲教授(Andrew McAfee)和埃里克·布林于尔松教授(Erik Brynjolfsson)在他们的人工智能自动化专著《第二次机器时代》(*The Second Machine Age*)中以严谨的科学态度论证了技术性失业的可能性[4]。

此书(包括论点)分为三个部分。第一部分(即第1章到第6章)描述了所谓"第二次机器时代"的特征。他们警告读者,书中对近期和即将到来的发展的描述可能看起来像科幻小说,而且行文有时会令人喘不过气来:即使是终身教授也会对技术变革的速度及其产生的奇迹而兴奋不已。

书的第二部分(即第 7 章至第 11 章)探讨了这些变化的影响,特别是作者称为"丰富"和"分化"的两个现象。其中,"丰富"指的是"数量、种类和质量的增加,以及技术进步带来的许多产品成本的降低。这是当今世界上最好的经济新闻。"这本书的这一部分可能是由彼得·迪亚曼迪斯(Peter Diamandis)所写,他是《丰富性与胆略》(*Abundance and Bold*)一书的作者,也是主张计算机能力以指数级增长正引领我们走向乌托邦的主要传播者。

"分化"似乎是"不平等"的同义词,尽管作者奇怪地不愿使用后者[5]。分化指的是"人们在经济成功方面的差异越来越大"。书中这一部分可能是由"占领运动"的一名成员所撰写[6]。"分化是一个令人不安的过程,原因是多方面的,如果我们不积极干预,它将在第二次机器时代愈演愈烈。" P. 350

麦卡菲和布林于尔松提出了这样一个问题:丰富能否克服这种分化。换句话说,我们会创造一个极端富裕的经济吗?在这个经济模式中,不平等不再显得那么重要,能否做到即使少数人非常富有,但其他人也不缺钱花吗?他们的答案是,目前的证据表明不可能。与马丁·福特一样,作者认为美国的中产阶级的财务状况日益恶化,除非采取补救措施,否则这种趋势将持续下去。

接着,本书的第三部分,也是最后一部分,探讨了如何在确保实现"丰富"的同时,将"分化"降至安全而无需干预的程度。尤其是,麦卡菲和布林于尔松想回答一个他们经常被问到的问题:"我的孩子们正在上学,该如何帮助他们为未来做好准备?"[7]两位作者态度乐观,坚信在未来许多年里,在产生新想法、跳出固有思维(他们称之为"大框架模式识别")和复杂形式的沟通方面,人类将比机器做得更好。他们认为,人类在这些领域的卓越能力将使大多数人能够继续谋生,尽管教育系统需要进行改革,以强调这些能力,并淡化今天对死记硬背的过分强调。他们推崇蒙台梭利学校的方法,即"自主学习,动手参与制作各种各样的材料……以及基本上自由无组织的学校生活"。他们也对数字化学习和远程学习寄予厚望,这种学习使用"数字化和分析为教学提供大量改进"。[8]

麦卡菲和布林于尔松提出了一系列进一步的建议,并声称这些建议得到了来自各个政治派别的经济学家们的支持,这些提议包括:为教师提薪,鼓励企业家,加强招聘服务,投资改善科学研究环境,努力吸引世界上有才华的外来移民,以及使税收系统更加智能化等。

这些提议似乎并不引人注目,但移民政策可能会引发争议。作者承认,随着21 世纪初前 20 年的进步,这些方案可能会逐渐失效,机器将会变得越来越智能化。展望未来,他们警告说,不要试图阻止 AI 的发展。他们认为(再次套用丘吉尔关于民主的妙语)"这是最糟糕的(经济)形式,但比其他所有已经尝试过的 P. 351

形式都要好”[9]。

作者非常赞同伏尔泰(Voltaire)的名言:“工作使人免于三大罪恶:无聊、堕落和欲望。”因此,他们对“全民基本收入”持谨慎态度,认为没有工作将导致无聊和抑郁。相反,他们主张征收负所得税来激励工作。若负所得税为50%,那么当你赚了1美元时,政府就会额外给你50美分。他们四处寻找让我们继续工作的方法,并尝试性地提出了一系列新奇的方案,比如发起一场文化运动,让人们更偏爱人类而非机器制造的产品。

2017年,麦卡菲和布林于尔松出版了新书《机器、平台、人群》(*Machine, Platform, Crowd*)。和之前的那本书一样,此书的写作风格引人入胜,是对经济发生的一些重大变化的一次有趣和启发性的旅程。尽管书中前三分之一内容是关于AI及相关技术的,但这一回,作者更坚定地回避技术性失业的可能性。虽然书中没有明说,但他们似乎对之前提出这个问题感到尴尬。援引麦卡菲在一次采访中的话说,“假如再给我一次机会,我将更多地关注技术导致经济结构变化的方式,而不是工作、工作、工作。核心问题不是净失业,而是工作种类的转变。”[10]

A.1.3 理查德·萨斯坎德和丹尼尔·萨斯坎德

2015年10月,理查德·萨斯坎德(Richard Susskind)和丹尼尔·萨斯坎德(Daniel Susskind)父子团队出版了《职业的未来:科技将如何改变人类专家的工作》(*The Future of the Professions: How Technology Will Transform the Work of Human Experts*)一书。理查德·萨斯坎德拥有光鲜夺目的资历——自20世纪80年代初以来一直从事法律科技工作,为众多政府和行业机构提供咨询,并获得了多所知名大学的荣誉奖学金。也许更令人印象深刻的是,他似乎既尊重研究对象,又斥责他们效率低下,注定灭亡。

书中,萨斯坎德父子描述了“大交易”,即在对建议标准进行监管时,专业人员(律师、医生、建筑师等)在提供专业建议方面,因为处于垄断地位而获利丰厚。P.352他们认为,这种交易已然瓦解,许多专业服务现在只提供给富有和人脉通达的人。他们通过说明这些职业的规模来解释这是多么重要。仅美国的医疗保健每年就要花费3万亿美元,超过了世界第五大国家的GDP。四大会计师事务所的总收入为1200亿美元,超过了世界第六十大国家的GDP。

基于30年的法律行业经验和广泛的研究支持,两位作者为中期未来描绘了两种场景:场景一,专业人员充分利用各种技术,随着技术的进步,他们的服务得到了加强。场景二,大部分或全部的专业人员的传统任务由机器完成。两位作者认为,第二种结果将不可避免,因为社会其他人关心的不是与人类的互动,而是以最小的麻烦、风险和费用来解决所遇到的法律、医疗及其他问题。

两位作者将研究焦点放在专业性工作领域,竭力避免将这些显而易见的结论推广到整个经济体。因此,书中对全民基本收入或社会分裂的可能性的讨论寥寥无几。但他们确实注意到,一旦机器承担起了以往由人类专业人员执行的大部分或所有任务,这些机器应归谁所有就成为了一个重大问题。书中没有回答这些问题,尽管他们表示倾向于某种不涉及国家的共同所有权形式。在这方面,他们应该得到赞扬,因为他们比大多数人在这个问题上写得更深入,遵循了他们论点的逻辑。

这本书以令人耳目一新的清晰、准确和恰当的表达方式写成,虽向目标读者传达了如此悲观的信息,却也无伤大雅。

A.1.4 斯科特·桑滕斯

斯科特·桑滕斯(Scott Santens)是一名作家,也是一位来自新奥尔良的全民基本收入运动领导者[12]。他是Reddit基本收入页面的版主,在这个页面上他维护与这个主题相关的常见问题解答[13]。自1997年自由创业以来,截至2015年底,他成功地通过在线捐赠网站Patreon从支持他的人那里获得了基本收入。

A.1.5 杰里·卡普兰

连续创业家杰里·卡普兰(Jerry Kaplan)与人合伙创立了GO公司,它是智能手机和平板电脑的先驱,后来被卖给了美国电话电报公司(AT&T)。他还与人共同创立了OnSale,这是一家早于eBay的互联网拍卖网站,并以4亿美元的价格售出。他在自己的母校斯坦福大学任教并著书,曾写过一本名为《人类无须申请》(*Humans Need Not Apply*)的书。

P. 353

该书的观点类似于第二次机器时代:AI已经达到了一个临界点,而且正在变得越来越强大高效。它将扰乱各行各业,除非我们妥善管理转型,否则由此带来的经济不稳定和日益加剧的不平等将造成巨大破坏。

与福特、麦卡菲和布林于尔松一样,卡普兰认为,现有的市场经济能够安然度过这一转型。

A.1.6 CGP Grey

卡普兰从一年前出现在互联网上的同名视频中赢得了"人类无须申请"的绰号[14]。一位名为CGP Grey的爱尔兰裔美国人(全名是科林·格雷戈里·帕尔默·格雷(Colin Gregory Palmer Grey)[15]在YouTube上发布了这段视频,一年内吸引了超过五百万的浏览量。

这段视频制作精美,引人入胜,很有说服力。它包含了许多技术上的亮点,并以绝妙的配音来表达自己的观点——对于今天注意力短暂的人来说,这是理想之选。与前面描述的书籍不同,视频不仅没有为AI和机器人自动化所引发的问题提供解决方案，而且预示着资本主义无法应对即将到来的问题。

A.1.7 加里·马库斯

纽约大学心理学教授加里·马库斯(Gary Marcus)对AI及其发展方向产生了浓厚的兴趣。2015年2月，他对哥伦比亚广播公司(CBS)的一位采访者说："我认为最终大多数工作岗位都会被机器取代，大约75%～80%的人可能不会以工作为生……有些人开始谈论这件事。"[16]

A.1.8 费德里科·皮斯托诺

费德里科·皮斯托诺(Federico Pistono)是一位年轻的意大利讲师和社会企业家。他在2012年出版的《机器人会偷走你的工作，但没关系》(*Robots Will Steal Your Job, But That's OK*)一书吸引了众多关注，包括谷歌的创始人拉里·佩奇(Larry Page)在内的许多知名人士都被其乐观和发散的风格所吸引。

在描绘了一个栩栩如生的未来自动化将使大多数人失业的场景后，皮斯托诺却认为没有必要忧心忡忡。这本书的大部分篇幅都在探讨与思考幸福的本质——四分之一章节的标题中都出现了"幸福"这个词。作者满怀希望地认为，P. 354我们终将领悟，通过物质财富来追求幸福是愚蠢的，他认为解决方法是精简。他以自己定居意大利北部的家庭为例，每年全家开销为4.5万美元，但是通过舍弃他们三辆车中的两辆，加上自给自足的耕作和发电，他们可以把这个数字减少到每年2.9万美元。

他还敦促我们所有人都要自主学习，并鼓励其他人也这样做，但更多的是为了实现个人价值，而不是徒劳地试图保持就业。

A.1.9 安迪·霍尔丹

作为英国央行的首席经济学家，安迪·霍尔丹(Andy Haldane)并不是探讨全民基本收入好处的最具代表性人选。然而，在2015年11月的英国工会联盟(Trades Union Congress)上，他却发表了与此话题息息相关的演讲[17]。他想知道，自动化的转移效应，即抢走人类的工作，是否会开始超过补偿效应，因为自动化可以充分提高生产力，从而产生更多的需求，继而创造工作岗位。

在演讲中，霍尔丹并没有对我们是否接近"人类峰值"的问题作出明确答复，但他提出了本书中探讨的许多问题。他给出了一份由英国央行对英国一系列经济部门的工作自动化可能性的评估报告，该报告是根据牛津马丁学院的弗雷(Frey)和奥斯本(Osborne)对美国经济的评估改编而成。该评估认为，和美国的情况相比较，英国经济没有那么令人担忧，差距并不是很大。研究发现，大约三分之一的工作岗位被自动化淘汰的概率很低，另外三分之一具有的概率中等，最后三分之一的概率极高。霍尔丹没有给出这个问题的具体时间表,也没有说明在这段未披露的时间之后将会发生什么。

A.1.10 马丁·沃尔夫

作为英国金融时报的主要财经专栏作家和副主编,马丁·沃尔夫(Martin Wolf)是一位典型的城市建设者。美国财政部长拉里·萨默斯(Larry Summers)形容他"或许是世界上最深思熟虑和最专业的经济记者"[18]。尽管信贷紧缩和随后的经济衰退重新点燃了他年轻时对凯恩斯主义经济学的热情,但令人惊讶的是,他主张收入再分配和全民基本收入,正如他在 2014 年 2 月的文章中所写的一样:

P. 355

"如果弗雷和奥斯本教授(见下文)关于自动化的观点是正确的……我们将需要对收入和财富进行重新分配。"这种再分配可以采取为每一个成年人提供一份基本收入的形式,同时为每一个人一生中任何阶段的教育和培训提供资金。再分配所需钱款可来自于对不良资产(如污染)或租金(包括土地,尤其是知识产权)征税。财产权是一种社会创造,那种极少数人凭借新技术攫取压倒性利益的做法值得商榷。例如,国家可以从其保护的知识产权中自动获取收入份额[19]。

A.2 学者、专家顾问和智库

关于技术性失业,各大学术机构、咨询公司和智库撰写了大量研究报告,这里我仅列出了其中一些较为知名的研究者。有时他们会持有保留意见或中立态度,我将按照对普遍失业这一命题持怀疑态度递增的顺序,为读者们呈现各位研究者的观点。

A.2.1 弗雷和奥斯本

卡尔·贝内迪克特·弗雷(Carl Benedikt Frey)和迈克尔·奥斯本(Michael Osborne)是牛津马丁学院科技与就业项目的负责人[20]。他们 2013 年的报告《未来就业:计算机化对工作的影响》(*The Future of Employment: How Susceptible Are Jobs to Computerisation?*)被广泛引用。报告分析美国就业数据的方法后来被其他人用来分析欧洲和日本的就业数据。

报告分析了 2010 年美国劳工部 702 个工作岗位的数据,将精确性和模糊性巧妙结合起来,得出结论"美国 47%的就业岗位处于高风险类别,这意味着未来若干年内,十年或二十年左右,有关职业将面临被自动化取代的风险"。19%的工作属于中等风险,33%属于低风险。将这些发现推广到其他领域也得出了大致相似的结果。

研究方法采用的是一种严谨的猜测。通过一次集体讨论,研究者将 70 份工作进行分类,而后将分类结果拓展到其他 632 份工作中,期间应用了足以迷惑任何只有校园数学水平的人的计算方法,包括一种名叫高斯过程分类器(Gaussian process classifiers)的统计学工具。批评这份报告不够严谨是不公平的,预测不是一种精确的科学。作者采用了他们能想到的最科学的方法,并且没有试图隐藏其主观因素。

P. 356

除了对技术性失业的可能性发出警告外,该报告还暗示,中产阶级就业岗位的"空心化"将会停止。2003 年戴维·奥特(David Autor)的一篇论文指出,高收入者和低收入者的收入都有所增加(虽然后者增加速度较慢),但中等收入者的收入却停滞不前。马尔滕·古斯(Maarten Goos)和艾伦·曼宁(Alan Manning)将这种空心化描述为对"可爱又糟糕的工作"的偏爱。

弗雷和奥斯本认为,在未来,对自动化的敏感度将与收入和受教育程度负相关,因此那些"糟糕的工作"也将消失。他们认为,人们必须获得独创性和社交技能才能保住工作,但作者似乎并不认为我们中的许多人能够改变就业历史赋予我们的命运。

继 2013 年的报告之后,2015 年 2 月,弗雷和奥斯本与花旗银行资深银行家合作撰写了一份报告。该报告深入洞察了自动化浪潮对各行各业的影响,包括股市,从交易大厅到数字交易所的转变使员工数量减少了 50%。银行家们建议增加税收以便为失业者提供收入,乍一看令人惊讶,但他们似乎也不太相信能够实现:"税收的这种变化对我们来说似乎是明智的,但它们也将是过去几十年的趋势的一种逆转。"对于提出的其他主要补救建议措施,他们没有抱更多的希望:"仅靠教育不可能解决日益加剧的不平等问题,但它仍是最重要的因素。"

A.2.2 加特纳

加特纳(Gartner)是一家世界领先的技术市场研究和咨询公司。在 2014 年 10 月的年度会议上,该公司研究总监彼得·森德高(Peter Sondergaard)宣布,到 2025 年,三分之一的人类岗位将实现自动化[21]。"新的数字业务对劳动力的需求更少,机器将比人类更快地理解数据。"他将智能机器描述为一种"超级类"技术的例子,这类技术能执行各种各样的任务,包括体力的和智力的。他举例说,多年来,机器一直在对多项选择考试进行评分,但现在它们正在转向处理论文和非结构化文本。

A.2.3 千年计划

千年计划于 1996 年由联合国组织和多个美国学术研究机构联合启动。根据对来自世界各地的 300 位专家的咨询调查,2015－2016 年的《未来状态》(*State of the Future*)包含一个关于未来工作的章节。尽管研究者们大多认为

P. 357

科技会对就业产生重大影响,但他们对长期失业率的总体估计相对保守。他们预计,2030 年全球失业率仅为 16%,2050 年仅为 24%。

A.2.4 皮尤研究中心

2014 年 11 月,皮尤研究中心发布了一份题为《人工智能、机器人和就业前景》(*AI,Robotics,and the Future of Jobs*)的报告[22]。该中心成立于 1948 年,是皮尤慈善信托基金的一部分,由太阳石油集团创始人的后代遗留下来,总资产超过 50 亿美元。该中心是美国第三大智库。

该中心制作了一份调查问卷,主题是"到 2025 年,网络化、自动化、人工智能应用程序和机器人设备是否会抢走比它们创造的更多的就业机会?"通过向 12000 名指定专家和感兴趣的公众(大多数但不完全是美国人)发放调查问卷,该中心收到了 1900 份答卷:52%的参与者表示不会,他们认为技术创造的就业机会总是超过其淘汰的数量,而且其发展速度不够快,不足以淘汰如此多的工作岗位,如果有必要,监管部门的干预会阻止它。

48%的人认为会出现净失业,且这一过程已经开始,而且还会愈演愈烈,不平等也将成为一个严重的问题。

双方都认为,教育体系在为年轻人迎接新的工作状态做好准备方面做得很差,而且就业的未来不是命中注定的,容易受到良好政策的引导。

A.2.5 金融创新银行

位于马德里的 BankInter 是西班牙最大的银行之一。2003 年它创立了一个旨在以创新和创业帮助西班牙创造可持续财富的基金会。基金会的主要活动之一是组织"未来趋势论坛",这是一个国际性的智库,能定期聚集一群专家讨论一个重要话题,然后根据这些讨论的结果形成研究报告和视频。

2015 年 6 月,我参加了主题为"机器革命"的未来趋势论坛的一次会议,并就未来十年内,互联网、机器人和人工智能等技术发展将如何促进就业和劳动力市场进行研讨交流。整个研讨由《站在太阳上》(*Standing on the Sun*)一书的作者克里斯·迈耶(Chris Meyer)主持,与会代表由来自世界各地的政府要员、知名学者、商业经济学家、投资者和作家组成。 P.358

当 34 位与会专家被问到,结构性失业是否将成为可能时,有一小部分人表示不会。在会议接近尾声时,我们每个人都对报告结尾处的总时间表做出了两种预测[23]。

A.2.6 麦肯锡公司

作为世界上最负盛名的管理咨询公司,麦肯锡在 2015 年 11 月的季刊上发表了一篇题为《工作场所自动化的四个基本原理》(*Four Fundamentals of Workplace Automation*)的文章,讨论了技术性失业的问题[24]。作为一个正在进行的研究项目的中期报告,其核心论点是,与其问哪些工作可能或将被自动化取代,不如问哪些任务将实现自动化。文章指出,很少有人会发现他们的整个工作都消失了,但人们在工作中所做的45%的任务可以通过目前可用的技术实现自动化。

麦肯锡咨询公司针对不同的"职业"(如零售销售人员)列出了2000种不同的"活动"(如接待客户、展示产品性能),并评估哪些活动当中需要用到他们认为易受自动化影响的18种能力(如理解自然语言、生成自然语言、检索信息)。

他们指出,随着机器能力的提升,自动化程度将会上升。例如,如果机器达到人类自然语言理解水平的中位数,那么可自动化任务的比例将从45%上升到58%。

在发表时,作者得出结论,仅有5%的工作能够完全实现自动化,但60%的工作中的30%的活动能够自动化。但这并没有导致员工人数裁减30%,其他的70%的活动都由剩余的员工来完成,他们希望随着机器助力人工效率的同时,雇员变得更有生产力。

高薪酬的工作往往可自动化的活动较少(例如首席执行官的可自动化活动占20%),但在中低收入的岗位中,可自动化的活动则较多。顾问们发现,在美国的工作活动中,只有4%需要中等水平的创造力,而29%需要中等水平的情感感知。乐观地说,他们从中得出的结论是,自动化将使人类做更好更有趣的工作。例如,室内设计师可以花更少的时间进行测量、制作插图和订购材料,而将更多的时间用于开发创新设计理念。

P.359

最后,麦肯锡建议,高层管理者应该密切关注自己所从事行业内自动化的类型、方向和潜力,因为它将成为一个越来越重要的竞争优势来源。

A.2.7 热烈的合奏

上述报告是迄今为止就技术性失业问题发表的最突出的报告之精选。它们并不是唯一的,每个月甚至有时是每周,都有新的报告在被不断发表出来。关于未来几年或几十年里机器智能对失业可能产生的影响,目前还没有明确的共识。尽管如此,这一主题在媒体上的关注度越来越高——2016年1月,它已成为在达沃斯滑雪胜地举行的超级富豪年度聚会的焦点。

在下一节中,我们将看到另一些人坚信这是一个神话。

A.3 怀疑论者

在本节中,我们将列出一些对技术性失业前景持怀疑态度的作家,他们认为这不过是卢德谬论的复兴。

A.3.1 戴维·奥特

戴维·奥特(David Autor)是麻省理工学院的经济学教授。如前文所述,他在2003年的一篇论文中就美国中产阶级工作"空心化"发出警报,高收入者和低收入者的收入都有所增加(虽然后者增加较慢),但中等收入者的收入却停滞不前。

在2015年10月的一次采访中[25],他给出了三个理由,来解释为什么他认为一些观察家对就业机会遭到破坏过于悲观,甚至歇斯底里。首先,机器能弥补和增强人类:它们总是这样,而且没有理由认为这将会改变;其次,机器提高了生产率,从而创造出财富和消费,并创造了更多的就业机会;第三个原因是人类具有创造力,今天许多重要的商务活动放在50年前是无法想象的。事实上,奥特指责马丁·福特傲慢地抹杀了人类的聪明才智。 P.360

2015年夏季的《经济展望》(*Journal of Economic Perspectives*)期刊里,奥特曾写过一篇题为《为什么还有这么多工作?》(*Why Are There Still So Many Jobs?*)的论文[26],他预测人类将凭借其"人"属性保持相对优势,例如人际交往、灵活性和适应力等。他认为,许多工作——如放射科医生——将这些属性与计算机擅长的常规、可预测的任务结合起来。奥特认为这两类任务密不可分,因此人类将继续执行整个任务。

更普遍地说,奥特也是那些察觉到今天"变化率"一词被过度炒作的人之一。他认为摩尔定律的影响是微弱的,原因是监管和社会分歧减缓了新技术的采用,他还认为许多技术进步根本无法转化为现实世界的切实改进。例如,他承认他现在的电脑比几年前使用的老款快了一千倍,但他怀疑这只会让他的工作效率提高20%。他调侃道,一台新洗衣机的处理能力可能比NASA在1969年送尼尔·阿姆斯特朗(Neil Armstrong)登月的处理能力还强,但洗衣机仍然无法登月。

他嘲笑AI研究人员取得的一些成就,例如,他认为自动驾驶汽车并没有模仿人类司机,而是依赖于必须在旅程开始前准备好的精确地形地图,这使得它们不如人类灵活,不适合在没有人类护送的情况下放到野外。

虽然奥特对我们的未来总体上持乐观的态度,但他认为,这在很大程度上取决于我们所做的决定。"如果机器真的让人类劳动力过剩,我们将拥有巨大的财富,但在决定谁拥有这些财富以及如何对其进行分配方面,人类将面临严峻挑战。"他指出,挪威和沙特阿拉伯都享有富足的经济(幸亏靠石油而不是AI),但两国的使用方式却截然不同:挪威人每天只工作几个小时,总体上很快乐;而沙特90%的劳动力依赖进口,其结果却助长了各种思潮的泛滥。

A.3.2 罗宾·汉森

罗宾·汉森(Robin Hanson)是美国弗吉尼亚州乔治梅森大学的经济学副教授。和戴维·奥特一样,汉森也谴责马丁·福特动机不纯,和奥特指责他傲慢无礼不同,汉森指责他不够诚实:“说到底,马丁·福特的主要论点似乎是他厌恶不平等现象的加剧,并希望增加税收来为基本收入保障提供资金。所有关于机器人的东西都只是障眼法而已。”[27]

P.361

在几次嘲讽后,汉森回应了福特的论点。首先,他承认:“长远来看,福特没有错,机器人最终能变得足够优秀,以至于几乎胜任一切工作,但我们为什么认为这样的事情现在马上就要又猛烈又迅速地发生呢?”他梳理出了福特的四个论点,并对前三个进行回应。第一个是 A.2.1 节中提到的弗雷和奥斯本的研究,汉森以他们的研究成果过主观为由加以摒弃;第二个是自 2000 年以来劳动力收入所占份额的下降,汉森答复这可能是由许多其他因素而不是技术自动化造成的;第三个是计算机价格的快速下降,汉森称这还没有造成任何可察觉的失业。

“至于福特的第四个论点:他近期看到的计算机演示令人印象深刻”,当然,汉森指的是谷歌的自动驾驶汽车、实时机器翻译系统和 DeepMind 开发的 Atari 游戏系统等。汉森对这些快速改进 AI 的演示印象不太深,“我们确实希望自动化最终能够完成大部分工作,因此应该努力更好地与时俱进。但就目前而言,福特对预兆的解读在我看来和用动物内脏或塔罗牌进行算命相差无几。”

说完愤世嫉俗的话之后,汉森继续提出一个建设性的建议。他主张通过预测市场来研判未来,认为人们会对特定的经济或政策结果下注,例如未来某一天的失业水平。他认为,预测市场让我们在做预测时保持准确,而不仅仅是试图让我们看起来比同行要好,这在财务上是有利害关系的。

A.3.3 泰勒·考恩

作为乔治梅森大学的教授和极受欢迎的博客的合著者,泰勒·考恩(Tyler Cowen)还是新泽西州有史以来最年轻的国际象棋冠军。他知识渊博,兴趣广泛,虽然他强有力地提出了一些关键思想,但其中仍总有略微差别,他不喜欢简单和时髦的解决方案。在最近出版的两本书《大停滞》(*The Great Stagnation*, 2011)和《平均时代的终结》(*Average is Over*, 2014)中,他描绘了一幅美国的未来景象,虽然略显压抑,但也不是世界末日。他高度关注 AI 的迅猛发展及其对就业可能带来的影响,但他并不认为广泛的永久性失业将是其结果之一。

P.362

多年来,考恩一直支持美国经济正在空心化的说法。他预计自动化将延续甚至也许会加速这一趋势。在《政治》(*Politico*)杂志的一篇文章中[28],他写道:“我想象出一个世界,在那里,10%到 15%的公民非常富有,他们过着极其舒适又刺激的生活,就像今天的百万富翁那样,但这些人的医疗保健更好一些。但是,该国其他大部分地区以美元计算的工资却停滞不前,甚至可能下降。"对于大多数人来说,这种凄凉的前景被弱化了,因为"他们将有更多机会享受廉价的娱乐和廉价的教育,由于现代技术提供了所有免费或近乎免费的服务"。但是对于真正的社会底层来说,结局却令人不愉快。他说,他们将"倒在路边"。

考恩并不期望实现全民基本收入,他也不希望发生骚乱。一个原因是美国人口老龄化正在加剧,"到 2030 年,大约 19%的美国人口将超过 65 岁;换句话说,我们将像今天的佛罗里达人一样老。"佛罗里达人是一群保守派,不喜欢混乱。另一个原因是,人们将越来越多地根据收入在地理区域上聚集。85%的贫困人口中很少有人会住在旧金山和纽约这样的温室城市,曼哈顿的财富和他们也没有关系。或许最重要的是,那些普通大众将用免费娱乐和社交媒体的鸦片来自我麻醉。

A.3.4 杰夫·科尔文

杰夫·科尔文(Geoff Colvin)是《财富》(*Fortune*)杂志的编辑,也是美国最有经验和最受尊敬的记者之一。2015 年 8 月,他写了本名为《人类被低估:有成就者知道但机器永远不会知道的事》(*Humans Are Underrated:What High Achievers Know That Brilliant Machines Never Will*)的书,在之前的著作《天才被高估》(*Talent is Over-Rated*,2006)中,他提出了一个观点,即在大多数情况下,长时间专注的练习要胜过天才,这本书是一本全球畅销书。

他的新书第一次承认,技术可能在减少而非增加就业总量。但出于两个特别的原因,他又持怀疑态度。首先,科尔文认为,由于很难预测经济转型时创造的新型就业岗位(正如网络开发和社交媒体营销很难预测一样),我们低估了新岗位的数量。

P.363

其次,科尔文认为,人类深层次交流的技能——即同理心、故事讲述和建立人际关系等能力,将在未来变得更有价值,许多人将能够通过把这些技能带入不断发展的经济中获得成功。"10 万年的进化使我们对与其他人类(而不是与计算机)的深层互动产生强烈共鸣。这些需求不会很快改变。"[29]

注释

1. 这取决于两颗行星的距离有多近。
2. http://fortune.com/2015/11/10/us-unemployment-rate-economy/.
3. 此引用和本段及下一段中的其他引用来自第 10 章:迈向新的经济范式。
4. 布林于尔松教授是麻省理工学院(MIT)数字商业中心的主任,麦克菲教授是该中心的首席研究科学家。

5.“不平等”一词在书中出现了42次,在资料来源的标题中也出现过,但作者从未明确将其与“传播”一词相联系。
6. 2008 年信贷紧缩后出现的一个松散的抗议组织,旨在反对不平等。
7. 第 12 章:学会与机器赛跑——对个人的建议。
8. 第 13 章:政策建议。
9. 第 14 章:长期建议。
10. https://www.wired.com/2017/08/robots-will-not-take-your-job.
11. http://www.susskind.com/.
12. http://www.scottsantens.com/.
13. https://www.reddit.com/r/BasicIncome/ and https://www.reddit.com/r/basicincome/wiki/index.
14. https://www.youtube.com/watch?v=7Pq-S557XQU.
15. https://www.youtube.com/watch?v=C5MVXdg6nho.
16. http://www.cbsnews.com/videos/how-technology-may-change-our-labor-and-leisure/.
17. http://www.bankofengland.co.uk/publications/Pages/speeches/2015/864.aspx.
18. https://newrepublic.com/article/69326/call-the-wolf.
19. http://www.ft.com/cms/s/0/dfe218d6-9038-11e3-a776-00144feab7de.html#axzz3stkJb1V2.
20. 该方案于2015年1月推出,由世界最大的金融机构之一——花旗银行提供资金。牛津马丁学院成立于 2005 年,隶属于牛津大学。该机构致力于了解人类在 21 世纪面临的威胁和机遇,其以詹姆斯·马丁(James Martin)的名字而命名。詹姆斯·马丁是一名作家、咨询师和企业家,他为牛津大学提供了有史以来最大的一笔捐款——牛津大学成立于 1000 年前,是世界上最古老的大学(仅次于意大利的博洛尼亚大学),所以这是很了不起的壮举。

P. 364

21. http://www.computerworld.com/article/2691607/one-in-three-jobs-will-be-taken-by-software-or-robots-by-2025.html.
22. http://www.pewinternet.org/2014/08/06/about-this-report-and-survey-2/?beta=true&utm_expid=53098246-2.Lly4CFSVQG2lphsg-KopIg.1&utm_referrer=https%3A%2F%2Fwww.google.co.uk%2F.
23. https://www.fundacionbankinter.org/web/fundacion-bankinter/ficha-documento?param_id=173404#_48_INSTANCE_av33_%3Dhttps%253A%252F%252Fwww.fundacionbankinter.org%252Fweb%252Fglobal-site%252F-%252Fthe-machine-revolution%253F.
24. http://www.mckinsey.com/insights/business_technology/four_fundamentals_of_workplace_automation.
25. http://www.socialeurope.eu/2015/10/the-limits-of-the-digital-revolution-why-our-washing-machines-wont-go-to-the-moon/.
26. https://www.aeaweb.org/articles.php?doi=10.1257/jep.29.3.3.
27. https://reason.com/archives/2015/03/03/how-to-survive-a-robot-uprisin.
28. http://www.politico.com/magazine/story/2013/11/the-robots-are-here-098995.
29. http://www.forbes.com/sites/danschawbel/2015/08/04/geoff-colvin-why-humans-will-triumph-over-machines/2/.

索　引[①]

① 位于索引词条中文后面的数字是英文原书的页码,此页码排在正文每页的版心外。——编者注